高等学校应用型本科计算机类专业特色规划教材

电路与模拟电子技术

刘玉成　胡　刚　主　编

汤　毅　马　伟　庄　凯　吴培刚　副主编

朱家富　主　审

U0316554

中国铁道出版社有限公司

CHINA RAILWAY PUBLISHING HOUSE CO., LTD.

内 容 简 介

本书为高等学校应用型本科计算机类专业特色规划教材，是总结计算机类专业"电路分析与模拟电子技术"课程的教学实践，根据教学要求，结合应用型本科计算机类专业的特点组织编写的。

主要内容包括：电路的基本概念及分析方法、正弦稳态交流电路、半导体器件、放大电路基础、集成运算放大器及其信号运算、直流稳压电源。

本书注重各部分知识的联系，突出重点，难度适中。每章以内容提要开始，以习题结束，对于基本知识以适用为度，内容精选，尽量把疑难知识简化处理到学生容易学、容易理解和掌握的程度。在例题、练习与思考、习题上也做了精心挑选，在保证必要的基本训练的基础上，适当降低其难度，努力拓宽知识面，尽量反映新科技发展概况。

本书适合作为高等院校应用型本科计算机科学与技术专业"电路分析与模拟电子技术"课程的教材，也可作为工程技术人员的参考书。

图书在版编目(CIP)数据

电路与模拟电子技术/刘玉成,胡刚主编. —北京:中国铁道
出版社有限公司,2019.7(2019.12 重印)
高等学校应用型本科计算机类专业特色规划教材
ISBN 978 - 7 - 113 - 25695 - 1

Ⅰ.①电… Ⅱ.①刘… ②胡… Ⅲ.①电路理论-高等学校-
教材②模拟电路-电子技术-高等学校-教材 Ⅳ.①TM13
②TN710

中国版本图书馆 CIP 数据核字(2019)第 064655 号

书　　名：**电路与模拟电子技术**
作　　者：刘玉成　胡　刚

策　　划：许　璐		读者热线：(010) 63550836
责任编辑：许　璐　绳　超		
封面设计：刘　颖		
责任校对：张玉华		
责任印制：郭向伟		

出版发行：中国铁道出版社有限公司 (100054，北京市西城区右安门西街 8 号)
网　　址：http://www.tdpress.com/51eds
印　　刷：三河市兴博印务有限公司
版　　次：2019 年 7 月第 1 版　2019 年 12 月第 2 次印刷
开　　本：787 mm×1 092 mm　1/16　印张：15　字数：359 千
书　　号：ISBN 978 - 7 - 113 - 25695 - 1
定　　价：38.00 元

前　言

　　本书内容符合高等学校应用型本科计算机科学与技术专业的特点和学生的实际情况，主要内容包括电路的基本概念及分析方法、正弦稳态交流电路、半导体器件、放大电路基础、集成运算放大器及其信号运算、直流稳压电源等 6 章内容。

　　本书的编写结合了应用型本科计算机类专业的特色，在加强基础理论的同时对内容进行精选，强调概念，面向应用。在编写过程中突出了以下几方面的特色：

　　（1）将一些实际应用有机地渗透到电路分析基础（第 1 章和第 2 章）、模拟电子技术（第 3 章~第 6 章）的学习中，将实用性和适用性体现在教材中的实例、例题和习题中。

　　（2）文字表述力求通俗易懂，精练准确，术语的引入节奏合理，不让读者产生晦涩难懂的感觉。

　　（3）每章前有内容提要，以启发思考，激发兴趣。每节后有练习与思考。每章后有小结、习题。每章后的习题又分为选择题、基本题、拓宽题 3 种类型，体现了知识理解由浅入深的过程，有利于知识点的巩固与加强运用。对于基本题、拓宽题还给出了答案，作为解题参考，方便学生对解题结果进行自我检验。

　　（4）模拟电子技术部分为本书重点。以够用为度对电路分析基础部分进行精简处理，巧妙地运用电路分析基础部分的知识完成对模拟电子技术的电路分析。

　　（5）遵守先器件、后电路，先基础、后应用的规律编排内容。

　　本书的内容有以下几方面的独特创新之处：

　　（1）提出电路方程书写过程中涉及的标记、符号必须与电路图对应一致的原则。提出节点、回路除了符号标记外，还可以集合、文字叙述等形式来表达。

　　（2）以直接易操作的方式把复杂问题进行简单化、规范化处理。比如提出以节点、$\sum I_{出}$、$\sum I_{入}$ 三个要点，列写电路规范的 KCL 方程；以回路、$\sum U_{顺}$、$\sum U_{逆}$ 三个要点，列写电路规范的 KVL 方程。这样，把列写 KCL 方程（或 KVL 方程）简化为节点、$\sum I_{出}$、$\sum I_{入}$（或回路、$\sum U_{顺}$、$\sum U_{逆}$）三个要点的书写问题，也体现了电路方程中的标记、符号必须与电路图对应一致的原则。

　　（3）独特地运用欧拉公式 $\cos\theta + j\sin\theta = e^{j\theta}$，把交流电路中 KCL、KVL 时间函数方程转化成 KCL、KVL 的相量形式。强调了交流电路中只有瞬时值和相量形式的电流、电压满足 KCL、KVL，而有效值、最大值不满足 KCL、KVL。

　　（4）提出在画放大电路交流通路及交流微变等效电路时，应遵循电路结构与原电路在元件的位置上保持对应一致的原则。教学实践证明，如传统教材那样，省略中间等效变换过程而绘出的交流通路及交流微变等效电路，对于应用型本科计算机类专业的学生而言是难以理解的。而采用本书提出的交流通路及交流微变等效电路作图方式是有利于学生理解和掌握的。

本书由重庆科技学院刘玉成、胡刚任主编，重庆科技学院汤毅、马伟、庄凯、吴培刚任副主编。其中第1、4章由刘玉成编写，第3、5章由胡刚编写，第6章由汤毅编写，第2章由马伟和庄凯编写，部分习题参考答案由吴培刚编写。全书由刘玉成修改并统稿；由重庆科技学院朱家富主审，他对书稿进行了仔细审阅，并提出了许多好的建议。重庆科技学院电气工程学院和智能技术与工程学院相关教师为本书的出版也给予了大量帮助，在此表示衷心的感谢。

由于编者水平所限，书中不足之处在所难免，敬请使用本书的师生与读者批评指正，以便修订时改进。读者在使用本书的过程中如有其他意见或建议，也可提出。编者邮箱：ckdqgcx@163.com。

编　者

2019 年 3 月

目　　录

第1章　电路的基本概念及分析方法

【内容提要】

本章讨论电路的基本概念和基本定律,如电路模型和电路基本元件,电流、电压的参考方向,电源的工作状态,基尔霍夫定律以及电路中电位的概念及计算等,这些都是分析与计算电路的基础。也扼要地讨论了几种常用的电路分析方法,如支路电流法、节点电位法、电路的等效变换、叠加定理、戴维南定理等。最后介绍一阶电路的过渡过程。

1.1　电路的基本概念

1.1.1　电路的作用与组成

电路就是电流流过的闭合路径。它是由许多电器元件或电器设备为**实现能量的传输和转换**,或为**实现信号的传递和处理**而连接成的整体。实际电路都是由一些最基本的部件组成的。常见的手电筒电路就是一个最简单的电路,如图 1-1(a)所示。它的组成体现了所有电路的共性。组成电路的最基本部件是**电源、负载和中间环节**。提供电能或发出电信号的设备称为电源,它是把其他形式的能量转换成电能的设备。用电的设备称为负载,它将电能转换成机械能、热能或光能等其他形式的能量。中间环节是连接电源和负载的桥梁,起传输和转换能量或者传递和处理信号的作用。

1.1.2　电路模型

为了便于对实际电路进行分析和数学描述,将实际元件看作理想电路元件。由一些反映实际电路部件的主要电磁性质的理想电路元件所组成的电路就是实际电路的电路模型。例如:常用的手电筒实际电路有电池、灯泡、开关和筒体,其电路模型如图 1-1(b)所示。灯泡是电阻元件,参数为电阻 R;电池为电源,其参数是电动势 E 和内电阻(简称"内阻")R_0;筒体是连接电池与灯泡的中间环节(包括开关),认为是无电阻的理想导体。

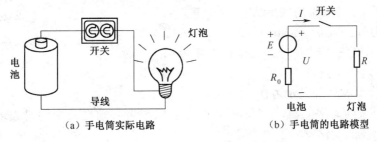

（a）手电筒实际电路　　　　　（b）手电筒的电路模型

图 1-1　实际电路与电路模型

　　本书所涉及的电路均指由规定的图形符号所表示的理想电路元件所组成的电路模型。同时把理想电路元件简称为电路元件。电路中理想二端元件有：电阻元件、电感元件、电容元件、理想电压源和理想电流源。其中电阻元件、电感元件、电容元件称为无源二端元件；理想电压源和理想电流源称为独立电源或激励源。

　　理想电压源的电压、理想电流源的电流称为电路的**激励**。电路在激励作用下形成的电流、电压，包括流过理想电压源的电流和理想电流源两端的电压，称为电路的**响应**。电路分析就是根据电路模型与参数，通过列写电路响应与激励之间的关系方程，求取电流、电压响应，进一步求取电路中的其他物理量。

1.1.3　电压和电流参考方向

　　电路中的主要物理量有电压、电流、电荷、磁链、能量、电功率等，在电路分析中人们主要关心的物理量是电流、电压和电功率。在本书中各物理量的大、小写符号规定为：**采用小写字母表示随时间变化的物理量，采用大写字母表示不随时间变化的物理量**。但习惯上，功或能量只采用大写字母 W ，W 既可以是时间的函数，即 $W=W(t)$ ，也可以是不随时间变化的常量。在电路分析中要正确列写方程，**必须遵循列写方程所用到的任何符号与电路图的符号相对应一致的原则**，这些符号包含表示电路结构特征的节点或回路的符号、表示电路元件的文字符号或元件参数值、表示不同的电压或电流的符号。其中，表示不同的电压或电流的符号具有文字符号和方向两方面特征，这就是电压或电流的参考方向。

1. 支路电流的参考方向

　　带电粒子有规则的定向运动形成电流，在单位时间内通过导体横截面的电荷量定义为电流强度，简称电流。若电荷量用 q 表示，时间用 t 表示，电流用 i 表示，则有 $i=\mathrm{d}q/\mathrm{d}t$ 。用文字符号 i 表示随时间变化的电流，用文字符号 I 表示不随时间变化的电流（比如直流电流）。电流常用单位有安（A）、毫安（mA），二者关系为 $1\ \mathrm{mA}=10^{-3}\ \mathrm{A}$ 。

　　电流的实际方向规定为正电荷运动的方向。但在列方程进行电路分析时，电流的方向采用的是参考方向。

　　电路中一条无分支的线路称为支路。支路中各个元件是串联的，它们流过相同的电流，这个电流称为支路电流。针对电路中的任何一条支路，在该支路上的任意处标出的一个任意假定正电荷运动的方向作为该条支路电流的流向。这个假定的方向称为该条支路的**电流参考**方向。标在电路支路中并且能够用于列写电路方程的电流方向都是采用支路**电流的参考方向**。电流的参考方向可能与实际方向不一致。当电流的实际方向与参考方向一致时，其值为正，如图 1-2（a）所示；当电流的实际方向与参考方向相反时，其值为负，如图 1-2（b）所示。图中的虚线箭头方向表示电流实际方向。只有在参考方向选定后，电流才有正负之分。

图 1-2　电流参考方向与实际方向的关系

　　电流参考方向有三种表示方法：

　　（1）采用电流的文字（或数字）符号和实线箭头，二者必须在图中同时表示出来。例如图 1-2（a）中电流的文字符号 I 和实线箭头。

　　（2）采用带双下标的电流文字符号表示，其中两个下标符号在图中必须表示出来。例如

图 1-2 中有 a、b 符号,可用 I_{ab} 代替图中的文字符号 I 和实线箭头所表示的电流参考方向。

(3)直接把箭头标在支路中,同时在支路中的箭头旁边写出电流的文字(或数字)符号。例如图 1-2(b)支路中的箭头与写在箭头旁边的文字符号 I。

2. 电压的参考方向

在电路中选定电位参考点后,把单位正电荷从电路中某点移至参考点时电场力做功的大小称为电路中该点的电位,电位的常用单位是伏(V)。假设 A 是电路中一个点,则 A 点的电位就可以表示为 u_A。电路中两点的电压是单位正电荷从一点移至另一点时电场力所做的功。若功用 W 表示,电荷量用 q 表示,电压用 u 表示,则有 $u=\dfrac{\mathrm{d}W}{\mathrm{d}q}$。用文字符号 u 表示随时间变化的电压,用文字符号 U 表示不随时间变化的电压(比如直流电压)。电压的常用单位是伏(V)。用 u_{AB} 表示电路中 A、B 两点之间的电压,它与选定电位参考点后 A、B 两点的电位的关系是 $u_{AB}=u_A-u_B$。

电路中任意两点之间电压的实际方向规定为电位真正降低的方向。即从实际高电位(+)指向实际低电位(-)。但在列方程进行电路分析时,电压的方向采用的是参考方向。

针对电路中某两点标出的一个任意假定的电位由高指向低的方向作为这两点之间电压的方向。这个假定的电压方向称为这两点之间电压的**参考方向**。标在电路某两点处并能用于列写电路方程的电压方向都是采用**电压的参考方向**。电压的参考方向可能与实际方向不一致。当电压的实际方向与参考方向一致时,其值为正,如图1-3(a)所示;当电压的实际方向与参考方向相反时,其值为负,如图1-3(b)所示。

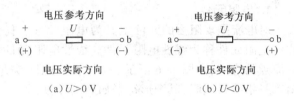

图 1-3　电压参考方向与实际方向的关系

电路中任意两点之间电压的参考方向,可以用三种方法来表示:

(1)采用电压的文字或数字符号和"+""-"符号,二者必须在图中同时表示出来。电压参考方向从假定的高电位端"+"指向假定的低电位端"-"。

(2)采用带双下标的电压文字符号来表示,其中两个下标符号在图中必须表示出来。比如在电路中不同的两点分别标上 a、b,则用 U_{ab} 表示的电压的参考方向,是指第一个字母表示假定的高电位端,第二个字母表示假定的低电位端。参考方向是从 a 指向 b。

(3)采用电压的文字或数字符号和实线箭头,二者必须在图中同时表示出来。实线箭头的箭尾端是电压参考方向假定的高电位端,实线箭头的箭头端是电压参考方向假定的低电位端。

特别注意的是,对于电路中任意元件两端的电压参考方向是从元件假定的高电位端,经过元件的内部(不能是外部)指向元件假定低电位端。

1.1.4　电功率

1. 电功率的概念

电功率是指单位时间内电场力所做的功。若功用 W 表示,时间用 t 表示,电功率用 p 表示,则有 $p=\dfrac{\mathrm{d}W}{\mathrm{d}t}$。电功率的单位是瓦(W),功或能量的单位是焦(J)。

由于 $u=\dfrac{\mathrm{d}W}{\mathrm{d}q}$，$i=\dfrac{\mathrm{d}q}{\mathrm{d}t}$，因此有 $p=ui$。对直流电路有 $P=UI$。

2. 电路元件吸收或发出功率的判断

1）u、i 参考方向一致

如图 1-4 所示。u、i 参考方向一致，则 $p=ui$ 表示元件吸收的代数功率：

（1）$p>0$ W，吸收正功率（实际吸收，电路元件起负载作用）。

（2）$p<0$ W，吸收负功率（实际发出，电路元件起电源作用）。

2）u、i 参考方向相反

如图 1-5 所示，u、i 参考方向相反，则 $p=ui$ 表示元件发出的代数功率：

（1）$p>0$ W，发出正功率（实际发出，电路元件起电源作用）。

（2）$p<0$ W，发出负功率（实际吸收，电路元件起负载作用）。

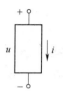

图 1-4　u、i
参考方向一致

1.1.5　基本的理想电路元件

基本的理想电路元件有五种：电阻元件、电感元件、电容元件、理想电压源和理想电流源。

1. 电阻元件

对电流呈现阻力的元件定义为电阻元件。任何时刻端电压与电流成正比的电阻元件称为线性电阻元件。线性电阻元件的伏安特性曲线是通过坐标原点的直线，如图 1-6 所示。u 与 i 成正比，满足欧姆定律。除另有说明外，一般讲的电阻都是指线性电阻，其图形符号如图 1-7 所示。

图 1-5　u、i
考方向相反

1）欧姆定律

如图 1-7（a）所示，当 U、I 参考方向一致时，U、I 满足的欧姆定律关系如下：

$$U=IR \tag{1-1}$$

如图 1-7（b）所示，当 U、I 参考方向不一致时，U、I 满足的欧姆定律关系为 $U=-IR$。

式（1-1）中 R 是电阻元件的电阻值，称为电阻，它是表示电阻元件特性的参数值。习惯上，电阻元件简称"电阻"，所以"电阻"既表示电阻元件，又表示电阻元件的参数。

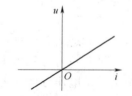

图 1-6　线性电阻元件的伏安特性

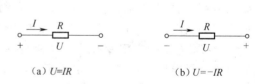

（a）$U=IR$　　　　　　（b）$U=-IR$

图 1-7　电阻元件的欧姆定律

电阻的常用单位有 Ω、$k\Omega$。欧姆定律常用 V、A、Ω 与 V、mA、$k\Omega$ 两套量纲，量纲之间的关系是 $1V=1A\times1\ \Omega$ 与 $1\ V=1\ mA\times1\ k\Omega$。

特别强调的是，应当遵循在**列写电路方程过程中所涉及的标记、符号与电路图的标记、符号必须对应一致**的原则。否则，所列写的电路方程一定是错误的。

例 1-1　应用欧姆定律对图 1-8 所示的电路，列出电路方程求解 U 或 I 或 R。

解　对图 1-8（a）有　-20 V$=-2$ A$\times R$，　$R=10\ \Omega$；

对图 1-8（b）有　-20 V$=-I\times20$ kΩ，　$I=1$ mA；

（a）求 R　　（b）求 I　　（c）求 U　　（d）求 U

图 1-8　例 1-1 的电路

对图 1-8（c）有　$U = -2\ \text{A} \times 20\ \Omega = -40\ \text{V}$；

对图 1-8（d）有　$U = -(-2\ \text{A}) \times 20\ \Omega = 40\ \text{V}$。

电路方程书写过程中涉及的标记、符号不与电路图对应一致是常见的错误，并且往往最简单的电路方程恰恰是最容易出现这种错误的。比如对图 1-8（a），很容易错误地写出 $U = IR$，错误在于图中没有 I、U；对图 1-8（b），很容易错误地写出 $U = -IR$，错误在于图中没有 U、R；对图 1-8（c），很容易错误地写出 $U = IR$，错误在于图中没有 I、R；对图 1-8（d），很容易错误地写出 $U = -IR$，错误在于图中没有 I、R。

2）电阻的功率和吸收的能量

（1）功率：

如图 1-9（a）所示，当 u、i 参考方向一致，$p = ui$ 表示电阻元件吸收的代数功率。

$p = ui = i^2 R = u^2/R > 0\ \text{W}$，吸收正功率（实际吸收，电阻元件起负载作用）。

如图 1-9（b）所示，当 u、i 参考方向相反，$p = ui$ 表示电阻元件发出的代数功率。

$p = ui = (-Ri)i = -i^2 R = -u^2/R < 0\ \text{W}$，发出负功率（实际吸收，电阻元件起负载作用）。

结论：电阻元件在任何时刻总是消耗功率的。

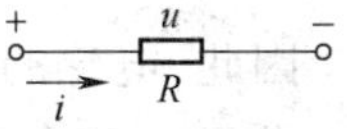

（a）u、i 参考方向一致

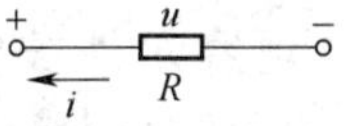

（b）u、i 参考方向相反

图 1-9　电阻元件的功率

（2）能量。对于直流电路，若用 P 表示电功率，在时间 t 内电阻消耗的能量用 W_R 表示，则有 $W_R = Pt$。电功率 P 的单位是瓦（W），时间 t 的单位是秒（s），能量的单位是焦（J）。

能量的单位还有千瓦·时（kW·h），显然有 $1\ \text{kW} \cdot \text{h} = 3.6 \times 10^6\ \text{J}$。

2. 电感元件

电感元件被定义为储存磁场能量的二端元件。任何时刻磁链 ψ 与电流成正比的电感元件称为线性电感元件。线性电感元件的韦安特性曲线是通过坐标原点的直线，如图 1-10 所示。ψ 与 i 成正比，满足 $\psi = Li$，比例系数 L 称为线性电感元件的电感或自感，它是电感元件的参数。电感的单位是亨（H），常用单位还有毫亨（mH），$1\ \text{mH} = 10^{-3}\ \text{H}$。磁链 ψ 的单位是韦（Wb）。除另有说明外，一般讲的电感都是指线性电感，其图形符号如图 1-11 所示。

图 1-10　线性电感元件的韦安特性

1）电感的电压、电流关系

当 u、i 参考方向一致时，如图 1-11 所示。根据电磁感应定律与楞次定律，有

$$u = L \frac{\text{d}i}{\text{d}t} \tag{1-2}$$

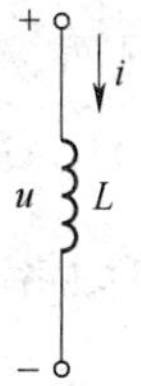

式（1-2）表明：电感电压 u 的大小取决于 i 的变化率，与 i 的大小无关，电感是动态元件；当 i 为常数（直流）时，$u = 0$，电感相当于短路；实际电

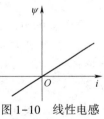

图 1-11　电感元件的图形符号

路中电感的电压 u 为有限值,故实际电路中电感电流 i 不能跃变,必定是时间的连续函数。

显然,当电感的 u、i 参考方向相反时,上述微分表达式前要冠以负号。

2)电感的功率和储能

①功率。u、i 参考方向一致时,$p = ui = L\dfrac{\mathrm{d}i}{\mathrm{d}t} \cdot i$ 表示电感元件吸收的代数功率。当 $p > 0$ W 时,电感实际吸收功率;当 $p < 0$ W 时,电感实际发出功率。电感能在一段时间内吸收外部供给的能量并转化为**磁场能量**储存起来,在另一段时间内又把能量释放回电路,因此电感元件是**储能元件**,它本身不消耗能量。

②电感的储能:

$$W_L = \int_{-\infty}^{t} Li\dfrac{\mathrm{d}i}{\mathrm{d}\xi}\mathrm{d}\xi = \dfrac{1}{2}Li^2(\xi)\Big|_{-\infty}^{t} = \dfrac{1}{2}Li^2(t) - \dfrac{1}{2}Li^2(-\infty) = \dfrac{1}{2}Li^2(t) \qquad (1-3)$$

从 t_0 到 t,电感储能的变化量为

$$W_L = \dfrac{1}{2}Li^2(t) - \dfrac{1}{2}Li^2(t_0)$$

因此,电感的储能只与当时的电流值有关,实际电路中电感电流不能跃变,反映了储能不能跃变。电感元件储存的能量一定大于或等于零。

3. 电容元件

电容元件被定义为储存电场能量的二端元件。任何时刻储存的电荷量与电压成正比的电容元件称为线性电容元件。线性电容元件的库伏特性曲线是通过坐标原点的直线,如图 1-12(a)所示。q 与 u 成正比,满足 $q = Cu$,比例系数 C 称为线性电容元件的电容,它是电容元件的参数。电容的单位是法(F),常用单位还有微法(μF),$1\,\mu$F $=10^{-6}$F。线性电容元件的图形符号如图 1-12(b)所示。

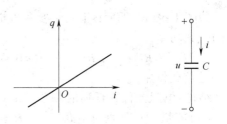

(a)库伏特性　　　　(b)图形符号

图 1-12　线性电容元件的
库伏特性及图形符号

1)电容的电压、电流关系

当 u、i 参考方向一致时,如图 1-12(b)所示,有

$$i = \dfrac{\mathrm{d}q}{\mathrm{d}t} = \dfrac{\mathrm{d}Cu}{\mathrm{d}t} = C\dfrac{\mathrm{d}u}{\mathrm{d}t} \qquad (1-4)$$

式(1-4)表明:电容电流 i 的大小取决于电压 u 的变化率,与 u 的大小无关,电容是动态元件;当 u 为常数(直流)时,$i = 0$,电容相当于开路;实际电路中电容的电流 i 为有限值,故实际电路中电容电压 u 不能跃变,必定是时间的连续函数。

显然,当电容的 u、i 参考方向相反时,上述微分表达式前要冠以负号。

2)电容的功率和储能

①功率。u、i 参考方向一致时,$p = ui = C\dfrac{\mathrm{d}u}{\mathrm{d}t} \cdot u$ 表示电容元件吸收的代数功率。当 $p > 0$ W时,电容实际吸收功率;当 $p < 0$ W 时,电容实际发出功率。电容能在一段时间内吸收外部供给的能量并转化为**电场能量**储存起来,在另一段时间内又把能量释放回电路,因

此电容元件是**储能元件**,它本身不消耗能量。

②电容的储能:

$$W_c = \int_{-\infty}^{t} Cu \frac{\mathrm{d}u}{\mathrm{d}\xi}\mathrm{d}\xi = \frac{1}{2}Cu^2(\xi)\Big|_{-\infty}^{t} = \frac{1}{2}Cu^2(t) - \frac{1}{2}Cu^2(-\infty) = \frac{1}{2}Cu^2(t) \quad (1-5)$$

从 t_0 到 t,电容储能的变化量为

$$W_c = \frac{1}{2}Cu^2(t) - \frac{1}{2}Cu^2(t_0)$$

因此,电容的储能只与当时的电压值有关,实际电路中电容电压不能跃变,反映了储能不能跃变。电容元件储存的能量一定大于或等于零。

4. 理想电压源

两端电压 u 总能保持定值或一定的时间函数,其值与流过它的电流 i 无关的元件称为理想电压源。**电动势元件**就是理想电压源。理想电压源的图形符号如图 1-13 所示。

1) 理想电压源的电压、电流关系

电压的方向是指电位下降的方向,电动势的方向是指电位上升的方向。因此,当**电动势的"+"端与电压的"+"端相同,电动势的"−"端与电压的"−"端相同时**,即电动势的电位上升方向与电压的电位下降方向相反时,如图 1-13(a)所示,**电压等于电动势**,即

$$u = e \qquad\qquad (1-6)$$

显然,若理想电压源的两端没有短接,则理想电压源两端的电压由电源本身电动势决定,与外电路无关;与流经它的电流方向、大小无关。电动势的电位上升方向与电压的电位下降方向相同,即当电动势的"+"端与电压的"−"端相同,电动势的"−"端与电压的"+"端相同时,有 $u=-e$。通过理想电压源的电流由理想电压源及外电路共同决定。

对于直流还有如图 1-13(b)所示的特殊符号。当电动势元件的电压 U 是假设从电动势 E 的"+"端经过电动势元件内部指向电动势的"−"端时,二者是相等关系,即 $U=E$。

2) 理想电压源的功率

如图 1-13(a)所示,u、i 参考方向不一致时,$p=ui$ 为发出的代数功率。当 $p>0$ W 时,理想电压源实际发出功率,起电源作用;当 $p<0$ W 时,理想电压源实际吸收功率,起负载作用。

5. 理想电流源

输出电流 i 总能保持定值或一定的时间函数,其值与它的两端电压 u 无关的元件称为理想电流源。理想电流源的图形符号如图 1-14 所示。

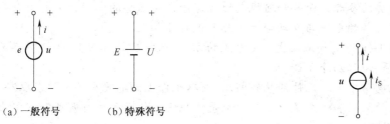

(a) 一般符号　　　(b) 特殊符号

图 1-13　理想电压源的图形符号　　　　　图 1-14　理想电流源的图形符号

1) 理想电流源的电压、电流关系

如图 1-14 所示,电流 i 方向与电流 i_s 的方向相同时,有

$$i = i_S \tag{1-7}$$

因此，若理想电流源的两端没有断开，则理想电流源的输出电流 i 由理想电流源电流 i_S 本身决定，与外电路无关，与它两端电压大小、方向无关。理想电流源两端的电压由理想电流源的电流及外电路共同决定。

2）理想电流源的功率

如图 1-14 所示，电压、电流参考方向不一致时，$p = ui$ 为发出的代数功率。当 $p > 0$ W 时，理想电流源实际发出功率，起电源作用；当 $p < 0$ W 时，理想电流源实际吸收功率，起负载作用。

例 1-2　计算图 1-15 所示电路各元件功率并说明各元件性质，验证电路功率平衡。

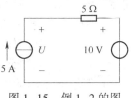

图 1-15　例 1-2 的图

解　$U = 5$ A $\times 5$ Ω $+ 10$ V $= 35$ V。

$P_{5A} = 5$ A $\times U = 5$ A $\times 35$ V $= 175$ W 发出功率，起电源作用；

$P_{5\Omega} = (5\ \text{A})^2 \times 5\ \Omega = 125$ W 吸收功率，起负载作用；

$P_{10V} = 5$ A $\times 10$ V $= 50$ W 吸收功率，起负载作用。

由于起电源作用的所有元件发出功率 175 W ＝ 起负载作用的所有元件吸收功率（125 W ＋ 50 W），因此，电路满足功率平衡。

例 1-3　计算图 1-16 所示电路中电感元件的电流、电容元件的电压，并计算它们储存的能量。

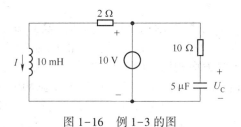

图 1-16　例 1-3 的图

解　对直流电路，电容电流为 0 A，10 Ω 电阻的电流也为 0 A，因此电容元件的电压 $U_C = 10$ V $- 0$ A $\times 10 = 10$ V。

对直流电路，电感电压为 0 V，因此电感元件的电流 $I = 10$V$/2$ Ω $= 5$ A。

电感元件储存的磁场能量：$W_L = 10 \times 10^{-3}$ H $\times (5\ \text{A})^2 / 2 = 0.125$ J。

电容元件储存的电场能量：$W_C = 5 \times 10^{-6}$ F $\times (10\ \text{V})^2 / 2 = 2.5 \times 10^{-4}$ J。

练习与思考

1.1.1　在电路中有电压为 220 V 的两只白炽灯，功率分别为 100 W 和 25 W，试判断哪一只白炽灯的电阻大。

1.1.2　电动势的参考方向是如何规定的？为什么电动势的参考方向与电压的参考方向相同时，电动势元件的电压与电动势大小相等但符号相反？

1.1.3　在图 1-15 中，如果改变 5 A 电流的方向，试重新计算图 1-15 电路各元件功率并说明各元件性质，验证功率平衡。

1.1.4　直流电路中电容元件两端的电压、电感元件上的电流应该如何求取？

1.1.5　电路的激励和响应是什么？功率是响应吗？激励元件有哪些？它们在电路中一定是起电源作用吗？

1.1.6　在图 1-17 中，方框代表电源或负载。已知 $U = 20$ V，$I = -2$ A，试问哪些方框是电源，哪些是负载？如果 $U = 20$ V，$I = 2$ A，情况又如何？

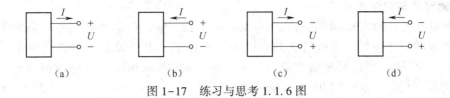

（a） （b） （c） （d）

图 1-17 练习与思考 1.1.6 图

1.2 电源的工作状态

一个实际的电源有有载工作、开路（空载）、短路三种状态，本节分析电源的各种工作状态下的电压、电流和功率。此外还讨论了几个电路中的概念。

1.2.1 电源的有载工作

电源的有载工作状态下的电路模型如图 1-18 所示，将图 1-18 中的开关 S 合上，电路中形成电流 I，电源处于有载工作状态。

1. 电压与电流

电路中的电流 I 和电源的端电压 U 分别为

$$I = \frac{E}{R + R_0}$$

$$U = E - R_0 I \tag{1-8}$$

式（1-8）表示电源的端电压 U 与端电流 I 之间的关系，称为电源的外特性，如图 1-19 所示。特性曲线的斜率与电源的内阻 R_0 有关，电源的内阻一般很小。当 $R_0 \ll R$ 时，则 $U \approx E$，这表明，当电流（负载）变化时，电源的端电压变化很小，这说明它带负载的能力强。

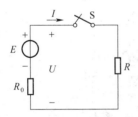

图 1-18 电源有载工作

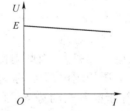

图 1-19 电源的外特性曲线

2. 功率与功率平衡

对式（1-8）两端同乘以电流 I，则得**功率平衡式**

$$UI = EI - R_0 I^2 \tag{1-9}$$

$$P = P_E - \Delta P$$

式中，$P_E = EI$ 为电源电动势 E 产生的功率；$\Delta P = R_0 I^2$ 为电源内阻 R_0 损耗功率。$P = UI$ 为负载取用的功率，也是电源输出的功率。显然，在一个电路中，电源电动势 E 产生的功率和负载取用的功率以及电源内阻 R_0 损耗功率是平衡的。

电源输出的功率等于负载取用的功率。**负载大小**是指负载取用的功率的大小，在电源输出电压一定的条件下，负载大小也可以是指流过负载电流的大小。

3. 额定值与实际值

各种电气设备的电流、电压和功率等都有一个**额定值**。额定值是制造厂家为了使产品能够在给定的工作条件正常运行而规定的正常允许值。电气设备和器件的额定值通常标记在设备的铭牌上,所以又称铭牌值。额定电流、额定电压和额定功率分别用 I_N、U_N 和 P_N 表示。例如,灯泡上标有"220 V,40 W"的字样,就是指这只灯泡额定工作时的电压为 220 V,此时的电功率为 40 W。

电气设备或器件工作时,电流、电压和功率的**实际值不一定等于它们的额定值**。电气设备或器件应尽量工作在额定状态,电气设备或器件工作在额定状态称为**满载**。电气设备或器件的电流和功率低于额定值的工作状态称为**轻载**;高于额定值的工作状态称为**过载**。有些用电设备只要加额定电压,其电流和功率就是额定值,如电灯、电炉等;而有些用电设备加上额定电压,其电流和功率的大小取决于它所带的负载,如变压器、电动机等,这些用电设备在使用时,除要注意使用的额定电压外,还要注意所带负载不能过大,负载过大将会因电流过大而烧毁。一般情况下,电气设备不能过载运行。

例 1-4　阻值为 50 Ω、额定功率为 (1/8) W 的电阻器,在使用时其最大工作电流和电压是多少?

解　由公式 $P = I^2 R$ 可求出其最大工作电流为 $I = \sqrt{P/R} = \sqrt{1/(8 \times 50)}$ A = 0.05 A,其最大工作电压为 $U = IR = 0.05 \times 50$ V = 2.5 V。

例 1-5　有一只 220 V、40 W 的电灯泡接到 220 V 电源上,试求它工作时的电流和电阻是多少。

解　工作电流 $I = \dfrac{P}{U} = \dfrac{40}{220}$ A = $\dfrac{2}{11}$ A,电阻 $R = \dfrac{220}{2/11}$ Ω = 1 210 Ω。

1.2.2　电源开路

如果把图 1-18 所示电路中的开关 S 断开,则电源处于**开路**(空载)状态,如图 1-20 所示。开路时外电路的电阻对电源来说应为无穷大,因此电路中电流为零,电源不输出功率。这时电源的端电压 U 称为**开路**电压或空载电压,用 U_0 表示,它等于电源电动势 E。电路中的电流 I 等于零,负载消耗的功率 P 等于零。如上所述,电路空载状态的特征是

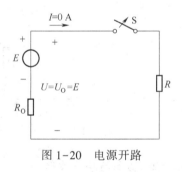

图 1-20　电源开路

$$\begin{cases} I = 0 \\ U = U_0 = E \\ P = 0 \end{cases} \qquad (1-10)$$

1.2.3　电源短路

在图 1-18 所示电路中,当电源的两端由于某种原因直接连在一起时,电源则被**短路**,如图 1-21 所示。电源短路时外电路的电阻可以视为零,电源的电流有捷径可通,不再流过负载。因为在电流的回路中只有很小的电源内阻 R_0,所以这时的电流很大,此电流称为**短路电流**,用 I_s 表示。短路电流可能使电源遭受机械的和热的损伤或毁坏。

电源短路时,由于外电路的电阻为零,故电源和负载的端电压均为零。这时的电动势

全部降在电源内阻 R_0 上。电源的输出功率和负载取用的功率均为零,电源产生的功率全部被电源内阻 R_0 吸收。如上所述,电路短路状态的特征是

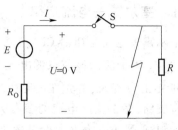

图 1-21　电源短路

$$\begin{cases} U = 0 \\ I = I_S = E/R_0 \\ P = 0 \\ P_E = \Delta P = I^2 R_0 = E^2/R_0 \end{cases} \qquad (1\text{-}11)$$

短路也可发生在负载或线路的任何两端。电路短路通常是一种严重事故,应尽量避免。但有时因某种实际需要,可将电路的某一段短路(常称为短接)或进行某种短路实验。

例 1-6　如果电源的开路电压 $U_0 = 12$ V,短路电流 $I_S = 40$ A,试求电源的电动势和内阻。

解　电源的电动势 $E = U_0 = 12$ V。

电源的内阻 $R_0 = E/I_S = 12$ V/40 A $= 0.3$ Ω。

练习与思考

1.2.1　电源的两端分别接上 40 Ω、20 Ω 的电阻时,测得电源两端的电压分别为 60 V、50 V,试求电源的电动势和内阻,并求电源接上 60 Ω 的电阻时电源两端的电压。

1.2.2　一只内阻为 0.01 Ω 的电流表,能否接到 36 V 电源的两端?为什么?

1.2.3　有一个 220 V、800 W 的电阻炉,如果将其电阻丝的长度减少一半,再接入 220 V 的电源中,问此时该电阻炉的电阻、电流及功率各为多少?

1.3　基尔霍夫定律与支路电流法

分析与计算复杂电路时,除了列写元件特性方程外,还要列写基尔霍夫定律方程。基尔霍夫定律包括**基尔霍夫电流定律(KCL)**和**基尔霍夫电压定律(KVL)**。它反映了电路中所有支路电压和电流所遵循的基本规律。基尔霍夫定律与元件特性方程构成了电路分析的基础。KCL 应用于节点,KVL 应用于回路。

在图 1-22 所示电路中有三条支路,支路电流分别是 I_1、I_2、I_3。电路中由三条或三条以上的支路相连接的点称为**节点**。在图 1-22 所示电路中有两个节点:a 和 b。由一条或多条支路所组成的闭合路径称为**回路**。在图 1-22 所示电路中有三个回路:abca、abda、adbca。对于平面电路的回路中不再含有支路的最小路径称为**网孔**。在图 1-22 所示的平面电路中有 abca、abda 两个网孔。

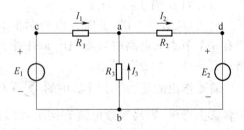

图 1-22　两个节点的电路

支路电流法列写的是 KCL 和 KVL 方程,所以方程列写方便、直观,宜于在支路数不多的情况下使用。

1.3.1　基尔霍夫电流定律

基尔霍夫电流定律(KCL)应用于节点,即任意时刻对任意节点,从该节点流出的电流之和 $\sum I_{出}$ 等于流入该节点的电流之和 $\sum I_{入}$ 。

列 KCL 方程时,首先在电路中选定节点并用符号标记在图上,对与选定的节点相连接的所有支路,标上支路电流的参考方向,然后分别把参考方向是从节点流出的支路电流直接相加得到 $\sum I_{出}$ 、参考方向是流入节点的支路电流直接相加得到 $\sum I_{入}$,最后写出两部分相等的关系式或两部分相减等于零的关系式。显然,KCL 方程包括节点、$\sum I_{出}$ 、$\sum I_{入}$ 三个要点,根据这三个要点,可以列写 KCL 电路方程的两种规范格式如下:

1. $\sum I_{出}$ 与 $\sum I_{入}$ 相等的 KCL 电路方程规范格式

KCL 对"节点",有

$$\sum I_{出} = \sum I_{入} \tag{1-12}$$

2. $\sum I_{出}$ 与 $\sum I_{入}$ 相减等于零的 KCL 电路方程规范格式

KCL 对"节点",有

$$\sum I_{出} - \sum I_{入} = 0 \tag{1-13}$$

此外,列 KCL 方程时还可以有另外一种形式,即

KCL 对"节点",有

$$\sum \pm I = 0 \tag{1-14}$$

式(1-14)中,参考方向是从节点流出的支路电流前面取"+"号,参考方向是流入节点的支路电流前面取"-"号。显然式(1-14)与式(1-13)实质是相同的,这是因为

$$\sum \pm I = \sum + I_{出} + \sum - I_{入} = \sum I_{出} - \sum I_{入}$$

例如,在图 1-22 所示的电路中有 a、b 两个节点,对 a、b,KCL 方程的书写格式如下:

KCL 对 a,有 $I_2 = I_1 + I_3$ 。

或者,KCL 对 a,有 $I_2 - (I_1 + I_3) = 0$ 。

或者,KCL 对 a,有 $-I_1 + I_2 - I_3 = 0$ 。

KCL 对 b,有 $I_1 + I_3 = I_2$ 。

显然,从数学上讲,上面列出的两个 KCL 方程实际只有一个独立方程。可以证明,对于有 n 个节点的电路中只能列出 $n-1$ 个独立的 KCL 方程。也就是说,具有 n 个节点的电路只有 $n-1$ 个独立的节点。

需要指出的是,式(1-14)中的 $\sum \pm I = 0$,在普通教材中写成 $\sum I = 0$ 。由于 $\sum I$ 从数学含义上理解,容易导致电流直接求和的错误。因此,本书写成 $\sum \pm I = 0$,是强调所有支路电流代数和(不是直接求和)为零:参考方向是从节点流出的支路电流前面取"+"号,参考方向是流入节点的支路电流前面取"-"号。

为了简便,本书一般采用 $\sum I_{出}$ 、$\sum I_{入}$ 两部分相等的 KCL 电路方程,即式(1-12)规范格式的 KCL 电路方程。

基尔霍夫电流定律通常应用于节点,也可以应用于包围部分电路的任一假设闭合面

（或称为广义节点）。例如，在图 1-23 所示的电路中，虚线包围部分是一个广义节点，标记为 C，对此广义节点列写规范格式的 KCL 方程：

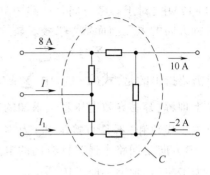

图 1-23　KCL 应用于广义节点

KCL 对 C，有 10 A = -2 A+8 A+I+I$_1$。

"节点"或"广义节点"的表示可以采用以下三种方式：

（1）采用图上标记（比如图 1-22 中的 a）。

（2）采用文字描述形式（比如图 1-22 中的 a 可以描述为上面节点来表示。

（3）对于三个或三个以上的节点还可以采用与节点关联的电流集合的形式来表示，比如图 1-23 所示的广义节点 C 可以用 $n(I_1, I, 8\ \mathrm{A}, 10\ \mathrm{A}, -2\ \mathrm{A})$ 来表示。

1.3.2　基尔霍夫电压定律

基尔霍夫电压定律（KVL）应用于回路各部分电压关系方程的建立。KVL 的一般描述：对任意给定的回路，若回路中各个支路或者各个元件的电压参考方向以及回路的循行方向已经设定，则任意时刻对任意回路，顺着回路循行方向的电压之和，等于逆着回路循行方向的电压之和；或者顺着回路循行方向的电压之和，减去逆着回路循行方向的电压之和等于零。

本书采取默认回路的循行方向就是回路的顺时针方向，因此省略回路循行方向的设定，于是基尔霍夫电压定律（KVL）应用于回路的描述可以简化为：对任意给定的回路，若回路中各个支路或者各个元件的电压参考方向已经设定，则任意时刻，回路中顺时针方向的电压之和等于回路中逆时针方向的电压之和；或者回路中顺时针方向的电压之和，减去回路中逆时针方向的电压之和等于零。

列 KVL 方程时，首先在电路中选定回路并用符号标记在图上，对构成回路的各个元件标上电压参考方向，然后分别把电压参考方向是顺时针方向的电压直接相加得到 $\sum U_{顺}$、电压参考方向是逆时针方向的电压直接相加得到 $\sum U_{逆}$，最后写出两部分相等的关系式或两部分相减等于零的关系式。显然，KVL 方程包括回路、$\sum U_{顺}$、$\sum U_{逆}$ 三个要点，根据这三个要点，可以列写 KVL 电路方程的两种规范格式如下：

1. $\sum U_{顺}$ 与 $\sum U_{逆}$ 相等的 KVL 电路方程规范格式

KVL 对"回路"，有

$$\sum U_{顺} = \sum U_{逆} \tag{1-15}$$

2. $\sum U_{顺}$ 与 $\sum U_{逆}$ 相减等于零的 KVL 电路方程规范格式

KVL 对"回路"，有

$$\sum U_{顺} - \sum U_{逆} = 0 \tag{1-16}$$

此外，列 KVL 方程时还可以有另外一种形式，即

KVL 对"回路"，有

$$\sum \pm U = 0 \tag{1-17}$$

式(1-17)中,对于参考方向是回路中顺时针方向的电压前面取"+"号,参考方向是回路中逆时针方向的电压前面取"-"号。显然,式(1-17)与式(1-16)实质是相同的,这是因为

$$\sum \pm U = \sum (+U_{顺}) + \sum (-U_{逆}) = \sum U_{顺} - \sum U_{逆}$$

需要指出的是,式(1-17)中 $\sum \pm U = 0$,在普通教材中写成 $\sum U = 0$,由于 $\sum U$ 从数学含义上理解,容易导致电压直接求和的错误。因此,本书写成 $\sum \pm U = 0$,是强调回路中的所有电压代数和(不是直接求和)为零;参考方向是回路中顺时针方向的电压前面取"+"号,参考方向是回路中逆时针方向的电压前面取"-"号。

为了简便,本书一般采用 $\sum U_{顺}$ 与 $\sum U_{逆}$ 相等的 KVL 电路方程,即式(1-15)规范格式的 KVL 电路方程。

例如,在图 1-24 所示的电路中有三个回路,其中有 L_1,L_2 两个网孔。对三个回路,KVL 方程的书写格式为

KVL 对 L_1,有 5 V = 6 V+U_2+4 V。

KVL 对 L_2,有 U_2+4 V+U_3=U_1+2 V。

KVL 对 $L(6V,5V,U_3,2V,U_1)$,有 5 V+U_3=6 V+U_1+2 V。

显然,从数学上讲,上面列出的三个 KVL 方程实际只有两个独立方程。可以证明,对于有 L 个网孔的平面电路只能列出 L 个独立的 KVL 方程,即平面电路独立的回路数等于网孔数。

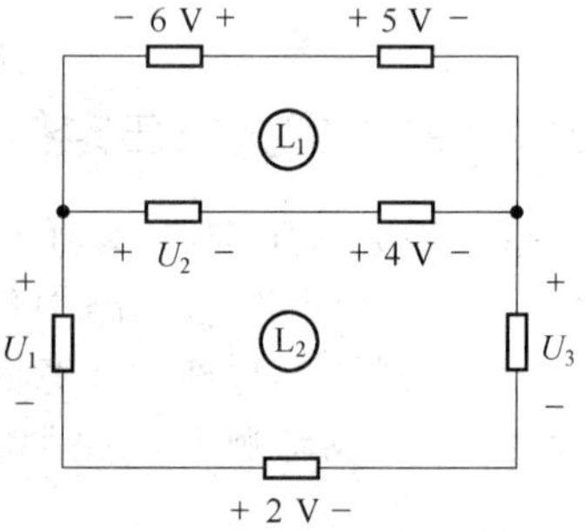

回路用符号标记在图上可以有以下四种方式:

(1)采用在选择的回路中画圆圈或椭圆圈并且在圆圈内部写出回路编号的形式,例如,图 1-24 的 L_1、L_2 两个网孔。

(2)采用书写回路各个电压的集合形式,例如,图 1-24 的回路 L_1,可用 L(4 V,5 V,6 V,U_2)来表示。

(3)采用回路中标上的点(至少三个点)来表示,例如,在图 1-22 所示电路中的三个回路:abca、abda、adbca。

(4)采用方位文字描述形式来表示,例如,在图 1-24 所示电路中三个回路可表示为上面回路、下面回路、最外边回路。

KVL 也适用于电路中任一假想的回路。

例 1-7 在图 1-25 所示电路中,求电流与电压的关系式 $I=f(U)$。

解 KVL 对 L(E,IR,U),有 $U+IR=E$,所以 $I=(E-U)/R$。

例 1-8 在图 1-26 所示电路中,求电压 U_1、U_2、U_3。

解 KVL 对 abcka,有 2 V+U_1=7 V,所以 U_1=5 V。

KVL 对 cdpkc,有 U_2+4 V=U_1,而 U_1=5 V,所以 U_2=1 V。

KVL 对 cdefghkc,有 5 V+U_3=6 V+U_1,而 U_1=5 V,所以 U_3=6 V。

图 1-24 三回路两网孔的电路

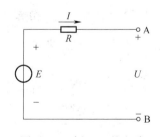

图 1-25 例 1-7 的电路

根据节点、$\sum I_出$、$\sum I_入$ 三个要点,可以列写电路规范的 KCL 方程;根据回路、$\sum U_顺$、$\sum U_逆$ 三个要点,可以列写电路规范的 KVL 方程。这样,把 KCL 方程(或 KVL 方程)简化成节点、$\sum I_出$、$\sum I_入$(或回路、$\sum U_顺$、$\sum U_逆$)三个要点的书写问题,也体现了电路方程中的标记、符号必须与电路对应一致的原则。

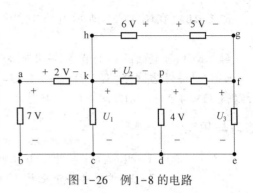

图 1-26　例 1-8 的电路

1.3.3　支路电流法

以各支路电流为未知量列写电路方程进行电路分析的方法称为**支路电流法**。对于有 n 个节点、B 条支路的电路,要求解支路电流,未知量共有 B 个。只要 B 条支路的电压均能以支路电流表示,列出 B 个独立的以各支路电流为未知量的电路方程,便可以求解这 B 个变量。

1. 所有支路的支路电流未知时,支路电流法列写独立电路方程组的一般步骤

(1)对于电路中的所有 B 条支路,选定每条支路电流的参考方向。

(2)从电路的所有 n 个节点中任意选择 $n-1$ 个独立节点列出 KCL 方程。

(3)选取 $L=B-(n-1)$ 个独立回路,结合元件特性方程列写 KVL 方程。对于平面电路,网孔数是独立回路个数 $L=B-(n-1)$。

在确定支路总数 B 和节点总数 n 时,如果遇到两个节点之间用导线连接并且不计算该连接导线上的电流时,应该假设该导线长度为零,即把该导线连接的两个节点合成一个节点来考虑,从而支路总数 B 和节点总数 n 同时减少 1 个。

在列写 KVL 方程时,电阻上的电压以电阻与电流的相乘来表示大小,以电流方向来表示电阻电压的方向。电动势元件上的电压以电动势来表示大小,以电动势的"+"端**经过电动势元件内部指向电动势的"−"端来表示电动势元件上的电压的方向。**

例 1-9　在图 1-27 所示电路中,列写独立的支路电流为未知量的电路方程组。

解　KCL 对 a,有 $I_1+I_3=I_2$。

KVL 对 L_1,有 $I_3R_3+E_1=I_1R_1$。

KVL 对 L_2,有 $E_2=I_2R_2+I_3R_3$。

对于理想电流源上的电压则应该假设其电压参考方向。如果不需要计算理想电流源上的电压,可以采取避开理想电流源支路后再选取回路,这样列写支路电流方程组中方程数目比总的支路数少,减少的方程数目就是理想电流源支路的数目。

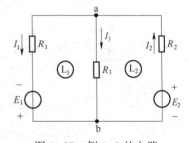

图 1-27　例 1-9 的电路

2. 存在已知支路电流时,支路电流法列写独立电路方程组的一般步骤

(1)对电路所有 B 条支路中电流未知的 b 条支路,选定每条未知支路电流的参考方向。

(2)从电路的所有 n 个节点中选定 $(n-1)$ 个节点,列写其 KCL 方程。

(3)避开电流已知的 $(B-b)$ 条支路,选定 $b-(n-1)$ 个独立回路,结合元件特性方程列写 KVL 方程。

例 1-10　在图 1-28 所示电路中,用支路电流法求电流 I。

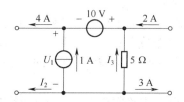

解　KCL 对上面的一个节点,有 4 A $+I=I_1$

KVL 对最外边回路,有 1 Ω$\times I_1$+1 Ω$\times I$=6 V

所以,1 Ω$\times$(4 A $+I$)+1 Ω$\times I$=6 V,求得:$I=1$ A。

练习与思考

图 1-28　例 1-10 的电路

1.3.1　求图 1-29 所示电路中 a、b 之间的电压 U 和通过 1 Ω 电阻的电流 I。

1.3.2　求图 1-30 所示电路中电压 U_1 和电流 I_2、I_3。

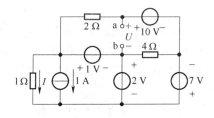

图 1-29　练习与思考 1.3.1 图

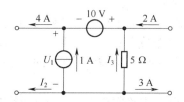

图 1-30　练习与思考 1.3.2 图

1.3.3　求图 1-31 所示电路中的 I、U 值。

1.3.4　求图 1-32 所示电路中 a、b 两点间开路时的电压 U_2。

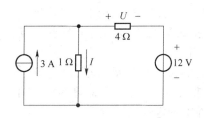

图 1-31　练习与思考 1.3.3 图

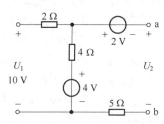

图 1-32　练习与思考 1.3.4 图

1.3.5　求图 1-33 所示电路中 A 点的电位。

1.3.6　图 1-34 所示电路中,已知 $I_1=3$ A,$I_2=2$ A,$I_3=-5$ A,求 E、I_5。

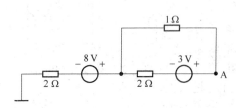

图 1-33　练习与思考 1.3.5 图

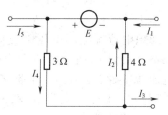

图 1-34　练习与思考 1.3.6 图

1.4　电路的等效变换

任何一个复杂的电路,向外引出两个端钮,且从一个端子流入的电流等于从另一端子流出的电流,则称这一电路为**二端电路或二端网络(或一端口网络)**。两个二端电路,如果端口具有相同的电压、电流关系,则称它们对端口两端的外部电压、电流关系是等效的。电路等效变换的对象是未变化的外电路中的电压、电流和功率,即对外等效。电路等效变换的目的是化简电路、方便计算。

1.4.1　电阻的串并联

1. 电阻串联

如果电路中有两个或多个电阻一个接一个地顺序相连。并且在这些电阻中流过**同一电流**,则这样的连接就称为**电阻的串联**。在开关 S 断开时,图 1-35(a)所示的是 a、b 两端点之间两个电阻 R_1 和 R_2 串联的电路。图 1-35(b)是对图 1-35(a)中 a、b 两端的 U 和 I 关系而言的等效电路。

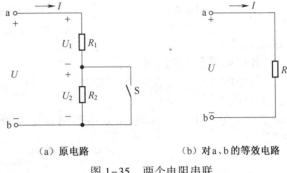

(a) 原电路　　　　(b) 对a、b的等效电路

图 1-35　两个电阻串联

1)电路特点

(1)各个电阻顺序连接,流过同一电流。

(2)总电压等于各个串联电阻的电压之和。

2)等效电阻

串联电路的总电阻等于各个串联电阻之和,即

$$R = R_1 + R_2$$

3)串联电阻的分压

从等效电路图 1-35(b)中可得 $I = U/R = U/(R_1 + R_2)$,此电流也是原电路中的电流。但是,各个串联电阻的电压在等效电路中不存在,只能回到原电路图 1-35(a)中,根据各个串联电阻电压参考方向与电流参考方向的关系,用欧姆定律计算。按图 1-35(a)所示串联电阻 R_1、R_2 的电压 U_1、U_2 与电流 I 的参考方向相同,电流 I 又与电压 U 的参考方向相同,因此有分压公式

$$\begin{cases} U_1 = R_1 I = R_1 \dfrac{U}{R_1 + R_2} = \dfrac{R_1}{R_1 + R_2} U \\[3mm] U_2 = R_2 I = R_2 \dfrac{U}{R_1 + R_2} = \dfrac{R_2}{R_1 + R_2} U \end{cases}$$

结论:电阻串联电路中,各串联电阻的分压与该串联电阻的电阻值成正比,与串联电路总电阻的电阻值成反比。如果串联电阻分压的参考方向与总电压的参考方向的指向相同,则分压公式带"+"正号(一般省略"+"正号,不写出),但是,如果串联电阻分压参考方向与总电压参考方向的指向相反,则分压公式必须带"-"负号。

2. 电阻并联

如果电路中有两个或多个电阻连接在两个公共的节点之间,则这样的连接称为**电阻的并联**。图 1-36(a)和图 1-36(b)所示的是两个电阻 R_1 和 R_2 并联的电路。图 1-36(c)是对图 1-36(a)或图 1-36(b)中 a、b 两端的 U 和 I 关系而言的等效电路。

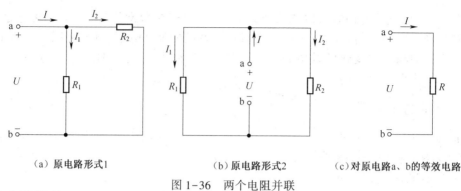

（a）原电路形式1　　　　（b）原电路形式2　　　（c）对原电路a、b的等效电路

图1-36　两个电阻并联

1）电路特点

（1）各电阻两端为同一电压。

（2）总电流等于流过各并联电阻的电流之和。

2）等效电阻

对于两个电阻 R_1、R_2 并联，等效电阻可以记为 $R=R_1//R_2$，有

$$R = R_1//R_2 = \frac{R_1R_2}{R_1+R_2} \tag{1-18}$$

3）并联电阻的分流

从等效电路图1-36（c）中可得 $I=U/R=U/(R_1//R_2)=U/[R_1R_2/(R_1+R_2)]$，此电流 I 也是原电路图1-36（a）或图1-36（b）中的电流 I，但是流过并联电阻 R_1、R_2 的电流 I_1、I_2 在等效电路中不存在，只能回到原电路图1-36（a）或图1-36（b）中，根据流过并联电阻 R_1、R_2 的电流 I_1、I_2 与电压 U 参考方向关系，用欧姆定律计算。按图1-36（a）或图1-36（b）所示流过并联电阻 R_1、R_2 的电流 I_1、I_2 与电压 U 的参考方向相同，电压 U 又与电流 I 的参考方向相同，因此有分流公式

$$\begin{cases} I_1 = \dfrac{U}{R_1} = \dfrac{RI}{R_1} = \dfrac{R_2}{R_1+R_2}I \\[2mm] I_2 = \dfrac{U}{R_2} = \dfrac{RI}{R_2} = \dfrac{R_1}{R_1+R_2}I \end{cases}$$

结论：两个电阻并联时，如果总电流是流入节点而部分电流是从节点流出的，或者总电流是从节点流出而部分电流是流入节点的，则分流公式带"+"正号（一般省略"+"正号，不写出）。显然，如果总电流与部分电流不满足上述关系，则分流公式要带"-"负号。

例1-11　在图1-37所示电路中，$U=100$ V，$R_1=10$ Ω，$R_2=20$ Ω，$R_3=20$ Ω，$R_4=20$ Ω，$R_5=10$Ω，求各支路电流 I_1、I_2、I_3、I_4 和 I_5。

解　$R_5+R_2//R_4=(10+20//20)$ Ω $=20$ Ω

$$I_1 = \frac{U}{R_1+R_3//(R_5+R_2//R_4)} = \frac{100}{10+20//20} = 5 \text{ A}$$

$$I_3 = \frac{(R_5+R_2//R_4)}{R_3+(R_5+R_2//R_4)}I_1 = \frac{20}{20+20} \times 5 = 2.5 \text{ A}$$

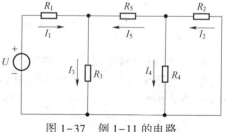

图1-37　例1-11的电路

$$I_5 = -\frac{R_3}{R_3+(R_5+R_2//R_4)}I_1 = -\frac{20}{20+20} \times 5 = -2.5 \text{ A}$$

$$I_2 = \frac{R_4}{R_2 + R_4}I_5 = \frac{20}{20 + 20} \times (-2.5) = -1.25 \text{ A}$$

$$I_4 = -\frac{R_2}{R_2 + R_4}I_5 = -\frac{20}{20 + 20} \times (-2.5) = 1.25 \text{ A}$$

例 1-12 在图 1-38 中, 已知 $R_1 = R_2 = R_3 = R_4 = 400 \ \Omega$, $R_5 = 600 \ \Omega$, 试求开关 S 断开和闭合时, a、b 之间的等效电阻。

解 S 闭合时: $R_{ab} = (R_1//R_2 + R_3//R_4)//R_5 = [(400//400 + 400//400)//600] \ \Omega = (400//600) = 240 \ \Omega$

S 断开时: $R_{ab} = R_5//(R_1 + R_3)//(R_2 + R_4) = [600//(400 + 400)//(400 + 400)] = (600//400) \ \Omega = 240 \ \Omega$

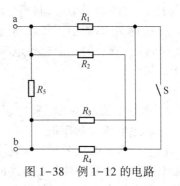

图 1-38 例 1-12 的电路

1.4.2 理想电压源、理想电流源的串并联

1. 理想电压源的串联和并联

1) 理想电压源的串联

若干个理想电压源的串联可以等效变换为一个理想电压源, 如果参考方向满足异极性相连(即电压参考方向的指向一致), 则等效的理想电压源的电压是各部分理想电压源的电压相加。图 1-39(a)所示为两个理想电压源的串联, 对图 1-39(a)中 a、b 两端的外部而言, 可以等效变换为图 1-39(b)所示的一个理想电压源, 等效条件为

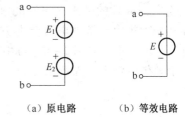

(a) 原电路   (b) 等效电路

图 1-39 两个理想电压源的串联

$$E = E_1 + E_2 \qquad (1-19)$$

结论: 若干个理想电压源的串联, 可以等效变换为一个理想电压源。如果等效的理想电压源的电压参考方向与各个串联的理想电压源的电压参考方向的指向一致, 则等效的理想电压源的电压等于各个串联的理想电压源的电压直接相加。但是, 如果串联的某个理想电压源的电压参考方向与等效的理想电压源的电压参考方向的指向不一致, 则应该在该理想电压源的电压前面加 "-" 负号之后, 再与其他各部分理想电压源的电压相加。

2) 理想电压源的并联

若干个理想电压源只有满足大小和方向都相同时才能并联。图 1-40(a)所示为两个理想电压源的并联, 对图 1-40(a)中 a、b 两端的外部而言, 可以等效变换为图 1-40(b)所示的一个理想电压源, 等效条件为

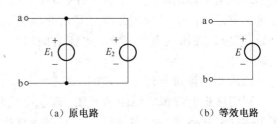

(a) 原电路   (b) 等效电路

图 1-40 两个理想电压源的并联

$$E = E_1 = E_2 \qquad (1-20)$$

3）理想电压源与任意支路的并联

由理想电压源的恒压性可知，理想电压源与任意支路的并联可等效为一个理想电压源。图1-41（a）所示为理想电压源 E_1 与任意元件的并联，对图1-41（a）中 a、b 两端的外部而言，可以等效变换为图1-41（b）所示的一个理想电压源 E，等效条件为

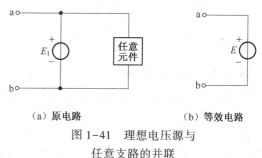

（a）原电路　　　　（b）等效电路

图1-41　理想电压源与任意支路的并联

$$E = E_1 \qquad (1-21)$$

2. 理想电流源的串联和并联

1）理想电流源的串联

若干个理想电流源只有满足大小和方向都相同时才能串联。图1-42（a）所示为两个理想电流源的串联，对图1-42（a）中 a、b 两端的外部而言，可以等效变换为图1-42（b）所示的一个理想电压源，等效条件为

$$I_S = I_{S1} = I_{S2} \qquad (1-22)$$

2）理想电流源的并联

若干个理想电流源并联，可以等效变换为一个理想电流源，如果各个并联理想电流源的电流参考方向满足从同一个节点流出或流入同一个节点（即电流参考方向沿支路的指向一致），则等效的理想电流源的电流是各部分理想电流源的电流相加，并且电流参考方向与各部分理想电流源的电流参考方向沿支路的指向对应一致。图1-43（a）所示为两个理想电流源的并联，对图1-43（a）中 a、b 两端的外部而言，可以等效变换为图1-43（b）所示的一个理想电流源，等效条件为

$$I_S = I_{S1} + I_{S2} \qquad (1-23)$$

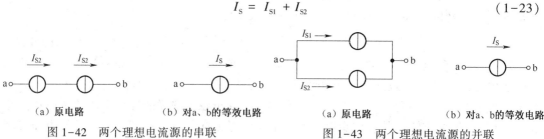

（a）原电路　　　　（b）对a、b的等效电路　　　　（a）原电路　　　　（b）对a、b的等效电路

图1-42　两个理想电流源的串联　　　　图1-43　两个理想电流源的并联

结论：若干个理想电流源的并联等效变换为一个理想电流源时，如果等效的理想电流源的电流参考方向与各个并联的理想电流源的电流参考方向沿支路的指向对应一致，则等效的理想电流源的电流等于各个并联的理想电流源的电流直接相加。但是，如果并联的某个理想电流源的电流参考方向与等效的理想电流源的电流参考方向沿支路的指向不对应一致，则应该在该理想电流源的电流前面加"–"负号之后，再与其他各部分理想电流源的电流相加。

3）理想电流源与任意元件的串联

利用理想电流源的恒流性可知，理想电流源与任意元件串联等效为一个理想电流源。图1-44（a）所示为理想电流源 I_{S1} 与任意元件串联，对图1-44（a）中 a、b 两端的外部而言，可以等效变换为图1-44（b）所示的一个理想电流源 I_S，等效条件为

$$I_\mathrm{S} = I_\mathrm{S1} \tag{1-24}$$

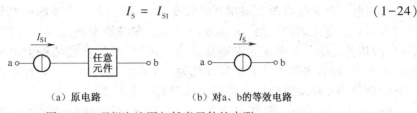

（a）原电路　　　　　　　（b）对a、b的等效电路

图 1-44　理想电流源与任意元件的串联

1.4.3　电压源和电流源的等效变换

1. 实际电源的两种模型

一个实际的电源可以用电压源和电流源两种模型表示，它们都具有两个独立电路参数，而其中一个参数是电阻。电压源是理想电压源和电阻串联的电源模型，如图 1-45（a）所示。电流源是理想电流源和电阻并联的电源模型，如图 1-45（b）所示。显然，电流源中电阻不能是无穷大，电压源中电阻不能是零。

2. 电压源和电流源的等效变换

根据基尔霍夫定律可以求得电压源和电流源的端口电压、电流关系如下：

KVL 对图 1-45（a）回路 L（U，IR，E），有 $U+IR=E$；经过等式变换，有 $E/R=I+U/R$。

KCL 对图 1-45（b）中上面节点，有 $U/R+I=I_\mathrm{S}$；经过等式变换，有 $U+IR=I_\mathrm{S}R$。

1）电压源等效变换为电流源

如图 1-45（a）所示的电压源，可以等效变换为图 1-45（b）所示的电流源，即对 a、b 两端的外部而言，电压源的电压、电流关系 $E/R=I+U/R$ 与电流源的端口电压、电流关系 $I_\mathrm{S}=I+U/R$ 相同，这就要求 $I_\mathrm{S}=E/R$，并且要求理想电流源 I_S 的假设电流方向是指向理想电压源（电动势 E）的假设"＋"端。

2）电流源等效变换为电压源

如图 1-45（b）所示的电流源，对 a、b 两端的外部而言，可以**等效**变换图 1-45（a）所示的电压源，即对 a、b 两端的外部而言，电流源的电压、电流关系 $U+IR=I_\mathrm{S}R$ 与电压源的端口电压、电流关系 $U+IR=E$ 相同，这就要求 $E=I_\mathrm{S}R$，并且要求理想电压源（电动势 E）的假设"＋"端是理想电流源 I_S 的电流方向所指的那一端。

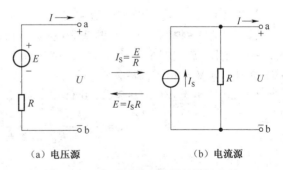

（a）电压源　　　　　　（b）电流源

图 1-45　电压源和电流源的等效变换

3）注意的问题

（1）变换关系包括以下两方面，其中方向关系是最容易出现错误的，应该特别注意。

数值关系：E 串联 R 变成 I_S 并联 R，则 $I_\mathrm{S}=E/R$；而 I_S 并联 R 变成 E 串联 R，则 $E=RI_\mathrm{S}$。

方向关系：变化前后电流源中的理想电流源电流方向是对应指向电压源中的理想电压源或电动势的"＋"端的。

（2）等效是对外部电路等效，对内部电路是不等效的。

（3）理想电压源与理想电流源不能相互等效。

运用电压源和电流源之间相互等效变换,可以把若干**支路串并联结构**形成的电路逐步化简为只有一个回路的电路,从而方便计算。在等效变换过程中,对于若干电压源支路并联时,应该首先把各个电压源支路变换为电流源,然后通过把各个电流源的并联合并为一个总电流源,最后再把该总电流源转化为一个电压源而成为一条支路的部分。这样的几个支路的部分相互连接就把原电路简化成只有一个回路的电路。

例 1-13 运用电压源和电流源等效变换求图 1-46(a)所示电路中 9 Ω 电阻上的电流 I。

解 根据图 1-46 的变换顺序,最后简化为只有一个回路的图 1-46(d)所示的电路,KVL 对图 1-46(d)所示回路,有 9 Ω×I+0.5 Ω×I+9 V+0.5 Ω×I=2 V+3 V,解得

$$I = (2\ V + 3\ V - 9\ V)/(9\ Ω + 0.5\ Ω + 0.5\ Ω) = -0.4\ A$$

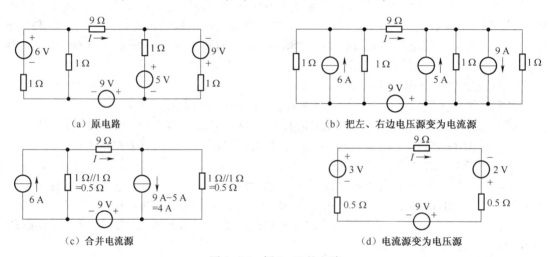

图 1-46 例 1-13 的电路

例 1-14 运用电压源和电流源等效变换求图 1-47(a)所示电路中电流 I_2。

解 把图 1-47(a)中电流源变为电压源可得图 1-47(b),把图 1-47(b)中的四个电阻看成一个电阻,就是只有一个回路的电路,标上电流 I 后,KVL 对该回路,有 $I(4\ Ω+3\ Ω//6\ Ω+2\ Ω)+4\ V=20\ V$,解得

$I=(20\ V-4\ V)/(4\ Ω+3\ Ω//6\ Ω+2\ Ω)=2\ A$,由分流公式,有

$$I_2 = \frac{R_3}{R_2 + R_3}I = \frac{3}{6 + 3} \times 2\ A = \frac{2}{3}\ A$$

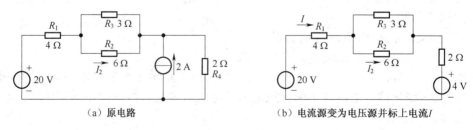

图 1-47 例 1-14 的电路

练习与思考

1.4.1　图 1-48 所示电路中 $R_1 = 2\ \Omega$，$R_2 = 3\ \Omega$，如何正确列出 I_1、I_2 的分流公式？用两电阻并联的分流公式计算电流 I_1、I_2。

1.4.2　如图 1-49 所示电路，计算电压 U_{ab}。

图 1-48　练习与思考 1.4.1 图

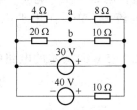

图 1-49　练习与思考 1.4.2 图

1.4.3　试计算图 1-50 所示两电路的输入电阻 R_{ab}。

1.4.4　试用电压源和电流源等效变换的方法，计算图 1-51 中的电流 I。

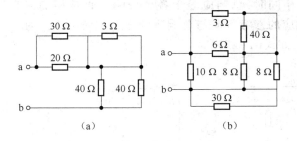

图 1-50　练习与思考 1.4.3 图

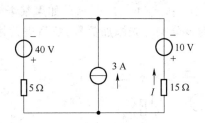

图 1-51　练习与思考 1.4.4 图

1.4.5　用等效变换的方法化简图 1-52 中各个电路。

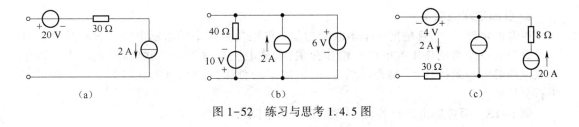

图 1-52　练习与思考 1.4.5 图

1.5　电路的定理分析法

线性电路中响应是激励的线性关系，**叠加定理**正是反映了**线性电路**线性性质中的可加性。运用**叠加定理**可以把多个激励的电路化为若干个单激励的电路来计算。

工程实际中，常常碰到只需研究某一支路的电压、电流或功率的问题。对所研究的支路来说，电路的其余部分可以看成一个有源二端电路，可等效变换为一个电压源（理想电压源与电阻串联），使分析和计算简化。所谓**有源二端电路**，就是具有两个出线端的部分电路，其中含有**激励**。戴维南定理给出了**有源线性二端电路**的等效电压源的一种求取方法。

1.5.1 叠加定理

1. 叠加定理的描述

对于**线性电路**中任一响应（电流或电压），都可看成是由电路中各个激励源（理想电压源或理想电流源）单独作用于电路时产生的响应（电流或电压）的代数和，这就是**叠加定理**。

如以图 1-53（a）所示的电路中响应 I_1、I_2、U 为例，则有

$$I_1 = I'_1 + (-I''_1) = I'_1 - I''_1 \tag{1-25}$$

$$I_2 = I'_2 + I''_2 \tag{1-26}$$

$$U = U' + U'' \tag{1-27}$$

这里，I'_1、I'_2、U' 分别是 E 单独作用时（$I_S = 0$ A，等效开路）产生 I_1、I_2、U 的一个响应分量，由图 1-53（b）计算；I''_1、I''_2、U'' 分别是 I_S 单独作用时（$E = 0$ V，等效短路）产生 I_1、I_2、U 的另一个响应分量，由图 1-53（c）计算。不同的分响应可以采用不同的上标来进行区别。如果分响应的参考方向与总响应的参考方向相同时，总响应等于各个分响应直接相加，如式（1-26）和式（1-27）所示。如果某个分响应的参考方向与总响应的参考方向不相同时，应该对该分响应先添加负号，然后进行相加，如式（1-25）所示。

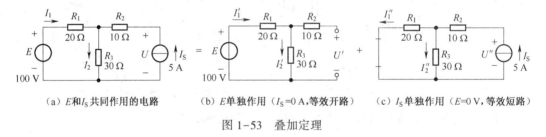

（a）E 和 I_S 共同作用的电路 （b）E 单独作用（$I_S = 0$ A，等效开路） （c）I_S 单独作用（$E = 0$ V，等效短路）

图 1-53 叠加定理

2. 叠加定理的应用

用叠加定理计算，就是把一个多激励的复杂电路化为几个单激励电路来进行计算。对于计算只有一个激励作用的电路的**响应分量**，若该电路是电阻串并联电路，则采用电阻串并联电路等效电阻的计算，结合欧姆定律、电阻串联分压公式和电阻并联分流公式就可以进行分析计算。

例 1-15 用叠加定理计算图 1-53（a）所示电路中响应 I_1、I_2、U。

解 图 1-53（a）所示电路中响应 I_1、I_2、U 可以看成图 1-53（b）和图 1-53（c）所示的两个电路的响应叠加起来的。

在图 1-53（b）中，$I'_1 = I'_2 = \dfrac{E}{R_1 + R_3} = \dfrac{E}{20 + 30} = 0.02E = 0.02 \times 100 \text{ A} = 2 \text{ A}$

$$U' = I'_2 R_3 = \frac{E}{50} \times 30 = 0.6E = 0.6 \times 100 \text{ V} = 60 \text{ V}$$

在图 1-53（c）中 $I''_1 = \dfrac{R_3}{R_1 + R_3} I_S = \dfrac{30 \ \Omega}{20 \ \Omega + 30 \ \Omega} I_S = 0.6 I_S = 0.6 \times 5 \text{ A} = 3 \text{ A}$

$$I''_2 = I_S - I''_1 = I_S - 0.6I_S = 0.4I_S = 0.4 \times 5 \text{ A} = 2 \text{ A}$$

$$U'' = I_S R_2 + I''_2 R_3 = I_S \times 10 + 0.4I_S \times 30 = 22I_S = 22 \times 5 \text{ V} = 110 \text{ V}$$

根据叠加定理,有

$$I_1 = I'_1 + (-I''_1) = I'_1 - I''_1 = 2 \text{ A} - 3 \text{ A} = -1 \text{ A}$$

$$I_2 = I'_2 + I''_2 = 2 \text{ A} + 2 \text{ A} = 4 \text{ A}$$

$$U = U' + U'' = 60 \text{ V} + 110 \text{ V} = 170 \text{ V}$$

从本例计算过程中可以看到,E 单独作用产生的响应是与 E 成正比的,I_S 单独作用产生的响应是与 I_S 成正比的。

3. 几点说明

(1)叠加定理只适用于线性电路,反映了线性电路的可加性。而**一个激励单独作用下的响应与该激励成正比**,反映了线性电路的齐次性。线性电路的可加性和齐次性体现了线性电路的线性性质:线性电路的响应与激励之间有线性关系。

(2)一个激励作用,其余激励为零。激励为零的含义与等效处理方式为:理想电压源的激励为零,是指其电压为 0 V,应把理想电压源等效**短路**处理;理想电流源的激励为零,是指其电流为 0 A,应把理想电流源等效**开路**处理。

(3)U、I 叠加时要注意各分量的参考方向。

(4)应用叠加定理时可把电源分组求解,即每个分电路中的激励个数可以多于一个。

(5)**功率不能叠加**。这是因为功率为电压和电流的乘积,它为激励的二次函数。

例 1-16 在图 1-54 所示的电路中,当 $E = 2$ V 时 $U = 3$ V,当 $E = 3$ V 时 $U = 5$ V。计算 $E = 5$ V 时,电路中的响应 U。

解 如果设 E 单独作用产生 U 的分量为 aE,当 $E = 0$ V,只由 N 内激励作用产生 U 的分量为 b,则由叠加定理,可以有 $U = aE + b$,将两个已知条件代入,有

$$\begin{cases} 3 = 2a + b \\ 5 = 3a + b \end{cases}$$

图 1-54 例 1-16 的电路

解得:$a = 2$,$b = -1$。因此,$U = aE + b = 2E - 1$。

所以,$E = 5$ V 时,电路中响应 $U = (2 \times 5 - 1) \text{ V} = 9 \text{ V}$。

1.5.2 戴维南定理

1. 戴维南定理的描述

若只需计算复杂电路中的一个支路中的电流,比如图 1-55(a)所示电阻 R 支路的电流,可以把待求支路看成电路的负载,而把电路的其余部分看成一个**有源二端电路**,如图 1-55(a)所示的具有 a、b 两个端点方框部分 N,只要它是线性的**有源二端电路**,就可以等效成电压源,该等效电压源通过两端点 a、b 与待求支路相连,形成一个单一回路的简单等效电路,对此等效电路列写 KVL 方程即可得到待求支路的电流。

戴维南定理指出,任何一个**线性有源二端电路**,比如图 1-55(a)所示具有 a、b 两个端点的方框部分 N,对 a、b 两个端点的外部电路(电阻 R 支路)来说,总可以用一个电动势为 E 的理想电压源和内阻 R_0 串联的电压源[如图 1-55(b)所示具有 a、b 两个端点的左边的部分电路]来等效置换;此等效电压源的电动势 E 等于线性有源二端电路的开路电压 U_0,

即"负载"断开后,a、b 两端之间的电压,如图 1-55(c)所示。而等效电压源的内阻 R_0 等于把有源二端电路 N 中所有激励令为零(即所有理想电压源短路、所有理想电流源开路)变成**无源二端电路 N_0** 后,从 a、b 两端看进去的等效电阻,如图 1-55(d)所示。由图 1-55(c)、图 1-55(d)分别求得 $U_0 = E$ 和 R_0,再由图 1-55(b)的等效电路可以求得电流为

$$I = \frac{E}{R_0 + R} \tag{1-28}$$

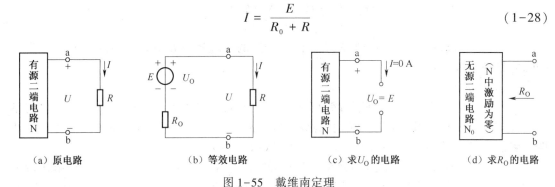

(a)原电路　　　　　(b)等效电路　　　　　(c)求 U_0 的电路　　　　　(d)求 R_0 的电路

图 1-55　戴维南定理

2. 戴维南定理计算步骤

根据图 1-55,可以把戴维南定理的计算归纳为"a、b 两点、四图、三步骤":

(1)"a、b 两点",就是所有图上对应地在待求支路的两端分别标上 a、b 端点。此两端点不能是节点,通过两端点把电路划分为"负载"和"电源"两个部分,a、b 是两个部分的公共端点,并且待求支路的电流参考方向符合 a 指向 b 的方向。

(2)"四图",就是原电路图、等效电路图、求 U_0 的电路图、求 R_0 的电路图。

(3)"三步骤"就是:

① 根据求 U_0 的电路图计算开路电压 U_0。

② 根据求 R_0 的电路图计算等效电压源的内阻 R_0。

③ 根据等效电路图求"负载"中的电流 I。

显然,上述计算步骤是针对线性有源二端电路 N 中内部结构与参数已知的情况进行的。对于 N 中内部结构与参数未知的情况,如果知道两个不同的外部条件,则可以把戴维南定理的计算归纳为"a、b 两点、两图、三步骤",即求 U_0 和求 R_0 的电路图没有了,而其中"三步骤"就变成:根据等效电路图求"负载"中的电流 I 的一般表达式;把两个外部条件代入一般表达式计算出 E 和 R_0;把 E 和 R_0 的值代入一般表达式中计算待求"负载"中的电流 I。

3. 开路电压 U_0 和内阻 R_0 的计算

1)开路电压 U_0 的计算

戴维南定理的等效电压源中理想电压源的电压(或电动势)等于将外电路断开时的开路电压 U_0。开路电压 U_0 以 a 端为"+"端,b 端为"−"端,即 U_0 的方向就是从 a 端指向 b 端。计算 U_0 的过程中要特别注意外电路从 a、b 两端断开时,电流 $I = 0$ A[见图 1-55(c)]这一特点的应用。一般而言,计算 U_0 是戴维南定理计算过程的难点。

2)等效电压源的内阻 R_0 的计算

等效电压源的内阻 R_0,就是将有源二端(记为 a 端和 b 端)电路内部激励全部置零(理想电压源短路,理想电流源开路)后,所得到的无源二端电路的等效电阻。常用下列方法计算:

如果无源二端电路内部是电阻串并联结构,则可以采用电阻串并联公式计算内阻 R_0。

如果无源二端电路内部不是电阻串并联结构,则可以采用下面两种具有一般性的方法来计算内阻 R_0。

(1)外加电源法(加电压求电流或加电流求电压),如图 1-56 所示, $R_0 = U/I$。

(2)开路电压,短路电流法,如图 1-57 所示, $R_0 = U_0/I_s$。

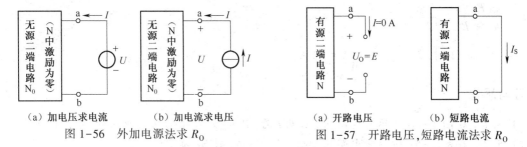

　(a)加电压求电流　　(b)加电流求电压　　　　　(a)开路电压　　　　(b)短路电流

　　图 1-56　外加电源法求 R_0　　　　　　图 1-57　开路电压,短路电流法求 R_0

例 1-17　用戴维南定理计算图 1-58(a)所示电路中电流 I。

解　根据图 1-58(a)画出图 1-58(b)、图 1-58(c)、图 1-58(d),并且各图标上 a、b。

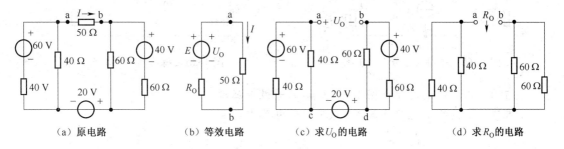

　(a)原电路　　　　(b)等效电路　　　(c)求 U_0 的电路　　　(d)求 R_0 的电路

图 1-58　例 1-17 的电路

(1)根据图 1-58(c),求 U_0。
$$U_0 = U_{ac} + U_{cd} + U_{db} = [60/(40+40)] \times 40 + (-20) + [-40/(60+60)] \times 60 \text{ V}$$
$$= (30 - 20 - 20)\text{V} = -10 \text{ V}$$

(2)根据图 1-58(d)求 R_0。
$$R_0 = (40//40 + 60//60)\Omega = 50 \ \Omega$$

(3)根据图 1-58(b)求 I。
$$I = U_0/(R_0 + 50) = [-10/(50+50)]\text{A} = -0.1 \text{ A}$$

例 1-18　在图 1-59(a)所示的电路中当 $R = 4 \ \Omega$ 时 $I = 5$ A,当 $R = 8 \ \Omega$ 时 $I = 4$ A。当 $R = 28 \ \Omega$ 时,计算图 1-59 所示电路中电流 I。

解　首先根据图 1-59(a),画出图 1-59(b),并且在两图中对应地标上 a、b。

根据图 1-59(b)求得: $I = \dfrac{E}{R_0 + R}$,将

两个已知条件代入,有:

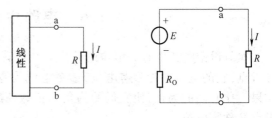

　(a)原电路　　　　(b)等效电路

图 1-59　例 1-18 的电路

$$\begin{cases} 5 = \dfrac{E}{R_0 + 4} \\ 4 = \dfrac{E}{R_0 + 8} \end{cases}$$

解得：$R_0 = 12\ \Omega$，$E = 80\ \text{V}$。

故 $I = \dfrac{E}{R_0 + R} = \dfrac{80}{12 + R}$。

当 $R = 28\ \Omega$ 时，$I = \dfrac{80}{12 + 28}\text{A} = 2\ \text{A}$。

练习与思考

1.5.1　在图 1-60 所示的电路中，电流 I 为 10 A，如果理想电流源断开，则 I 为多少？

1.5.2　在图 1-61 所示的电路中，电流 I 为 8 A，则 E_1 为多少？

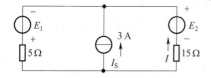

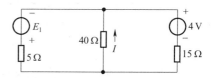

图 1-60　练习与思考 1.5.1 图　　　　　图 1-61　练习与思考 1.5.2 图

1.5.3　用戴维南定理求图 1-62 所示的等效电压源。

1.5.4　用戴维南定理计算图 1-63 所示电路中电流 I。

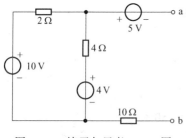

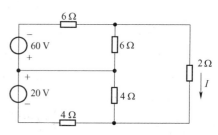

图 1-62　练习与思考 1.5.3 图　　　　　图 1-63　练习与思考 1.5.4 图

1.6　电路中电位的计算

本节讨论电路中有关电位的计算。在计算各点的电位时，必须选定电路中某一点作为参考点，它的电位称为参考电位，参考电位为零。而其他各点的电位就是与该点相比较的结果。比它高的为正，比它低的为负。正数值越大，电位越高；负数值越大，电位越低。参考点又称零电位点。

1.6.1　电位的计算

电路中任意一点的电位就是这样一个电压，其电压参考方向是从该点指向参考点。换言之,电路中任意一点的电位是一个电压,这个电压的参考方向是设该点为"+"极性的假想高电位端,参考点为"−"极性的假想低电位端。由于规定了该电压假设"−"极性端是参考点,所以书写电路中任意一点的电位时只需要写出该点的标记,比如,电路规定了参考点,电路中标记了 A 点,则 U_A 就是从 A 点开始指向参考点为止的电压。参考点的标记是 A 点的电位 U_A 这个特殊电压中省略不写出来的第二个下标。但是参考点的标记在电路中要标明,参考点在电路中常以"接地"符号"⊥"来表示,所谓"接地",并非真与大地相接。因此,电位的计算实际是电压的计算,只是规定了该电压假设"−"极性端是参考点"⊥"而已。

例 1−19 求图 1−64(a)所示电路中 a、b、c、d 各点的电位及 a、b 两点的电压 U_{ab}。

解 图 1−64(a)的 d 点"接地",作为参考点,因此,由电位的概念,有 $U_d = 0$ V,$U_b = U_{bd} = 40$ V,$U_c = U_{cd} = -60$ V。a 点的电位可以用对 a 的 KCL 及利用 $U_{ak} = U_a - U_k$ 电位差表示电压的欧姆定律公式 $I_{ak} = U_{ak}/R_{ak} = (U_a - U_k)/R_{ak}$ 来求解,具体如下:

KCL 对 a,有 $I_{ab} + I_{ac} + I_{ad} = 0$

因为 $I_{ab} = (U_a - U_b)/20 = (U_a - 40)/20$

$I_{ac} = (U_a - U_c)/50 = (U_a + 60)/50$

$I_{ad} = (U_a - U_d) = (U_a - 0)/8$

所以 $(U_a - 40)/20 + (U_a + 60)/50 + (U_a - 0)/8 = 0$。

由此解得 $U_a = (160/39)$ V $= 4.126$ V

$$U_{ab} = U_a - U_b = (4.126 - 40) \text{ V} = -35.9 \text{ V}$$

例 1−20 如将图 1−64(a)的 b 点作为参考点,求 a、b、c、d 各点的电位及 a、b 两点的电压 U_{ab}。

解 将图 1−64(a)的 b 点作为参考点,则

$$U_b = 0 \text{ V},\ U_d = U_{db} = -40 \text{ V},\ U_c = U_{cd} + U_d = (-60 - 40) \text{ V} = -100 \text{ V}$$

KCL 对 a,有 $I_{ab} + I_{ac} + I_{ad} = 0$

因为 $I_{ab} = (U_a - U_b)/20 = (U_a - 0)/20$

$I_{ac} = (U_a - U_c)/50 = (U_a + 100)/50$

$I_{ad} = (U_a - U_d) = (U_a + 40)/8$

所以 $(U_a - 0)/20 + (U_a + 100)/50 + (U_a + 40)/8 = 0$。

由此解得 $U_a = -1400/39$ V $= -35.9$ V

$$U_{ab} = U_a - U_b = (-1400/39 - 0) \text{ V} = -35.9 \text{ V}$$

由上面两个例题可知:

(1)电位值是相对的,参考点选取的不同,电路中各点的电位也将随之改变。

(2)电路中两点间的电压是固定的,不会因参考点的选取不同而改变,即与参考点的选取无关。

1.6.2 电位表示的简化电路

在分析电子电路时,经常要用到电位表示的简化电路。借助电位的概念可以简化电路,如图 1−64(a)中 b、c 两点电位是只由理想电压源的电压激励决定的,它是与电路其他元件参数无关的固定电位值。简化电路时可不再画出理想电压源而只在 b、c 两点标上固定电位值,如图 1−64(b)和图 1−64(c)所示。图 1−64(c)是图 1−64(b)的改画形式并且引出一个悬空端点 e。应用简化电路时有以下几点要注意。

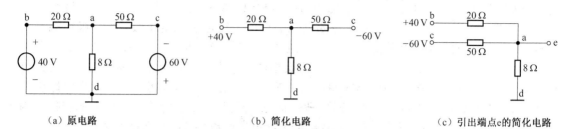

（a）原电路   （b）简化电路   （c）引出端点e的简化电路

图 1-64　电位表示的简化电路

1. 省略表示与断开点的判定

具有固定电位值的点，与"接地"端之间没有断开。如图 1-64（b）和图 1-64（c）所示电位表示的简化电路中，b、c 两点有固定电位值，与 b 或 c 点相连的电阻上是有电流的，因此，b 点或 c 点与"接地"端之间连有理想电压源，图中只是省略未画出。但是，如图 1-64（c）中的 e 点那样，既没有标上固定电位值又没有在引出线上标上固定的电流值，这样的点与"接地"端之间是断开的，即应该理解为悬空点，引出线上没有电流。

2. 简化电路也可能省略参考点

图 1-65（a）电位表示的简化电路中，没有看到参考点，但是不能认为该电路中没有参考点。只能理解为参考点被省略表示了。图 1-65（b）就是其中恢复表示了参考点后的电路。

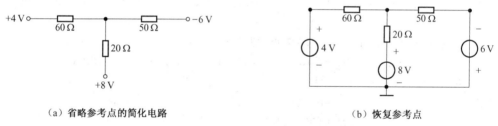

（a）省略参考点的简化电路   （b）恢复参考点

图 1-65　参考点的省略与恢复电路

3. 电路分析计算的节点电位法

上面例 1-19 中计算电路 a 点的电位，采用了把电阻两端的电位差除以电阻这种形式欧姆定律表达的电流代入 a 点的 KCL 方程中进行求解。电路具有两个节点 a、d，当选定 d 为参考点，则只有节点 a 的电位未知，因此采用把电阻两端的电位差除以电阻这种形式的欧姆定律电流表达式代入 a 点的 KCL 方程中，就可以求解 a 点的电位，再利用 a 点的电位求解其他响应。在上面例 1-20 中计算与例 1-19 相同电路中 a 点的电位，但是选定比节点 d 电位高 40 V 的 b 点为参考点，实际上也是节点 a、d 中 d 的电位已知（-40 V），只有节点 a 的电位未知，因此采用把电阻两端的电位差除以电阻这种形式的欧姆定律电流表达式代入到 a 点的 KCL 方程中，也可以求解 a 点的电位。以上都是两个节点的电路，采用把电阻两端的电位差除以电阻这种形式的欧姆定律电流表达式代入一个节点电位未知的节点 KCL 方程中，求解未知节点电位后再利用求解到的节点电位计算其他响应。这实际就是具有两个节点电路的节点电位法的分析计算过程。

一般地，对于具有 n 个节点的电路，选定一个节点为参考点，则以另外 $n-1$ 个节点电位为未知量，把各个支路的电流用包含节点电位的电位差来表达，并且代入 $n-1$ 个节点的

KCL 方程中,求解出相关的节点电位后,再利用求解到的节点电位计算其他响应,这就是电路分析计算的节点电位法。节点电位法适合于分析计算未知电位的节点数少的电路。

在直流电路中,各个支路的电流用包含节点电位的电位差来表达,就是把各个支路的电流表达成电阻两端的电位差除以电阻的形式。显然,如何把各个支路的电流直接表达成电阻两端的电位差除以电阻的形式,是能否直接写出 $n-1$ 个用节点电位表达的 KCL 方程的关键所在。为此,一般默认所有含电阻的支路的电流均从节点流出,于是含电阻的支路电流就可以用选定节点的电位减去电阻另外一端的电位,再除以电阻来表达。以图 1-66 所示的具有 m 个电阻支路和两个理想电流源支路与一个节点 a 关联的简化电路为例,可以归纳出采用电位表示的 KCL 方程为

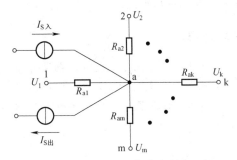

图 1-66 m 个电阻支路和两个理想电流源支路与节点 a 关联的简化电路

KCL 对 a 有:

$$\sum_{k=1}^{m} \frac{U_a - U_k}{R_{ak}} + I_{S出} = I_{S入} \qquad (1-29)$$

在式(1-29)中,a 是各个电阻相连接的公共端,1、2、…、k、…、m 代表 m 个电阻的另外一端。显然,式(1-29)表明,从 a 经过各个电阻流向各个电阻的另一端的电流之和加上从 a 经过理想电流源流出的电流,等于经过理想电流源流入 a 的电流。实际应用式(1-29)时,分析点 a 不一定是节点,也可以是两个电阻串联的连接点,同时 a 及各个电阻的另一端应该用具体的符号替代。下面举例说明式(1-29)在电位计算中的应用。

例 1-21 分别计算图 1-67 所示电路在开关 S 闭合与断开两种情况下 a、b 两点的电位。

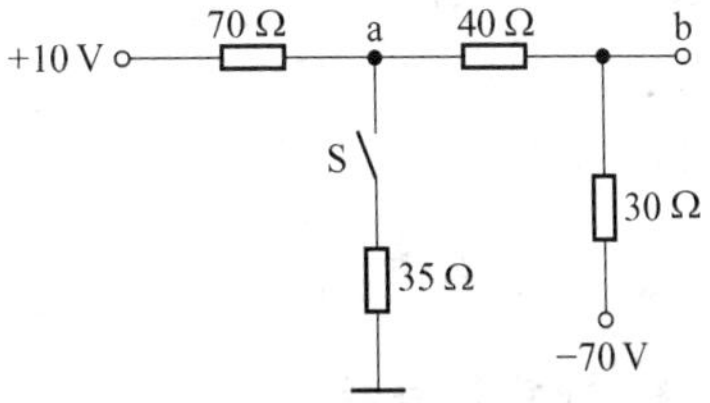

解 开关 S 断开时,采用电位表示的对 a、b 的 KCL 方程分别为

$$\frac{U_a - (-70)}{40 + 30} + \frac{U_a - 10}{70} = 0, \quad \frac{U_b - 10}{40 + 70} + \frac{U_b - (-70)}{30}$$

$= 0$,解得 $U_a = -30$ V,$U_b = -\dfrac{370}{7}$ V。

图 1-67 例 1-21 的电路

开关 S 闭合时,采用电位表示的对 a、b 的 KCL 方程分别为

$$\frac{U_b - U_a}{40} + \frac{U_b - (-70)}{30} = 0$$

$$\frac{U_a - U_b}{40} + \frac{U_a - 10}{70} + \frac{U_a - 0}{35} = 0 \quad 或 \quad \frac{U_a - (-70)}{40 + 30} + \frac{U_a - 10}{70} + \frac{U_a - 0}{35} = 0$$

解方程,得 $U_a = -15$ V,$U_b = -\dfrac{325}{7}$ V。

只有电阻支路的电流才能用电位差除以电阻来表达,对于理想电压源支路的未知电流不可用电位差除以电阻来表达。因此,节点电位法列写 KCL 方程时需要避开理想电压源

支路,采取把理想电压源支路连接的两个节点按一个广义节点来考虑 KCL 方程,从而达到减少 KCL 方程数、简化计算的目的。但是该广义节点中的两个节点的电位之差须用连接两个节点的理想电压源的电压来表达。

练习与思考

　　1.6.1　计算图 1-68 所示电路中 a 点的电位。
　　1.6.2　计算图 1-69 所示电路在闭合与断开两种情况下 a 点的电位。
　　1.6.3　计算图 1-70 所示电路中 a 点的电位。

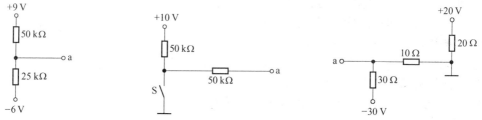

图 1-68　练习与思考 1.6.1 图　　　图 1-69　练习与思考 1.6.2 图　　　图 1-70　练习与思考 1.6.3 图

1.7　电路中的过渡过程

　　含有动态元件电感 L 和电容 C 的电路称为动态电路。其特点是当动态电路状态发生改变(换路)时需要经历一个变化过程才能达到新的稳定状态。这个变化过程称为**电路的过渡过程**。过渡过程产生的原因是电路中含有储能元件 L、C,电路在换路时能量发生变化,而能量的储存和释放都需要一定的时间来完成。含有一个动态元件电感或电容的线性电路,其电路方程为一阶线性常微分方程,称为一阶电路。其中含有一个电容元件的电路称为 RC 一阶电路,含有一个电感元件的电路称为 RL 一阶电路。本节讨论的是一阶电路的过渡过程。

1.7.1　换路定则

1. 换路及其特点

　　电路的接通、断开、短路、电压改变或参数改变,称为**换路**。电路在换路时能量发生变化,但是能量是不能跃变的,否则将使功率 $p = \dfrac{\mathrm{d}W}{\mathrm{d}t}$ 达到无穷大,这在实际上是不可能的。因此,在电感元件中储有的磁场能量 $Li_L^2/2$ 不能跃变,这反映了电感元件中的电流 i_L 不能跃变;电容元件中储有的电场能量 $Cu_C^2/2$ 不能跃变,这反映了电容元件上的电压 u_C 不能跃变。

2. 换路定则的具体内容

　　换路瞬间,若电容的电流保持为有限值,则电容的电压在换路前后瞬间保持不变;换路瞬间,若电感的电压保持为有限值,则电感的电流在换路前后瞬间保持不变。这就是**换路定则**。如果设 $t=0$ 时换路,并用 $t=0_-$ 表示换路前的终了一瞬间,$t=0_+$ 表示换路后的初始一瞬间,则换路定则可表示为

$$\begin{cases} i_L(0_+) = i_L(0_-) \\ u_C(0_+) = u_C(0_-) \end{cases} \tag{1-30}$$

即从 $t=0_-$ 到 $t=0_+$ 瞬间，电感元件中的电流和电容元件上的电压不能跃变。

电容的电流和电感的电压为有限值是换路定则成立的条件。换路定则反映了能量不能跃变。

3. 过渡过程的初始值的确定

如果换路在 $t=0$ 时刻进行，则 $t=0_+$ 时刻的电压、电流称为一阶电路过渡过程的**初始值**。在动态电路分析中，初始值是得到确定解的必备条件。确定初始值的步骤可以归纳如下：

（1）由 $t=0_-$ 时刻电路求 $i_L(0_-)$、$u_C(0_-)$。

（2）由换路定则求 $i_L(0_+)$、$u_C(0_+)$。

（3）电容用电压为 $u_C(0_+)$ 的理想电压源代替、电感用电流为 $i_L(0_+)$ 的理想电流源代替，画出换路后初始瞬间 $t=0_+$ 时刻的等效电路，根据 $t=0_+$ 时刻的等效电路计算其他电压、电流初始值。

例 1-22 如图 1-71（a）所示，原来开关 S 闭合，在 $t=0$ 时刻开关 S 断开，求初始电流 $i_C(0_+)$。

解 由 $t=0_-$ 电路求 $u_C(0_-)$，$t=0_-$ 时刻电路处于直流稳定状态，电容开路，如图 1-71（b）所示，$u_C(0_-) = [40 \times 10/(10+40)]\text{V} = 8\text{ V}$。由换路定则，有 $u_C(0_+) = u_C(0_-) = 8\text{ V}$。

电容用电压为 $u_C(0_+) = 8\text{ V}$ 的理想电压源代替，画出 $t=0_+$ 时刻等效电路，如图 1-71（c）所示。由 $t=0_+$ 时刻的等效电路求得 $i_C(0_+) = (10-8)/10\text{ mA} = 0.2\text{ mA}$。

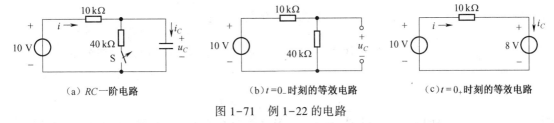

（a）RC 一阶电路　　　　　（b）$t=0_-$ 时刻的等效电路　　　　　（c）$t=0_+$ 时刻的等效电路

图 1-71　例 1-22 的电路

例 1-23 如图 1-72（a）所示，原来开关 S 断开，在 $t=0$ 时刻开关 S 闭合，求初始电压 $u_L(0_+)$。

解 由 $t=0_-$ 电路求 $i_L(0_-)$，$t=0_-$ 时刻电路处于直流稳定状态，电感短路，如图 1-72（b）所示，$i_L(0_-) = [10/(1+4)]\text{A} = 2\text{ A}$。由换路定则，有 $i_L(0_+) = i_L(0_-) = 2\text{ A}$。

电感用电流为 $i_L(0_+) = 2\text{ A}$ 的理想电流源代替，画出 $t=0_+$ 时刻等效电路，如图 1-72（c）所示。由 $t=0_+$ 时刻的等效电路求得 $u_L(0_+) = -2 \times 4\text{ V} = -8\text{ V}$。

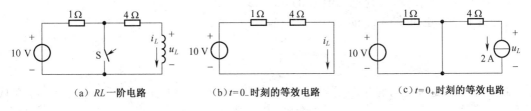

（a）RL 一阶电路　　　　　（b）$t=0_-$ 时刻的等效电路　　　　　（c）$t=0_+$ 时刻的等效电路

图 1-72　例 1-23 的电路

1.7.2　*RC* 电路的过渡过程

由一个动态元件电容和有源二端电阻电路组成电路,其电路方程为一阶线性常微分方程,称为一阶 *RC* 电路。图 1-73 所示是一个简单的一阶 *RC* 电路。可以分为三种情况讨论一阶 *RC* 电路的过渡过程。

1. 零状态响应

RC 电路的零状态,是指换路前电容元件无储能,即 $u_c(0_-) = 0$ V。在此条件下,由电源激励所产生的电路的响应,称为零状态响应。

在图 1-73 中,如果在 $t = 0$ 时将开关 S 合到位置 1 上,电路与一恒定电压为 U 的理想电压源接通,对电容元件开始充电,其上电压为 u_c,充电电流为 i。

根据基尔霍夫电压定律,列出 $t \geq 0$ 时电路的非齐次一阶线性常微分方程为

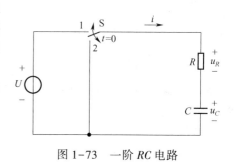

图 1-73　一阶 *RC* 电路

$$U = Ri + u_c = RC \frac{\mathrm{d}u_c}{\mathrm{d}t} + u_c \qquad (1-31)$$

上式的解答形式为 $u_c = u_{Cs} + u_{Cp}$,有两部分:一个是非齐次方程特解 u_{Cs},一个是齐次方程通解 u_{Cp}。式(1-31)的特解与输入激励的变化规律有关,称为电路的**稳态分量**。取电路的稳态值,即 $u_{Cs} = u_c(\infty) = U$。

齐次微分方程为

$$RC \frac{\mathrm{d}u_c}{\mathrm{d}t} + u_c = 0$$

其通解为 $u_{Cp} = Ae^{-\frac{t}{RC}}$,其变化规律由电路参数和结构决定,称为电路的**暂态分量**。

因此,式(1-31)的通解为

$$u_c = u_{Cs} + u_{Cp} = U + Ae^{-\frac{t}{RC}} = U + Ae^{-\frac{t}{\tau}}$$

式中,$\tau = RC$,它具有时间的量纲,称为 *RC* **电路的时间常数**。τ 的量纲是秒(s),$\tau = RC$ 的量纲关系是 $1\ \mathrm{s} = 1\ \Omega \times 1\ \mathrm{F}$。

由初始条件 $u_c(0_+) = A + U = u_c(0_-) = 0$ 确定积分常数 $A = -U$,于是得

$$u_c = U - Ue^{-\frac{t}{\tau}} = U(1 - e^{-\frac{t}{\tau}}) \qquad (1-32)$$

其随时间的变化曲线如图 1-74(a)所示。

当 $t = \tau$ 时,$u_c = U(1 - e^{-1}) = U(1 - 1/2.718) = U(1 - 0.368) = 0.632U$,即从 $t = 0$ 经过一个 τ 的时间,u_c 增长到稳态值 U 的 63.2%。

由式(1-32)也可求出 i,即

$$i = C \frac{\mathrm{d}u_c}{\mathrm{d}t} = \frac{U}{R} e^{-\frac{t}{\tau}} \qquad (1-33)$$

电容电流 i 随时间的变化曲线如图 1-74(b)所示。当 $t = \tau$ 时 $i = \frac{U}{R} e^{-\frac{\tau}{\tau}} = 0.368 \frac{U}{R}$,即从 $t = 0$ 经过一个 τ 的时间,i 衰减到初始值 $i(0_+) = U/R$ 的 36.8%。

2. 零输入响应

所谓 RC 电路的零输入响应,是指无电源激励,输入信号为零的条件下,由电容元件的初始状态 $u_C(0_+)$ 所产生的电路响应。

如果在图 1-73 所示电路中,当电容元件充电到 U_0 时将开关 S 从位置 1 合到位置 2,使电容脱离电源(输入为零),电容元件开始**放电**,稳态值 $u_C(\infty) = 0$ [初始值 $u_C(0_+) = U_0$],经过求解可得

$$u_C = U_0 e^{-\frac{t}{\tau}} \qquad (1-34)$$

其随时间的变化曲线如图 1-75(a)所示。当 $t = \tau$ 时,$u_C = U_0 e^{-1} = 0.368U_0$,即从 $t = 0$ 开始经过一个 τ 的时间,u_C 衰减到初始值 U_0 的 36.8%。τ 越小,衰减就越快。

由式(1-34)也可以求得

$$i = C\frac{du_C}{dt} = -\frac{U_0}{R}e^{-\frac{t}{\tau}} \qquad (1-35)$$

式中的负号表示放电电流的实际方向与图 1-73 中所选定的参考方向相反。

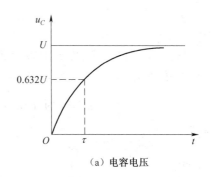

(a) 电容电压

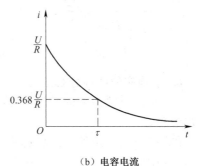

(b) 电容电流

图 1-74　RC 电路零状态响应

电容电流随时间的变化曲线如图 1-75(b)所示。$i(0_+) = -\dfrac{U_0}{R}$,当 $t = \tau$ 时 $i = -\dfrac{U_0}{R}e^{-1} = -0.368\dfrac{U_0}{R} = 0.368i(0_+)$,$u_R = -U_0 e^{-1} = -0.368U_0 = 0.368u_R(0_+)$。即从 $t = 0$ 开始,经过一个 τ 的时间,i 和 u_R 的变化到初始值的 36.8%。从响应曲线上的初始点作一切线,该切线与时间坐标轴交点的时间就是时间常数 τ,如图 1-75 所示。电路时间常数 τ 的大小反映了电路过渡过程时间的长短。

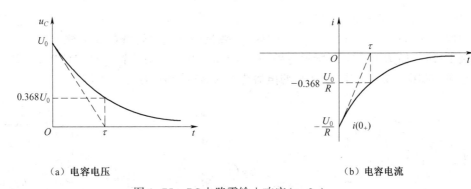

(a) 电容电压　　　　　　　　　　　　　　(b) 电容电流

图 1-75　RC 电路零输入响应($t = 0_+$)

3. 全响应

电路的初始状态不为零,同时又有外加激励源作用时电路中产生的响应称为全响应。以图 1-76(a)所示 RC 串联电路为例,换路前电容元件 $u_C(0_-) = U_0$。在 $t = 0$ 时将开关 S 合上。

根据基尔霍夫电压定律,列出 $t \geqslant 0$ 时电路的非齐次一阶线性常微分方程

$$U = Ri + u_C = RC\frac{\mathrm{d}u_C}{\mathrm{d}t} + u_C$$

与式(1-31)一致,因此解答形式一样,$u_C = u_{Cs} + u_{Cp} = U + A\mathrm{e}^{-\frac{t}{RC}} = U + A\mathrm{e}^{-\frac{t}{\tau}}$。但是,由初始条件 $u_C(0_+) = A + U = u_C(0_-) = U_0$ 确定积分常数 $A = U_0 - U$,于是得

$$u_C = U + (U_0 - U)\mathrm{e}^{-\frac{t}{\tau}} = U(1 - \mathrm{e}^{-\frac{t}{\tau}}) + U_0\mathrm{e}^{-\frac{t}{\tau}} \tag{1-36}$$

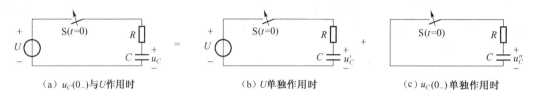

(a) $u_C(0_-)$与U作用时   (b) U单独作用时   (c) $u_C(0_-)$单独作用时

图1-76 RC全响应按叠加原理分解

4. 全响应的两种分解方式

(1)按因果关系来进行分解:**全响应 = 零状态响应 + 零输入响应**。这种分解方式便于**叠加计算**。

(2)按电路的两种工作状态来进行分解:**全响应 = 稳态分量 + 暂态分量**。这种方式物理概念清晰。

5. 三要素法

把 $u_C(0_+) = U_0$,$u_{Cs} = u_C(\infty) = U$,代入式(1-36),有 $u_C = u_C(\infty) + [u_C(0_+) - u_C(\infty)]\mathrm{e}^{-\frac{t}{\tau}}$。

由初始值 $u_C(0_+)$,稳态值 $u_C(\infty)$,电路时间常数 τ,决定了电容电压响应。它们被称为决定一阶 RC 电路的电容电压响应的**三要素**。

可以证明,对于一阶线性电路中任何响应 $f(t)$,都能够由**初始值** $f(0_+)$,**稳态值** $f(\infty)$,电路**时间常数** τ 决定。响应 $f(t)$ 的表达式为

$$f(t) = f(\infty) + [f(0_+) - f(\infty)]\mathrm{e}^{-\frac{t}{\tau}} \tag{1-37}$$

只要求出初始值 $f(0_+)$,稳态值 $f(\infty)$ 和电路的时间常数 τ 这三个"要素",就能直接写出电路的响应(电压或电流)。这就是**一阶线性电路过渡过程的三要素法**。

例1-24 如图1-77(a)所示电路,在 $t=0$ 时,开关 S 由位置1投向位置2,换路前电路处于稳态,试用三要素法求 $t \geqslant 0$ 时的电容电压 u_C 以及 $t>0$ 时 i_C、i_1 和 i_2。

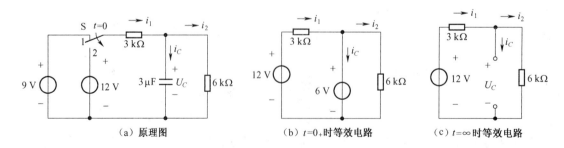

(a)原理图   (b)$t=0_+$时等效电路   (c)$t=\infty$时等效电路

图1-77 例1-24的电路

解 (1)确定初始值 $u_C(0_+)$、$i_C(0_+)$、$i_1(0_+)$、$i_2(0_+)$。

因为换路前电路处于稳态,因此 $u_C(0_-) = 9 \times \dfrac{6}{3+6}$ V = 6 V

应用换路定则,有 $u_C(0_+) = u_C(0_-) = 6$ V。以 $u_C(0_+) = 6$ V 的理想电压源替代电容,画出 $t=0_+$ 时等效电路,如图 1-77(b)所示。由图 1-77(b)求得

$$i_2(0_+) = \dfrac{6}{6} \text{ mA} = 1 \text{ mA}, \quad i_1(0_+) = \dfrac{12-6}{3} \text{ mA} = 2 \text{ mA},$$

$$i_C(0_+) = i_1(0_+) - i_2(0_+) = (2-1) \text{ mA} = 1 \text{ mA}$$

(2)确定稳定值 $u_C(\infty)$、$i_C(\infty)$、$i_1(\infty)$、$i_2(\infty)$。

$t = \infty$ 时,等效电路如图 1-77(c)所示。由图 1-77(c)求得

$$i_C(\infty) = 0 \text{ mA}, \quad u_C(\infty) = 12 \times \dfrac{6}{3+6} \text{ V} = 8 \text{ V}$$

$$i_2(\infty) = \dfrac{u_C(\infty)}{6} = \dfrac{8}{6} \text{ mA} = \dfrac{4}{3} \text{ mA}, \quad i_1(\infty) = i_2(\infty) + i_C(\infty) = \left(\dfrac{4}{3} + 0\right) \text{ mA} = \dfrac{4}{3} \text{ mA}$$

(3)确定时间常数 τ。图 1-77 所示电路换路后,由戴维南定理可知,除电容外的有源二端网络的戴维南定理等效电阻为 $R_0 = (3//6)$ kΩ = 2 kΩ,时间常数为 $\tau = R_0 C = 2 \times 10^3 \times 3 \times 10^{-6}$ s = 6×10^{-3} s。

把上面求得的三个要素代入式(1-37)得

$$u_C = u_C(\infty) + [u_C(0_+) - u_C(\infty)] e^{-\frac{t}{\tau}} = [8 + (6-8)e^{-\frac{t}{6\times10^{-3}}}] \text{ V}$$

$$= \left(8 - 2e^{-\frac{500t}{3}}\right) \text{ V}, t \geq 0 \text{ s}$$

$$i_C = i_C(\infty) + [i_C(0_+) - i_C(\infty)] e^{-\frac{t}{\tau}} = [0 + (1-0)e^{-\frac{t}{6\times10^{-3}}}] \text{ mA} = e^{-\frac{500t}{3}} \text{ mA}, t > 0 \text{ s}$$

$$i_1 = i_1(\infty) + [i_1(0_+) - i_1(\infty)] e^{-\frac{t}{\tau}} = \left[\dfrac{4}{3} + \left(2 - \dfrac{4}{3}\right)e^{-\frac{t}{6\times10^{-3}}}\right] \text{ mA}$$

$$= \left(\dfrac{4}{3} + \dfrac{2}{3}e^{-\frac{500t}{3}}\right) \text{ mA}, t > 0 \text{ s}$$

$$i_2 = i_2(\infty) + [i_2(0_+) - i_2(\infty)] e^{-\frac{t}{\tau}} = \left[\dfrac{4}{3} + \left(1 - \dfrac{4}{3}\right)e^{-\frac{t}{6\times10^{-3}}}\right] \text{ mA}$$

$$= \left(\dfrac{4}{3} - \dfrac{1}{3}e^{-\frac{500t}{3}}\right) \text{ mA}, t > 0 \text{ s}$$

1.7.3　RL 电路的过渡过程

由一个动态元件电感和有源二端电阻电路组成电路,其电路方程为一阶线性常微分方程,称为一阶 RL 电路。图 1-78(a)所示是一个简单的一阶 RL 电路。下面以图 1-78(a)所示来分析一阶 RL 电路的过渡过程。

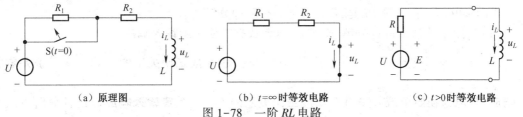

(a) 原理图　　　　　　　(b) $t=\infty$ 时等效电路　　　　　　　(c) $t>0$ 时等效电路

图 1-78　一阶 RL 电路

1. 全响应

图1-78(a)所示电路原处于稳定状态,开关S在$t=0$时打开,现分析$t>0$后的i_L。

换路前电路处于稳定状态,电感元件无电压,但有电流,即$i_L(0_-)=U/R_2=I_0$。由于图1-78(a)所示电路的初始状态不为零,同时又有外加激励源作用,因此,电路中的响应是全响应。

开关S在$t=0$时打开,根据换路定则可知,$i_L(0_+)=i_L(0_-)=I_0$。

换路后的电路处于稳定状态时,电感元件等效短路,因此可以画出$t=\infty$时的等效电路,如图1-78(b)所示。由该电路可求得电感元件电流的稳态值为$i_L(\infty)=U/(R_1+R_2)$。

求$t>0$后,除去电感元件之后的有源二端电阻电路等效为电动势E等于开路电压U,内阻$R=R_1+R_2$的电压源。$t>0$时的等效电路如图1-78(c)所示,由该电路,有

$$Ri + L\frac{\mathrm{d}i_L}{\mathrm{d}t} = U$$

令$\tau = \dfrac{L}{R}$,并且利用$i_L(\infty)=U/(R_1+R_2)=U/R$可得

$$\tau \frac{\mathrm{d}i_L}{\mathrm{d}t} + i_L = \frac{U}{R} \tag{1-38}$$

上式的解答形式为$i_L = i_{Ls} + i_{Lp}$,有两部分:一个是非齐次方程特解i_{Ls};另一个是齐次方程通解i_{Lp}。式(1-38)的特解与输入激励的变化规律有关,称为电路的**稳态分量**。取电路的稳态值,即$i_{Ls} = i_L(\infty) = U/(R_1+R_2) = U/R$。

齐次微分方程$\tau \dfrac{\mathrm{d}i_L}{\mathrm{d}t} + i_L = 0$的通解为$i_{Lp} = Ae^{-\frac{t}{\tau}}$,其变化规律由电路参数和结构决定,为电路的**暂态分量**。

因此,式(1-38)的通解为

$$i_L = i_{Ls} + i_{Lp} = \frac{U}{R} + Ae^{-\frac{t}{\tau}} = i_L(\infty) + Ae^{-\frac{t}{\tau}}$$

式中,$\tau = \dfrac{L}{R}$,它具有时间的量纲,所以称为**RL电路的时间常数**。τ的量纲是秒(s),$\tau = \dfrac{L}{R}$的量纲关系是$1\text{ s} = \dfrac{1\text{H}}{1\text{ }\Omega}$。

由初始条件$i_L(0_+) = A + \dfrac{U}{R} = I_0$确定积分常数$A = I_0 - \dfrac{U}{R} = i_L(0_+) - i_L(\infty)$

$$i_L = i_{Ls} + i_{Lp} = \frac{U}{R} + \left(I_0 - \frac{U}{R}\right)e^{-\frac{t}{\tau}} = \frac{U}{R}(1 - e^{-\frac{t}{\tau}}) + I_0 e^{-\frac{t}{\tau}} \tag{1-39}$$

2. 全响应的分解

式(1-39)表明,一阶RL电路全响应也有两种分解方式。

(1)按因果关系来进行分解:**全响应 =零状态响应+ 零输入响应**。

这里有$i_L = \dfrac{U}{R}(1 - e^{-\frac{t}{\tau}}) + I_0 e^{-\frac{t}{\tau}}$,其中与激励$U$成正比关系的$\dfrac{U}{R}(1 - e^{-\frac{t}{\tau}})$是**零状态响应**,与电感初始电流$i_L(0_+) = I_0$成正比关系的$I_0 e^{-\frac{t}{\tau}}$是**零输入响应**。这种分解方式便

于**叠加计算**。

（2）按电路的两种工作状态来进行分解：**全响应 = 稳态分量+暂态分量**。

这里有：$i_L = i_{Ls} + i_{Lp} = \dfrac{U}{R} + \left(I_0 - \dfrac{U}{R}\right)\mathrm{e}^{-\frac{t}{\tau}}$。其中，稳态解 $i_{Ls} = \dfrac{U}{R}$，暂态解 $i_{Lp} = \left(I_0 - \dfrac{U}{R}\right)\mathrm{e}^{-\frac{t}{\tau}}$。这种方式物理概念清晰。

3. 三要素法验证

把 $i_L(0_+) = I_0$，$i_{Ls} = i_L(\infty) = U/R$，代入式（1-39），有 $i_L = i_L(\infty) + [i_L(0_+) - i_L(\infty)]\mathrm{e}^{-\frac{t}{\tau}}$。这也验证了三要素法对于一阶 *RL* 电路同样适用。只是一阶 *RL* 电路中 $\tau = L/R$，而一阶 *RC* 线性电路中 $\tau = RC$。其中，*R* 是除去电感元件之后的有源二端电阻电路的**等效电压源的内电阻**，即把与动态元件电容或电感两端相连接的有源二端电阻电路的内部激励令为零变成的无源二端电阻电路的等效电阻。

例 1-25　在图 1-79 所示电路中 $t = 0$ 时，开关 S 闭合，求 $t>0$ 后的 i_L。

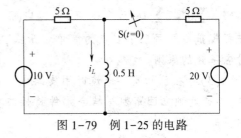

图 1-79　例 1-25 的电路

解　$i_L(0_+) = i_L(0_-) = (10/5)\mathrm{A} = 2\ \mathrm{A}$

$i_L(\infty) = (10/5 + 20/5)\mathrm{A} = 6\ \mathrm{A}$

$\tau = L/R = 0.6/(5//5)\mathrm{s} = 0.2\ \mathrm{s}$

由三要素法公式 $i_L(t) = i_L(\infty) + [i_L(0_+) - i_L(\infty)]\mathrm{e}^{-\frac{t}{\tau}}$，有

$$i_L(t) = [6 + (2-6)\mathrm{e}^{-5t}] = 6 - 4\mathrm{e}^{-5t}\ (\mathrm{A})\ ,\ t \geqslant 0\ \mathrm{s}$$

练习与思考

1.7.1　电路的过渡过程的含义什么？电路产生过渡过程的原因是什么？

1.7.2　换路定则成立的条件是什么？为什么工程实际中在切断电容或电感电路时会出现过电压和过电流现象。

1.7.3　如果一个电感元件两端的电压为零，其储能是否一定等于零？如果一个电容元件中的电流为零，其储能是否一定等于零？

1.7.4　电感元件中通过恒定电流时可视作短路，是否此时电感 *L* 为零？电容元件两端加恒定电压时可视作开路，是否此时电容 *C* 为无穷大？

1.7.5　在一个线圈的两端加上 20 V 的直流电压，测得电流为 4 A，现将线圈的两端短路，经过 0.02 s 后，线圈的电流减少到 1.472 A，试求线圈的电感。

1.7.6　根据三要素法求出响应 $f(t)$ 的表达式为 $f(t) = f(\infty) + [f(0_+) - f(\infty)]\mathrm{e}^{-\frac{t}{\tau}}$，请问什么情况下可以认为零状态响应是 $f(\infty)(1 - \mathrm{e}^{-\frac{t}{\tau}})$、零输入响应是 $f(0_+)\mathrm{e}^{-\frac{t}{\tau}}$？什么情况下不可以这样认为。

小　结

本章是电路及模拟电子技术分析计算的基础，所介绍的电路基本概念、基本定律和支路电流法、节点电位法、电路的等效变换、叠加定理、戴维南定理等电路分析方法贯穿本书的各部分内容中。本章最后介绍的一阶电路的过渡过程也是后面滤波电路(第6章的6.2节)的基础,因此读者对本章内容应该全面掌握。为此,对本章内容归纳以下几个要点:

(1)理想电压源的电压、理想电流源的电流称为电路的激励。所谓激励源不作用是指理想电压源的电压为0 V、理想电流源的电流为0 A,因此不作用的理想电压源两端应短接、不作用的理想电流源应断开。例如,在运用叠加定理计算响应的过程中画出各激励单独作用的电路时、在运用戴维南定理过程中画出求等效电压源内阻的电路时、在求一阶电路时间常数涉及计算动态元件两端看进去其余的二端电路的等效电压源内阻时,均应按上述方式正确处理不作用的激励源。

(2)电路方程书写过程中涉及的标记、符号不与电路图对应一致,是常见的错误。为了避免这样的错误,本章提出节点、回路除了符号标记外,还可以采用集合形式、文字叙述等方式来表达。并且提出把握节点、$\sum I_{出}$、$\sum I_{入}$三个要点,列写电路规范的KCL方程;把握回路、$\sum U_{顺}$、$\sum U_{逆}$三个要点,列写电路规范的KVL方程。这样,把列写KCL方程、KVL方程规范成书写三个要点的简单化形式,并体现了电路方程中的标记、符号必须与电路图对应一致的原则。

(3)存在已知支路电流时用支路电流法列写独立电路方程组,应该避开电流已知的支路,去选定独立回路列写结合元件特性方程的KVL,从而达到减少KVL方程数、简化计算的目的。

(4)节点电位法列KCL方程时需要避开理想电压源支路,采取把理想电压源支路连接的两个节点按一个广义节点来考虑KCL方程,从而达到减少KCL方程数、简化计算的目的。

(5)对于只有一个激励作用的电阻串并联电路,采用电阻串并联等效电阻的计算表达式并且结合欧姆定律、电阻串联分压公式和两电阻并联分流公式就可以进行分析计算。在总电压与部分电压或总电流与部分电流参考方向的各种不同关系下,如何正确写出电阻串联的分压公式或两电阻并联的分流公式,以及如何正确写出电阻串并联电路等效电阻的计算表达式是分析这类电路的关键所在。

①借助于两电阻并联等效电阻的表达与计算公式$R_1//R_2 = R_1 R_2/(R_1 + R_2)$,可以写出电阻串并联等效电阻的计算表达式,从而实现不再画若干个等效变换图,就可以通过计算表达式计算等效电阻。

②在电阻串联电路中,如果串联电阻分压的参考方向与总电压的参考方向的指向相同,则分压公式带"+"正号,但是,如果串联电阻分压参考方向与总电压参考方向的指向相反,则分压公式必须带"−"负号。

③在两个电阻并联时,如果总电流是流入节点而部分电流是从节点流出的,或者总电流是从节点流出而部分电流是流入节点的,则分流公式带"+"正号。但是,如果总电流与部分电流不满足上述关系,则分流公式要带"−"负号。

(6)运用电压源和电流源之间相互等效变换,可以把若干支路串并联结构形成的电路逐步化简为只有一个回路的电路,从而方便计算。在等效变换过程中,对于若干电压源支路并联时应该首先把各个电压源支路变换为电流源,然后通过把各个电流源的并联合并为一个总电流源,最后再把该总电流源转化为一个电压源而成为一条支路的部分。这样的几个支路的部分相互连接就把原电路简化成只有一个回路的电路。特别注意,电压源与电流源等效变换后电流源中的理想电流源电流方向是对应指向电压源中的理想电压源或电动势的"+"端的。

(7)用叠加定理计算,就是把一个多激励的复杂电路化为几个单激励电路来进行计算。对于计算只有一个激励作用的电路的响应分量,若该电路是电阻串并联电路,则可以采用只有一个激励作用的电阻串并联电路的计算方法计算响应分量。

(8)戴维南定理计算一般可以归纳为"a、b 两点、四图、三步骤"。等效电压源中理想电压源的电压(或电动势)等于将外电路断开时的开路电压 U_0,计算 U_0 方法视电路形式选择计算方法。要特别注意外电路从 a、b 两端断开时电流 $I=0$ A 这一特点的应用。一般而言,计算 U_0 是戴维南定理计算过程的难点。对于有源二端电路中内部结构与参数未知的情况,如果知道两个不同的外部条件,则可以把戴维南定理的计算归为"a、b 两点、两图、三步骤",即求 U_0 和求 R_0 的电路图没有了,而其中"三步骤"就变成:根据等效电路图求"负载"中的电流 I 的一般表达式;把两个外部条件代入一般表达式并计算出 E 和 R_0;把 E 和 R_0 的值代入一般表达式中求待求"负载"中的电流 I。

(9)含有一个电容元件的电路称为 RC 一阶电路,含有一个电感元件的电路称为 RL 一阶电路。对于一阶线性电路中任何响应都能够由初始值、稳态值、电路时间常数 τ 决定。其中,初始值的确定是一个难点。

学完本章后,希望读者能够达到以下要求:

(1)理解电路的组成及各部分作用,理解电压与电流参考方向的意义,理解电路的三种工作状态,即有载、开路与短路,以及理解电功率和额定值的意义。

(2)掌握基尔霍夫定律的内容,并熟练、正确应用基尔霍夫定律。

(3)掌握用支路电流法、节点电位法、等效变换法、叠加原理、戴维南定理等方法分析、计算电路。

(4)掌握电路中各点的电位的计算,掌握一阶电路的三要素法求一阶电路的动态响应。

习　题

A　选择题

1-1　通常电路中的耗能元件是指(　　)。
　　A. 电源元件　　　B. 电感元件　　　C. 电阻元件　　　D. 电容元件
1-2　电路中的动态元件是指(　　)。
　　A. 电阻元件　　　　　　　　　　B. 电感元件和电容元件
　　C. 理想电流源　　　　　　　　　D. 电动势元件
1-3　在图 1-80 所示电路中,a、b 端电压 U_{ab} 为(　　)。
　　A. 30 V　　　B. -20 V　　　C. -10 V　　　D. 20 V
1-4　在图 1-81 所示电路中,电流源两端电压 U 为(　　)。
　　A. -15 V　　　B. 10 V　　　C. 20 V　　　D. 15 V
1-5　在图 1-82 所示电路中,E 减小时电压 U 将(　　)。

A. 减小   B. 不变   C. 增加

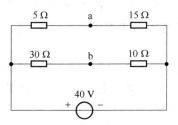

图 1-80 题 1-3 图

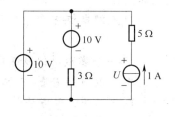

图 1-81 题 1-4 图

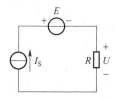

图 1-82 题 1-5 图

1-6 在图 1-83 所示电路中,a、b 两点间的电压 U_{ab} 为(   )。

A. 20 V   B. 8 V   C. 26 V   D. 28 V

1-7 在图 1-84 所示电路中,发出功率的电路元件为(   )。

A. 电压源   B. 电压源和电流源   C. 电流

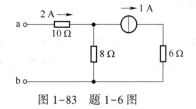

图 1-83 题 1-6 图

图 1-84 题 1-7 图

1-8 在图 1-85 电路中,电流值 I 为(   )。

A. 6 A   B. -4 A   C. 5 A   D. -2 A

1-9 电路如图 1-86 所示。欲使 $I_1 = I/3$,则 R_1、R_2 的关系式为(   )。

A. $R_1 = 2R_2$ B. $R_1 = R_2/3$ C. $R_1 = R_2/4$ D. $R_1 = 4R_2$

1-10 电路如图 1-87 所示,求各支路电流中正确的是(   )。

A. $I = -\dfrac{E_1 + E_2}{R_1 + R_2}$ B. $I = -\dfrac{E_1 + U_{ab}}{R_1}$

C. $I = \dfrac{E_1 + U_{ab}}{R_1 + R_3}$ D. $I = -\dfrac{E_1 + U_{ab}}{R_1 + R_3}$

1-11 如图 1-88 所示电路中,电流 I 等于(   )。

A. $(-U+E)/R$ B. $(U+E)/R$ C. $(-U-E)/R$ D. $(U-E)/R$

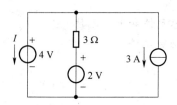

图 1-85 题 1-8 图

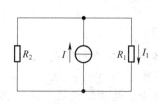

图 1-86 题 1-9 图

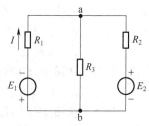

图 1-87 题 1-10 图

1-12　如图 1-89 所示电路中, $U_{ab} = 10$ V, 试求电流源两端的电压 U_S 为 (　　)。

　　A. -30 V　　　　　　B. -50 V　　　　　　C. 30 V　　　　　　D. -40 V

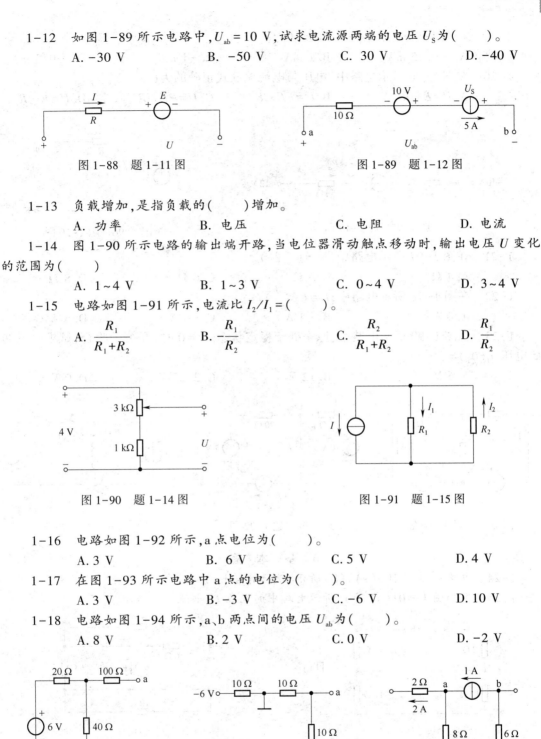

图 1-88　题 1-11 图　　　　　　　　　　　图 1-89　题 1-12 图

1-13　负载增加, 是指负载的 (　　) 增加。

　　A. 功率　　　　　　B. 电压　　　　　　C. 电阻　　　　　　D. 电流

1-14　图 1-90 所示电路的输出端开路, 当电位器滑动触点移动时, 输出电压 U 变化的范围为 (　　)

　　A. $1\sim4$ V　　　　　B. $1\sim3$ V　　　　　C. $0\sim4$ V　　　　　D. $3\sim4$ V

1-15　电路如图 1-91 所示, 电流比 $I_2/I_1 = $ (　　)。

　　A. $\dfrac{R_1}{R_1+R_2}$　　　　B. $-\dfrac{R_1}{R_2}$　　　　C. $\dfrac{R_2}{R_1+R_2}$　　　　D. $\dfrac{R_1}{R_2}$

图 1-90　题 1-14 图　　　　　　　　　　　图 1-91　题 1-15 图

1-16　电路如图 1-92 所示, a 点电位为 (　　)。

　　A. 3 V　　　　　B. 6 V　　　　　C. 5 V　　　　　D. 4 V

1-17　在图 1-93 所示电路中 a 点的电位为 (　　)。

　　A. 3 V　　　　　B. -3 V　　　　　C. -6 V　　　　　D. 10 V

1-18　电路如图 1-94 所示, a、b 两点间的电压 U_{ab} 为 (　　)。

　　A. 8 V　　　　　B. 2 V　　　　　C. 0 V　　　　　D. -2 V

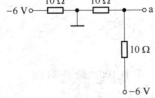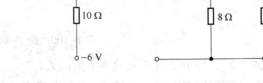

图 1-92　题 1-16 图　　　　　图 1-93　题 1-17 图　　　　　图 1-94　题 1-18 图

1-19 在图 1-95 所示电路中,电流 I 为( )。

    A. -0.25 mA   B.1 mA   C. -1 mA   D. -0.5 mA

1-20 在图 1-96 所示电路中,电压与电流关系式正确的为( )。

    A. $U=E+IR$ B. $U=-E-IR$ C. $U=-E+IR$ D. $U=E-IR$

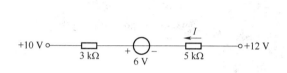 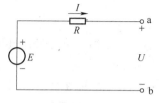

图 1-95 题 1-19 图   图 1-96 题 1-20 图

1-21 在图 1-97 所示电路中,R_1=( )。

    A.4 Ω   B.5 Ω   C.6 Ω   D.8 Ω

1-22 在图 1-98 所示电路中,I_1=( )。

    A.4 A   B. -4 A   C. -6 A   D.6 A

1-23 在图 1-99 所示电路中,原来处于稳定状态。$t=0$ 时,开关 S 闭合,试求电感初始电压 $u_L(0_+)$=( )。

    A.6 V   B.12 V   C.2.25 V   D.0 V

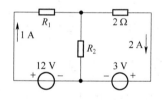 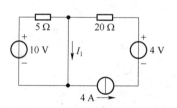 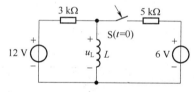

图 1-97 题 1-21 图   图 1-98 题 1-22 图   图 1-99 题 1-23 图

B 基 本 题

1-24 电路如图 1-100(a)、(b)所示,试计算 a、b 两端的电阻。

1-25 求如图 1-101(a)、(b)所示电路中的电压 U、电流 I。

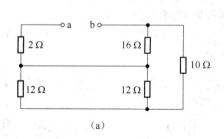 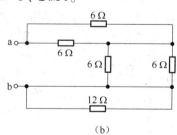

        (a)   (b)

图 1-100 题 1-24 图

1-26 在图 1-102 所示电路中,求 U、I、I_2。

1-27 在图 1-103 所示电路中,求各电阻上消耗的功率。

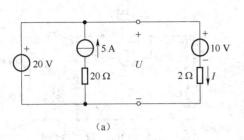
(a)

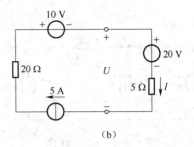
(b)

图 1-101 题 1-25 图

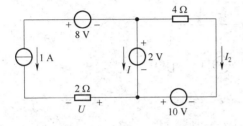

图 1-102 题 1-26 图

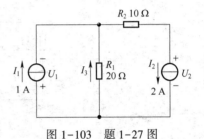

图 1-103 题 1-27 图

1-28 求图 1-104 所示电路中电流 I。

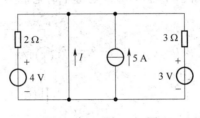

图 1-104 题 1-28 图

1-29 电路如图 1-105 所示,试计算电流 I_1 和 I_2。

1-30 在图 1-106 所示电路中,$R_1 = 8\ \Omega$,$R_2 = 8\ \Omega$,$R_3 = 12\ \Omega$,$E_1 = 16\ V$,要使 R_2 中的电流 I 为 2 A,求 E_2 为多大?

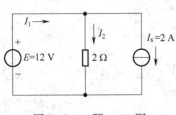

图 1-105 题 1-29 图

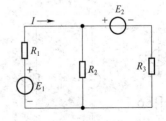

图 1-106 题 1-30 图

1-31 用支路电流法求解图 1-107 所示电路中的 I_1、I_2、U 值。

1-32 试用电压源与电流源等效变换的方法,求如图 1-108 所示电路中的电流 I。

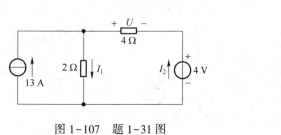

图 1-107 题 1-31 图

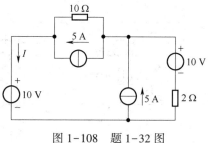

图 1-108 题 1-32 图

1-33 用电源等效变换求解图 1-109 所示电路中 4 Ω 电阻的电流 I。

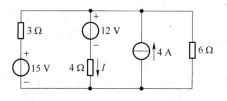

图 1-109 题 1-33 图

1-34 电路如图 1-110 所示。已知 $E_1 = 110$ V, $E_2 = 110$ V, $R_1 = 10$ Ω, $R_2 = 5$ Ω, $R_3 = 15$ Ω 分别用支路电流法、叠加原理求电流 I_1、I_2、I_3。

1-35 试用叠加定理求解图 1-111 所示电路中的电流 I_1、I_2。

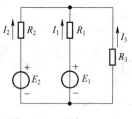

图 1-110 题 1-34 图

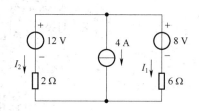

图 1-111 题 1-35 图

1-36 试用戴维南定理求如图 1-112 所示电路中的电流 I。

1-37 试用戴维南定理求如图 1-113 所示电路中的电流 I。

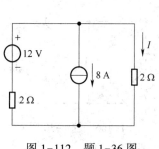

图 1-112 题 1-36 图

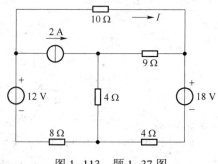

图 1-113 题 1-37 图

1-38 试用戴维南定理求如图 1-114 所示电路中的电流 I。

1-39 求解图 1-115 所示电路中 a 点的电位。

1-40 在图 1-116 所示电路中,原来处于稳定状态。$t=0$ 时,开关 S 闭合,试求电感初始电压 $u_L(0_+)$、电容初始电流 $i_C(0_+)$。

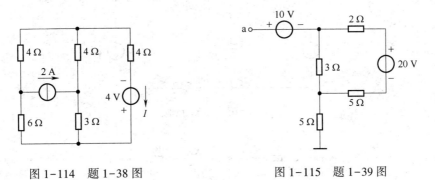

图 1-114 题 1-38 图   图 1-115 题 1-39 图

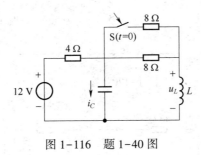

图 1-116 题 1-40 图

1-41 试用三要素法,求出图 1-117 所示的指数曲线的表达式。

1-42 图 1-118 所示电路原来处于稳定状态。当 $t=0$ 时,开关 S 闭合,求 $t>0$ 时 u_L、i。

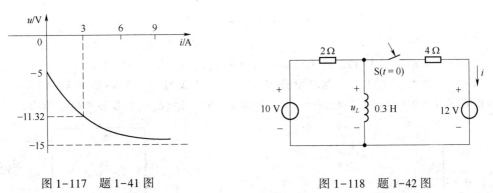

图 1-117 题 1-41 图   图 1-118 题 1-42 图

1-43 图 1-119 所示电路原来处于稳定状态。当 $t=0$ 时,开关 S 闭合,求 $t>0$ 时 u_C、i。

1-44 图 1-120 所示电路原来开关 S 闭合电路处于稳定状态。当 $t=0$ 时开关 S 打开,求 $t>0$ 时 u_L、i。

1-45 图 1-121 所示电路原来开关 S 闭合电路处于稳定状态。当 $t=0$ 时开关 S 断开,求 $t>0$ 时 u_L、i。

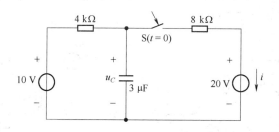

图 1-119　题 1-43 图

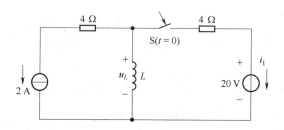

图 1-120　题 1-44 图

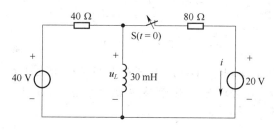

图 1-121　题 1-45 图

C　拓　宽　题

1-46　试求解图 1-122 所示电路中的电流 I、U_1、U_2 并且验证功率平衡。

1-47　在图 1-123 所示电路中当 $E = 1$ V，$I_S = 3$ A 时，$U = 3$ V；当 $E = 2$ V，$I_S = 3$ A 时，$U = 6$ V；当 $E = 3$ V，$I_S = 4$ A 时，$U = 9$ V。计算 $E = 6$ V，$I_S = 6$ A 时电路中的电压 U。

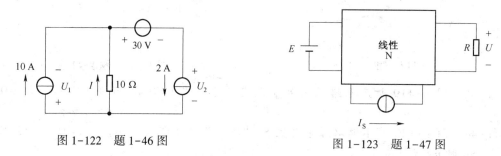

图 1-122　题 1-46 图　　　　　　　　　　　图 1-123　题 1-47 图

1-48　图 1-124 所示电路中已知 $E_1 = 20$ V，$E_2 = 10$ V，$I_S = 4$ A，$R_1 = 6$ Ω，$R_2 = 4$ Ω，$R_3 = 12$ Ω，$R_4 = 3$ Ω。试求 a、b 两点的电位及支路电流 I_1、I_2、I_3、I_4。

1-49　图 1-125 所示电路原来开关 S 闭合，电路处于稳定状态。当 $t=0$ 时开关 S 断开，求 $t>0$ 时 u_L、u_C、i_C。

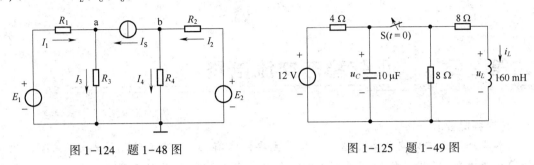

图 1-124　题 1-48 图　　　　　图 1-125　题 1-49 图

第2章 | 正弦稳态交流电路

【内容提要】

本章介绍正弦交流电路的稳态分析。主要内容有：正弦量及其相量表示，无源二端元件的交流电路，欧姆定律的相量形式及元件的串联、并联，阻抗的串联与并联，功率计算及功率因数的提高等内容。

2.1　正弦量及其相量表示

2.1.1　正弦量的三要素

按正弦规律随时间变化的电压和电流等物理量统称为**正弦量**。一个正弦量可以由**周期**、**幅值**和**初相位**三个特征或三要素来确定。

1. 频率和周期

正弦量变化一次所需的时间称为**周期** T，它的单位是秒(s)。每秒变化的次数称为**频率** f，它的单位是赫[兹](Hz)。频率是周期的倒数，即

$$f = \frac{1}{T} \tag{2-1}$$

在我国和大多数国家都采用 50 Hz 作为电力标准频率，简称工频。

正弦量变化快慢除了用周期和频率表示外，也可以用**角频率** ω 来表示。正弦量每秒变化的电角度称为角频率，它的单位是弧度每秒(rad/s)。正弦交流电变化一次是 2π 弧度，故有

$$\omega = \frac{2\pi}{T} = 2\pi f \tag{2-2}$$

2. 幅值与有效值

正弦量在任意瞬时的值称为瞬时值，用小写字母 i、u 分别表示电流、电压的瞬时值。瞬时值中最大的值称为幅值或最大值，用带 m 下标的大写字母表示。如 I_m、U_m 分别表示电流、电压的最大值。

正弦电流和电压的大小是用有效值来计量的。有效值又称均方根值，或称为方均根值。一般交流电压表、电流表的刻度是按有效值来定的。

电流有效值定义为：任意一个以周期为 T 的电流 i 通过电阻 R 在一个周期内产生的热量，和另一个直流电流 I 通过同样大小的电阻在相等的时间内产生的热量相等，那么这个周期为 T 的电流 i 的有效值在数值上就等于这个直流电流 I。由上述可得，$\int_0^T Ri^2 \mathrm{d}t = RI^2 T$，由此可得出任意一个以周期为 T 的电流 i 的有效值为

$$I = \sqrt{\frac{1}{T}\int_0^T i^2\mathrm{d}t} \tag{2-3}$$

对于周期为 T 的正弦电流 i,可用三角函数式表示为

$$i = I_\mathrm{m}\sin(\omega t + \psi) \tag{2-4}$$

将式(2-4)代入式(2-3),注意到 $\omega = 2\pi/T$,可得正弦电流的有效值为

$$I = \frac{I_\mathrm{m}}{\sqrt{2}} \tag{2-5}$$

同理,正弦电压的有效值为

$$U = \frac{U_\mathrm{m}}{\sqrt{2}} \tag{2-6}$$

有效值用大写字母表示,与表示直流一样。但是正弦量的有效值与最大值都是绝对值。

3. 初相位与相位差

正弦量是随时间变化的,要确定一个正弦量还须从计时起点($t=0$)看。所取的计时起点不同,正弦量的初始值($t=0$ 时的值)就不同,到达幅值或某一特定值所需的时间也就不同。式(2-4)中的 $(\omega t + \psi)$ 称为正弦量的**相位角**或**相位**,它反映了正弦量变化的进程。$t=0$ 时的相位角 ψ 称为初相位角或初相位,初相位一般处理成**绝对值不大于 180° 或 π 弧度**的范围内。

两个同频率正弦量的相位角之差或初相位角之差,称为**相位角差**或**相位差**,用 φ 表示。相位差一般也处理成**绝对值不大于 180° 或 π 弧度**的范围内。设频率相同的两个正弦量为

$$\begin{cases} u = U_\mathrm{m}\sin(\omega t + \psi_u) = \sqrt{2}\,U\sin(\omega t + \psi_u) \\ i = I_\mathrm{m}\sin(\omega t + \psi_i) = \sqrt{2}\,U\sin(\omega t + \psi_i) \end{cases} \tag{2-7}$$

其波形如图 2-1 所示。它们的相位差为

$$\varphi = (\omega t + \psi_u) - (\omega t + \psi_i) = \psi_u - \psi_i \tag{2-8}$$

在图 2-1(a)中 $\psi_u > \psi_i$,即 $\varphi > 0$,所以 u 比 i 先到达正的最大值,我们就说在相位上 u 比 i 超前 φ 或者说 i 比 u 滞后 φ;在图 2-1(b)中 u 和 i 具有相同的初相位,即 $\varphi = 0$ 时,则两者在相位上 u 与 i 同相;在图 2-1(c)中 u 和 i 具有相位差 $\varphi = \pm180°$,则两者在相位上反相。

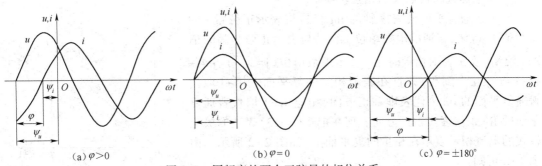

（a）$\varphi > 0$　　　　　　　（b）$\varphi = 0$　　　　　　　（c）$\varphi = \pm180°$

图 2-1　同频率的两个正弦量的相位关系

2.1.2　正弦量的相量表示

三要素确定的正弦量可以用如式(2-4)和式(2-7)所示的三角函数式来表示,或者用

如图 2-1 所示的波形图来表示。但是三角函数式和波形是随时间变化的,不便于分析计算。而在一个正弦稳态交流电路中,各个正弦量的频率相同,为已知的电源频率。因此,只要求取了**最大值**(或有效值)和**初相位**,就能够确定正弦量。为了求取**最大值**(或有效值)和**初相位**,可以使用不随时间变化的正弦量的相量这种特殊的复常数来简化分析计算。

1. 正弦量的相量

正弦量的相量定义为由正弦量的**最大值**(或有效值)和**初相位**确定的**复常数**,最大值(或有效值)是该**复常数的模**而初相位是该**复常数的辐角**。其中,由最大值和初相位确定的复常数称为**最大值相量**,由有效值和初相位确定的复常数称为**有效值相量**。它们分别采用最大值、有效值的符号上加"·"来表示。设电路中角频率为 ω 的两个正弦量为

$$\begin{cases} u = U_m\sin(\omega t + \psi_u) = \sqrt{2}\,U\sin(\omega t + \psi_u) \\ i = I_m\sin(\omega t + \psi_i) = \sqrt{2}\,I\sin(\omega t + \psi_i) \end{cases} \tag{2-9}$$

则电压、电流的最大值相量分别为

$$\dot{U}_m = U_m\angle\psi_u \tag{2-10}$$

$$\dot{I}_m = I_m\angle\psi_i \tag{2-11}$$

电压、电流的有效值相量分别为

$$\dot{U} = U\angle\psi_u \tag{2-12}$$

$$\dot{I} = I\angle\psi_i \tag{2-13}$$

显然,最大值相量是有效值相量的 $\sqrt{2}$ 倍,即

$$\dot{U}_m = \sqrt{2}\,\dot{U} \tag{2-14}$$

$$\dot{I}_m = \sqrt{2}\,\dot{I} \tag{2-15}$$

2. 相量的各种表达式的相互转换

相量是具有正弦量量纲的复常数,与普通复数一样,除了如式(2-10)~式(2-13)那样的**极坐标式**外,还有**复数的代数式、指数式**和**三角函数式**。指数式和三角函数式可以看成是极坐标式的另外两种书写形式。在进行相量的加减法计算时需要把参与加减计算的相量先转换为**复数的代数式**,然后按复数的实部、虚部分别进行加减计算,而最后的结果往往要转换成**复数的极坐标式**。因此必须熟练掌握复数的极坐标式与复数的代数式之间的转换。

1)极坐标式与代数式的相互转换

鉴于普通复平面代表虚轴的 Im 容易与表示正弦量 i 的最大值 I_m 混淆,普通的虚数单位 i 容易与表示正弦量瞬时值的 i 混淆,故在表示相量时用 j 表示虚数单位($j = \sqrt{-1}$, $j^2 = -1$,$+j$ 与 $-j$ 互为倒数)并且在表示相量的复平面上用 $+j$ 取代普通复平面的 Im 来代表虚轴正方向,相应用 $+1$ 取代普通复平面的 Re 来代表实轴正方向。现在把式(2-13)表达的极坐标式的电流相量表示在相量的复平面上,如图 2-2 所示。由图 2-2 可知:

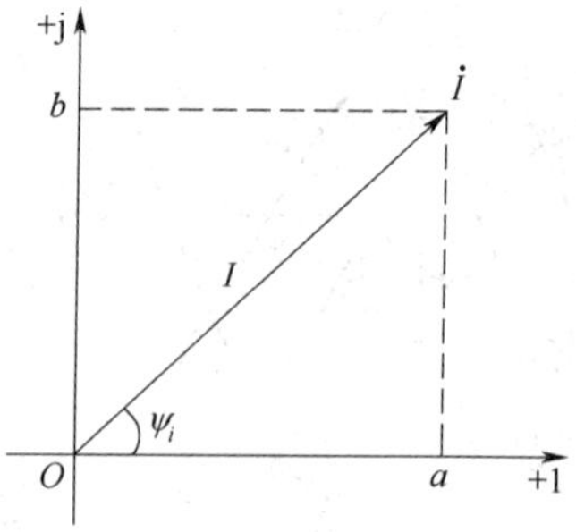

图 2-2　相量的复平面

(1)由极坐标式 $\dot{I} = I\angle\psi_i$ 能求得代数式 $\dot{I} = a + jb$,其中

$$\begin{cases} a = I\cos\psi_i \\ b = I\sin\psi_i \end{cases} \tag{2-16}$$

式(2-16)表明,根据复数的极坐标式求取复数的代数式时,复数的**实部等于复数的模乘以复数辐角的余弦**,而复数的**虚部等于复数的模乘以复数辐角的正弦**。

(2)由代数式 $\dot{I} = a + \mathrm{j}b$ 能求得极坐标式 $\dot{I} = I \angle \psi_i$,其中

$$\begin{cases} I = \sqrt{a^2 + b^2} \\ \psi_i = \begin{cases} \arctan \dfrac{b}{a} & (当 a > 0 时) \\ \pm 180° + \arctan \dfrac{b}{a} & (当 a < 0 时) \end{cases} \end{cases} \tag{2-17}$$

式(2-17)表明,根据复数的代数式求取复数的极坐标式时,**复数的模等于复数实部的二次方与虚部的二次方之和再开平方根**。在实部为正时,复数的辐角就是虚部与实部之比的反正切;而在实部为负时,复数的辐角就是虚部与实部之比的反正切再加 180° 或减 180°,具体是加 180° 还是减去 180°,视考虑满足辐角的绝对值不大于 180° 而定。

2)复数的指数式和三角函数式是极坐标式的改写形式

由于 $1 \angle \psi_i = \cos \psi_i + \mathrm{j}\sin \psi_i = \mathrm{e}^{\mathrm{j}\psi_i}$,所以复数的极坐标式 $\dot{I} = I \angle \psi_i$ 也可以写成复数的指数式形式

$$\dot{I} = I\mathrm{e}^{\mathrm{j}\psi_i} \tag{2-18}$$

显然,复数的极坐标式 $\dot{I} = I \angle \psi_i$ 也可以写成复数的三角函数式 $\dot{I} = I(\cos \psi_i + \mathrm{j}\sin \psi_i)$。

3. 相量图

按各个**同频率**正弦量的大小和相位关系画出的若干个相量的图形称为**相量图**。从相量图上能够形象地看出各个正弦量的大小和相互间的相位关系。例如,在图 2-3(a)中电压相量 $\dot{U}$ 比电流相量 $\dot{I}$ 超前 φ 角,也就是在相位上正弦电压 u 比正弦电流 i 超前 φ 角;在图 2-3(b)中电压相量 $\dot{U}_1$、$\dot{U}_2$ 和 $\dot{U}_3$ 大小相等,相位上 $\dot{U}_1$ 超前 $\dot{U}_2$ 120°、$\dot{U}_2$ 超前 $\dot{U}_3$ 120°、$\dot{U}_3$ 超前 $\dot{U}_1$ 120°。

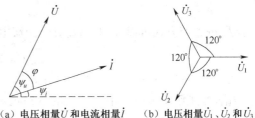

(a)电压相量 $\dot{U}$ 和电流相量 $\dot{I}$　　(b)电压相量 $\dot{U}_1$、$\dot{U}_2$ 和 $\dot{U}_3$

图 2-3　相量图

在画相量图时,坐标轴可省去不画,只在水平位置上用虚线作为初相位角的起点位置,从该水平虚线位置开始转动到相量的位置所转动的角度就是初相位角,如果是逆时针转动,角度为正;如果是顺时针转动,角度为负。如果已经有一个相量的初相位角为 0°,该相量已具有水平虚线的作用了,这时水平虚线也省去不画出来。

由以上讨论可知,正弦量的相量有相量表达式和相量图两种表示形式。而正弦量的相量有最大值相量和有效值相量两种,由于有效值相量比最大值相量用得更加普遍,所以,如果不加说明时,所讲的相量均可理解为是有效值相量。相量图不仅可以表示正弦量的相量,在相量图上还可以方便地进行相量加法运算:相量加法满足加法封闭律,对两个相量的加法运算还满足平行四边形法则。

2.1.3　基尔霍夫定律的相量形式

1. 基尔霍夫电流定律的相量形式

KCL 对于交流电路中的任意节点,有

$$\sum i_{出} = \sum i_{入} \tag{2-19}$$

把 $i_{出} = \sqrt{2} I_{出} \sin(\omega t + \psi_{出})$，$i_{入} = \sqrt{2} I_{入} \sin(\omega t + \psi_{入})$，代入式(2-19)，有

$$\sum \sqrt{2} I_{出} \sin(\omega t + \psi_{出}) = \sum \sqrt{2} I_{入} \sin(\omega t + \psi_{入}) \tag{2-20}$$

把式(2-20)中两边用 $t - \dfrac{\pi}{2\omega}$ 代替 t，注意到 $\sin\left[\omega\left(t - \dfrac{\pi}{2\omega}\right) + \psi\right] = -\cos(\omega t + \psi)$，有

$$\sum - \sqrt{2} I_{出} \cos(\omega t + \psi_{出}) = \sum - \sqrt{2} I_{入} \cos(\omega t + \psi_{入}) \tag{2-21}$$

把式(2-21)中两边乘以 $-\dfrac{1}{\sqrt{2}}$、式(2-20)两边乘以 $\dfrac{j}{\sqrt{2}}$，然后两式的左、右两边分别相加，有

$$\sum\left[I_{出}\cos(\omega t + \psi_{出}) + jI_{出}\sin(\omega t + \psi_{出})\right] = \sum\left[I_{入}\cos(\omega t + \psi_{入}) + jI_{入}\sin(\omega t + \psi_{入})\right]$$

运用公式 $\cos\theta + j\sin\theta = e^{j\theta}$，把上式改写为

$$\sum I_{出} e^{j(\omega t + \psi_{出})} = \sum I_{入} e^{j(\omega t + \psi_{入})} \tag{2-22}$$

令式(2-22)中 $t = 0$ 并且由 $\dot{I}_{出} = I_{出} e^{j\psi_{出}}$，$\dot{I}_{入} = I_{入} e^{j\psi_{入}}$ 有

$$\sum \dot{I}_{出} = \sum \dot{I}_{入} \tag{2-23}$$

式(2-23)就是基尔霍夫电流定律的相量形式。

2. 基尔霍夫电压定律的相量形式

KVL 对于交流电路中的任意回路，有

$$\sum u_{顺} = \sum u_{逆} \tag{2-24}$$

同样按类似方式可以证明 KVL 对于交流电路中的任意回路，有

$$\sum \dot{U}_{顺} = \sum \dot{U}_{逆} \tag{2-25}$$

式(2-25)就是相量形式的基尔霍夫电压定律。

结论：在正弦交流电路中正弦量的**瞬时值和相量都满足基尔霍夫定律**。因此，正弦量的瞬时值和相量都可以标在正弦交流电路中以表示正弦量的参考方向。但是**有效值和最大值不满足基尔霍夫定律，它们不能标在电路中**。

例 2-1 已知 $u_1 = 100\sqrt{2} \sin(\omega t + 45°)$ V，$u_2 = 60\sqrt{2} \sin(\omega t - 30°)$ V。试求电压 $u = u_1 + u_2$ 并做出相量图。

解 正弦电压 u_1 和 u_2 的频率相同，可用相量求得

$\dot{U}_1 = 100\angle 45°$ V $= (70.7 + j70.7)$ V，$\dot{U}_2 = 60\angle -30°$V $= (52 - j30)$ V。

$\dot{U} = \dot{U}_1 + \dot{U}_2 = (70.7 + 52) + j(70.7 - 30) = 122.7 + j40.7 = 129\angle 18.4°$V，所以

$u = 129\sqrt{2} \sin(\omega t + 18.4°)$ V，相量图如图 2-4 所示。

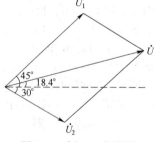

图 2-4 例 2-1 相量图

练习与思考

2.1.1 已知 $u = 311\sin(314t + 270°)$V，请写出它的频率、周期、有效值和初相位。

2.1.2　一个频率为 50 Hz 的正弦电流，其有效值和初始值均为 10 A，试求此电流的三角函数表达式。

2.1.3　已知两个正弦电压 $u_1 = 40\sin(\omega t + 30°)$ V，$u_2 = 30\sin(\omega t - 60°)$ V。试求 $u = u_1 - u_2$。

2.1.4　正弦量的最大值和有效值是否随时间变化？它们满足基尔霍夫定律吗？

2.1.5　一个频率为 50 Hz 的正弦电流，其有效值为 10 A，初相位为 $-60°$，试求此电流的三角函数表达式。

2.1.6　已知两个同频率正弦电压 $u_1 = 10\sqrt{2}\sin(\omega t + 90°)$ V，$u_2 = 10\sqrt{2}\sin\omega t$ V，且 $u = u_1 + u_2$，试用相量表示法、相量图法分别求电压 u。

2.2　无源二端元件的交流电路

本节讨论电阻、电感、电容元件电压电流关系的相量形式，并讨论元件的功率问题。

2.2.1　纯电阻的交流电路

1. 电压与电流关系的相量形式

纯电阻的交流电路如图 2-5（a）所示。当电流 $i = \sqrt{2}I\sin(\omega t + \psi_i)$ 通过电阻 R 时，根据欧姆定律，电压与电流的时域关系为 $u = Ri = \sqrt{2}RI\sin(\omega t + \psi_i)$，这说明电阻上的电压、电流都是同频率的正弦量。令电压相量 $\dot{U} = U\angle\psi_u$，则欧姆定律的相量形式为

$$\dot{U} = RI\angle\psi_i = R\dot{I} \tag{2-26}$$

式（2-26）表明，电阻上电压、电流有效值符合欧姆定律，**电阻上电压与电流同相**，即

$$\begin{cases} U = IR \\ \psi_u = \psi_i \end{cases} \tag{2-27}$$

图 2-5（b）为电阻的相量模型，图 2-5（c）是其电压、电流相量图（相位差 $\varphi = \psi_u - \psi_i = 0$）。

2. 功率关系

在交流电路中，功率 p 随时间变化，称为**瞬时功率**。在正弦交流电路中，电阻元件的瞬时功率为 $p = ui = Ri^2 = 2RI^2\sin^2(\omega t + \psi_i) = UI - UI\cos(2\omega t + 2\psi_i)$。可见，$p$ 由两部分组成，第一部分是常数 UI，第二部分是幅值为 UI，并以 2ω 的角频率随时间变化的交变量 $UI\cos(2\omega t + 2\psi_i)$。$p$ 随时间变化的波形如图 2-5（d）所示。

由于瞬时功率 p 总为正值，说明电阻元件是耗能元件。在电工技术中，要计算和测量电路的**平均功率**。平均功率用大写字母 P 表示，其值等于瞬时功率 p 在一个周期内的平均值，即 $P = \dfrac{1}{T}\int_0^T p\,dt$。电阻元件的平均功率为

$$P = UI = I^2R = \dfrac{U^2}{R} \tag{2-28}$$

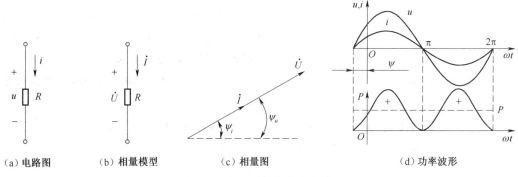

（a）电路图　　　　（b）相量模型　　　　（c）相量图　　　　　（d）功率波形

图 2-5　电阻元件的交流电路

平均功率是电路中实际消耗的电功率，又称**有功功率**，单位用瓦（W）表示。

2.2.2　纯电感的交流电路

1. 电压与电流关系的相量形式

纯电感的交流电路如图 2-6（a）所示，当电流 $i = \sqrt{2}I\sin(\omega t + \psi_i)$ 通过电感 L 时，电感上的电压为 $u = L\dfrac{\mathrm{d}i}{\mathrm{d}t} = \sqrt{2}I\omega L\sin(\omega t + \psi_i + 90°)$。这说明电感上的电压、电流都是同频率的正弦量。令电压相量 $\dot{U} = U\angle\psi_u$，则

$$\dot{U} = \mathrm{j}\omega LI\angle\psi_i = \mathrm{j}\omega L\dot{I} \tag{2-29}$$

式（2-29）表明，电感上的电压有效值与电流有效值之比为 ωL。而**电压超前电流 90°**，即

$$\begin{cases} U = \omega LI \\ \psi_u = \psi_i + 90° \end{cases} \tag{2-30}$$

ωL 的单位为欧（Ω）。在电压 U 一定时，ωL 越大，则电流 I 越小。可见 ωL 具有对交流电流起阻碍作用的物理性质，称为感抗，用 X_L 表示，即

$$X_L = \omega L = 2\pi fL \tag{2-31}$$

式（2-30）表明，同一电感元件，对不同频率的正弦电流表现出不同的感抗，频率越高，感抗 X_L 越大。因此，电感元件对高频率电流的阻碍作用大。直流电路中，$X_L = 0$，相当于短路。

由 $X_L = \omega L$，式（2-29）表示的电压与电流关系的相量形式可以改写为

$$\dot{U} = \mathrm{j}X_L\dot{I} \tag{2-32}$$

电感上的电压有效值与电流有效值关系可以改写为

$$U = X_L I \tag{2-33}$$

图 2-6（b）为电感的相量模型，图 2-6（c）为电压、电流相量图，电压相量从电流相量方向开始逆时针旋转了 90°（相位差 $\varphi = \psi_u - \psi_i = 90°$）。

2. 功率关系

当电感元件上 u、i 参考方向一致时，若 $i = \sqrt{2}I\sin\omega t$，则 $u = \sqrt{2}U\sin(\omega t + 90°)$，电感元件的瞬时功率为 $p = ui = 2UI\sin\omega t\cos\omega t = UI\sin 2\omega t$。可见，电感元件的瞬时功率 p 是一个以 2ω 的角频率随时间变化的正弦量，其幅值为 UI。当瞬时功率 p 为正时，电感元件处于

受电状态,从电源吸收电能;当瞬时功率 p 为负时,电感元件处于供电状态,把它储存的电能释放给电源,在一个周期内**平均功率为零**。但电感元件与电源之间存在着能量交换。为了衡量能量交换的规模,采用了瞬时功率的最大值,称为**无功功率**,用大写字母 Q 表示,即

$$Q = UI = I^2 X_L = \frac{U^2}{X_L} \tag{2-34}$$

无功功率的单位是"乏"(var)或"千乏"(kvar)。

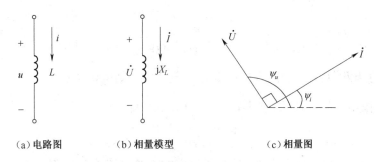

　(a)电路图　　　(b)相量模型　　　　　(c)相量图

图 2-6　电感元件的交流电路

例 2-2　一个 0.4 H 的电感元件接到电压为 $u = 220\sqrt{2}\,\sin(628t+30°)$ V 的电源上,试求:(1)电感元件的感抗、电流和无功功率各是多少? (2)如电源的频率改为 300 Hz,电压的有效值不变,电感元件的感抗、电流和无功功率又各是多少?

解　(1)电感元件的感抗为 $X_L = \omega L = 628 \times 0.4\ \Omega = 251\ \Omega$,

$$\dot{U} = 220\angle 30°\ \text{V}, \quad \dot{I} = \frac{\dot{U}}{\mathrm{j}X_L} = \frac{220\angle 30°}{\mathrm{j}251}\ \text{A} = 0.876\angle -60°\ \text{A}$$

电流瞬时值表达式为 $i = 0.876\sqrt{2}\,\sin(628t-60°)$ A。

电感元件的无功功率为 $Q_L = UI = 220 \times 0.876$ var $= 192.7$ var。

(2)当电源频率改变为 300 Hz 时,$\omega = 2\pi f = 2 \times 3.14 \times 300$ rad/s $= 1\,884$ rad/s,$X_L' = \omega L = 1\,884 \times 0.4\ \Omega = 754\ \Omega$,这时 $\dot{I} = \dfrac{\dot{U}}{\mathrm{j}X_L} = \dfrac{220\angle 30°}{\mathrm{j}754}$ A $= 0.292\angle -60°$ A。

电流瞬时值表达式为 $i = 0.292\sqrt{2}\,\sin(1\,884t-60°)$ A。

电感元件的无功功率为 $Q_L = UI = 220 \times 0.292$ var $= 64.24$ var。

2.2.3　纯电容的交流电路

1. 电压与电流关系的相量形式

纯电容的交流电路如图 2-7 (a)所示,当电流 $i = \sqrt{2}I\sin(\omega t + \psi_i)$ 通过电容 C 时,电容上的电压为 $u = \dfrac{1}{C}\int i\,\mathrm{d}t = \sqrt{2}I\dfrac{1}{\omega C}\sin(\omega t + \psi_i - 90°)$。这说明电容上的电压、电流是同频率正弦量。令电压相量

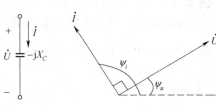

　(a)电路图　　(b)相量模型　　　　(c)相量图

图 2-7　电容元件的交流电路

$\dot{U} = U \angle \psi_u$，则

$$\dot{U} = -\mathrm{j}\frac{1}{\omega C}I \angle \psi_i = -\mathrm{j}\frac{1}{\omega C}\dot{I} \qquad (2-35)$$

式（2-35）表明，电容上的电压有效值与电流的有效值之比为 $\frac{1}{\omega C}$，而电压滞后电流 90°，即

$$\begin{cases} U = \dfrac{1}{\omega C}I \\ \psi_u = \psi_i - 90° \end{cases} \qquad (2-36)$$

$\frac{1}{\omega C}$ 的单位为欧（Ω）。在电压 U 一定时，$\frac{1}{\omega C}$ 越大，则电流 I 越小。可见 $\frac{1}{\omega C}$ 具有对交流电流起阻碍作用的物理性质，称为容抗，用 X_c 表示，即

$$X_c = \frac{1}{\omega C} = \frac{1}{2\pi f C} \qquad (2-37)$$

式（2-37）表明，同一电容元件，对不同频率的正弦电流表现出不同的容抗，频率越高，容抗 X_c 越小。因此，电容元件对高频电流有较大的传导作用。直流电路中，$X_c = \infty$，相当于开路。

由 $X_c = \frac{1}{\omega C}$，式（2-35）表示的电压与电流关系的相量形式可以改写为

$$\dot{U} = -\mathrm{j}X_c\dot{I} \qquad (2-38)$$

电容上的电压有效值与电流有效值关系可以改写为

$$U = X_c I \qquad (2-39)$$

图 2-7（b）为电容的相量模型，图 2-7（c）是其电压、电流相量图，电压相量是从电流相量方向开始顺时针旋转了 90°（相位差 $\varphi = \psi_u - \psi_i = -90°$）。

2. 功率关系

当电容元件上 u、i 参考方向一致时，若 $i = \sqrt{2}I\sin \omega t$，则 $u = \sqrt{2}U\sin(\omega t - 90°)$，电容元件的瞬时功率 $p = ui = -2UI\sin \omega t\cos \omega t = -UI\sin 2\omega t$。可见，电容元件的瞬时功率 p 是一个以 2ω 的角频率随时间变化的正弦量，其幅值为 UI。当瞬时功率 p 为正时，电感元件处于受电状态，从电源吸收电能；当瞬时功率 p 为负时，电容元件处于供电状态，把它储存的电能释放给电源，在一个周期内**平均功率为零**。但电容元件与电源之间存在着能量交换。为了衡量能量交换的规模，取瞬时功率负的最大值为电容的**无功功率**，用 Q 表示，即

$$Q = -UI = -I^2X_c = -U^2/X_c \qquad (2-40)$$

例 2-3   一个 25 μF 的电容元件接到频率为 50 Hz，电压有效值为 100 V 的正弦电源上，问电流是多少？如保持电压有效值不变，而电源频率改为 500 Hz，这时电流又是多少？

解   当 $f = 50$ Hz 时，$X_c = \dfrac{1}{2\pi f C} = \dfrac{1}{2 \times 3.14 \times 50 \times (25 \times 10^{-6})}$ Ω $= 127.4$ Ω，$I = \dfrac{U}{X_c} = \dfrac{100}{127.4}$ A $= 0.78$ A。

当 $f = 500$ Hz 时，$X_c = \dfrac{1}{2\pi f C} = \dfrac{1}{2 \times 3.14 \times 500 \times (25 \times 10^{-6})}$ Ω $= 12.74$ Ω，$I = \dfrac{100}{12.74}$ A $=$

7.8 A。

可见,在电压有效值一定时,频率越高,则通过电容元件的电流有效值越大。

练习与思考

2.2.1 将通常在交流电路中使用的 220 V、100 W 白炽灯接在 220 V 的直流电源上,发光亮度是否相同?

2.2.2 电感元件的正弦交流电路,已知 $L = 12.7$ mH,$f = 50$ Hz,$\dot{U} = 220\angle 30°$ V,求电流相量 $\dot{I}$,无功功率 Q,并画出 $\dot{U}$、$\dot{I}$ 的相量图。

2.2.3 电容元件的正弦交流电路,已知 $C = 159$ μF,$u = 220\sqrt{2}\sin 314t$ V,求电流 I,无功功率 Q。画出 $\dot{U}$、$\dot{I}$ 的相量图。

2.3 欧姆定律的相量形式及元件的串联、并联

2.3.1 欧姆定律的相量形式

1. 阻抗的定义

图 2-8(a)所示为一个无源二端电路 N_0,若它在正弦电压 $u = \sqrt{2}U\sin(\omega t + \psi_u)$ 作用下产生同频率的参考方向相同的电流 $i = \sqrt{2}I\sin(\omega t + \psi_i)$,那么,该无源二端电路 N_0 的阻抗 Z 就定义为正弦电压相量与正弦电流相量之比,即

$$Z = \frac{\dot{U}}{\dot{I}} = \frac{U}{I}\angle(\psi_u - \psi_i) = |Z|\angle\varphi = |Z|e^{j\varphi} \tag{2-41}$$

或

$$\dot{U} = Z\dot{I} \tag{2-42}$$

式(2-42)是用阻抗表示的**欧姆定律的相量形式**。阻抗的模称为**阻抗模**,用 $|Z|$ 表示,量纲是欧(Ω);阻抗的辐角称为**阻抗角**,用 φ 表示。阻抗 Z 的量纲是欧(Ω),其图形符号与电阻元件的图形符号相同,如图 2-8(b)所示。由式(2-41)有

$$\begin{cases} |Z| = \dfrac{U}{I} \\ \varphi = \psi_u - \psi_i \end{cases} \tag{2-43}$$

式(2-43)表明,正弦交流电路中无源二端电路的阻抗模等于加在它两端的电压的有效值除以通过它的电流的有效值,阻抗角等于加在它两端电压的初相位减去通过它的电流的初相位。

阻抗除了极坐标式和复指数式,也有代数式。阻抗 Z 的代数式为

$$Z = R + jX \tag{2-44}$$

式中,阻抗的实部 R 称为等效电阻分量,阻抗的虚部 X 称为等效电抗分量。$X > 0$ 时 Z 称为感性阻抗,$X < 0$ 时 Z 称为容性阻抗,$X = 0$ 时 Z 称为电阻性阻抗。$X \neq 0$ 时,Z 在复平面上用直角三角形表示,如图 2-9 所示,称为阻抗三角形。

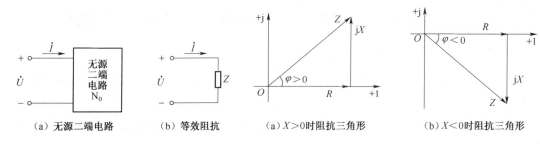

（a）无源二端电路　　（b）等效阻抗　　（a）$X>0$时阻抗三角形　　（b）$X<0$时阻抗三角形

图 2-8　阻抗的定义　　　　　　　图 2-9　阻抗三角形

2. 阻抗表达式之间的相互转换

（1）由极坐标式 $Z=|Z|\angle\varphi$ 或复指数式 $Z=|Z|\mathrm{e}^{\mathrm{j}\varphi}$ 能求得阻抗的代数式 $Z=R+\mathrm{j}X$。

$$\begin{cases} R=|Z|\cos\varphi \\ X=|Z|\sin\varphi \end{cases} \qquad (2\text{-}45)$$

（2）由代数式 $Z=R+\mathrm{j}X$ 能求得极坐标式 $Z=|Z|\angle\varphi$ 或复指数式 $Z=|Z|\mathrm{e}^{\mathrm{j}\varphi}$。

$$\begin{cases} |Z|=\sqrt{R^2+X^2} \\ \varphi=\arctan\dfrac{X}{R} \end{cases} \qquad (2\text{-}46)$$

例 2-4　图 2-8（a）中电源电压 $\dot{U}=220\angle0°$ V，电流 $\dot{I}=0.5\angle-33°$ A。试求：等效阻抗以及等效阻抗的电阻和电抗。

解　等效阻抗 $Z=\dfrac{\dot{U}}{\dot{I}}=\dfrac{220\angle0°}{0.5\angle-33°}\ \Omega=440\angle33°\ \Omega$

$$Z=440\angle33°\ \Omega=(440\cos33°+\mathrm{j}440\sin33°)\ \Omega=(370+\mathrm{j}240)\ \Omega$$

所以，等效阻抗 Z 的电阻 $R=370\ \Omega$，等效阻抗 Z 的电抗 $X=240\ \Omega$。

3. 电路的性质与阻抗角的关系

按电路的性质把交流电路划分为电感性电路、电容性电路和电阻性电路。交流电路的性质由电路的电压与电流相位关系决定：电压在相位上超前电流，即 $\varphi>0$ 的交流电路，称为电感性电路，特别地，电压在相位上超前电流90°，即 $\varphi=90°$ 的交流电路，又称纯电感性电路；电压在相位上滞后电流，即 $\varphi<0$ 的交流电路，称为电容性电路，特别地，电压在相位上滞后电流90°，即 $\varphi=-90°$ 的交流电路，又称纯电容性电路；电压在相位上与电流同相，即 $\varphi=0$ 的交流电路，称为电阻性电路。

显然，Z 为感性阻抗、容性阻抗和电阻性阻抗的电路分别属于电感性电路、电容性电路和电阻性电路。

2.3.2　元件的串联与并联电路分析

1. 参考相量及其选择

1）参考相量的概念

在分析正弦交流电路时，若所有正弦量的初相位未知，则可以假设电路中某一个正弦量的初相位为0°，这个正弦量称为**参考正弦量**，它的相量称为参考相量。但是，若已知某正弦量的初相位，就应该按已知的正弦量的初相位进行分析。

2）参考相量的选择

根据电阻上电压与电流同相、电感上电压超前电流 $90°$ 以及电容上电压滞后电流 $90°$ 可知：元件串联时宜选相同的电流相量为参考相量，而元件并联时宜选相同的电压相量为参考相量。这样选择参考相量使得各元件的正弦量相量要么是初相位为 $0°$ 的实数，要么是初相位为 $90°$ 或 $-90°$ 的虚数，从而方便分析计算。

2. 元件的串联电路分析

1）电阻与电感串联

电阻 R 与电感 L 串联电路如图 2-10（a）所示，将图 2-10（a）中元件用各自的相量模型表示并把各个正弦量用相量表示，就可以画出电路的相量模型，如图 2-10（b）所示。

设 $\dot{I} = I\angle 0°$，则 $\dot{U}_R = U_R\angle 0° = U_R$，$\dot{U}_L = U_L\angle 90° = \mathrm{j}U_L$，由 KVL 相量形式有 $\dot{U} = \dot{U}_R + \dot{U}_L = U_R + \mathrm{j}U_L = U\angle\psi_u$，其中 $U = \sqrt{U_R^2 + U_L^2}$，$\psi_u = \psi_i + \varphi = \varphi$。相量图如图 2-10（c）所示。

等效阻抗 $Z = \dfrac{\dot{U}}{\dot{I}} = \dfrac{\dot{U}_R}{\dot{I}} + \dfrac{\dot{U}_L}{\dot{I}} = R + \mathrm{j}X_L = |Z|\angle\varphi$，其中 $|Z| = \sqrt{R^2 + X_L^2}$，$\varphi = \arctan\dfrac{X_L}{R}$。阻抗三角形如图 2-10（d）所示。

对于电阻与电感串联的电感性电路，电路阻抗的电抗就是电感的感抗，即 $X = X_L$，电路总电压超前总电流 φ。从相量图可以看到总电压相量、电阻电压相量、电感电压相量构成电压直角三角形，分析该直角三角形，有

$$\begin{cases} U = \sqrt{U_R^2 + U_L^2} \\ U_R = U\cos\varphi \\ U_L = U\sin\varphi \end{cases} \tag{2-47}$$

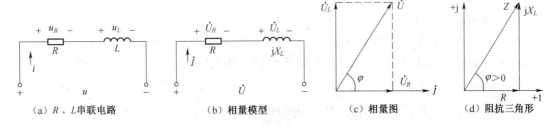

（a）R、L 串联电路　　　（b）相量模型　　　（c）相量图　　　（d）阻抗三角形

图 2-10　电阻与电感串联

因此，电路的有功功率 P 和无功功率 Q 计算公式为

$$\begin{cases} P = I^2 R = IU_R = IU\cos\varphi \\ Q = I^2 X_L = IU_L = IU\sin\varphi \end{cases} \tag{2-48}$$

比较电压相量直角三角形图 2-10（c）与阻抗直角三角形图 2-10（d）可知，它们是相似直角三角形。

2）电阻与电容串联

电阻 R 与电容 C 串联电路如图 2-11（a）所示，将图 2-11（a）中元件用各自的相量模型表示并把各个正弦量用相量表示，就可以画出电路的相量模型，如图 2-11（b）所示。

设 $\dot{I} = I\angle 0°$，则 $\dot{U}_R = U_R\angle 0° = U_R$，$\dot{U}_C = U_C\angle -90° = -jU_C$，由 KVL 相量形式有 $\dot{U} = \dot{U}_R + \dot{U}_C = U_R - jU_C = U\angle\psi_u$，其中 $U = \sqrt{U_R^2 + U_C^2}$，$\psi_u = \psi_i + \varphi = \varphi$。相量图如图 2-11(c)所示。

等效阻抗 $Z = \dfrac{\dot{U}}{\dot{I}} = \dfrac{\dot{U}_R}{\dot{I}} + \dfrac{\dot{U}_C}{\dot{I}} = R - jX_C = |Z|\angle\varphi$，其中 $|Z| = \sqrt{R^2 + X_C^2}$，$\varphi = \arctan\dfrac{-X_C}{R}$ < 0。阻抗三角形如图 2-11(d)所示。

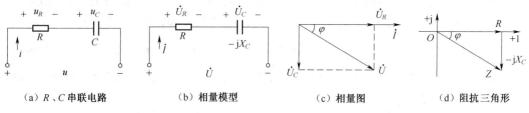

(a) R、C 串联电路　　　(b) 相量模型　　　(c) 相量图　　　(d) 阻抗三角形

图 2-11　电阻与电容串联

对于电阻与电容串联的电容性电路，电路阻抗的电抗等于电容容抗的负值，即 $X = -X_C$，电路总电压滞后总电流。从相量图可以看到总电压相量、电阻电压相量、电容电压相量构成电压直角三角形，分析该直角三角形，有

$$\begin{cases} U = \sqrt{U_R^2 + U_C^2} \\ U_R = U\cos\varphi \\ -U_C = U\sin\varphi \end{cases} \tag{2-49}$$

因此，电路的有功功率 P 和无功功率 Q 计算公式为

$$\begin{cases} P = I^2R = IU_R = IU\cos\varphi \\ Q = -I^2X_C = -IU_C = IU\sin\varphi \end{cases} \tag{2-50}$$

3）电感与电容串联

电感 L 与电容 C 串联电路如图 2-12(a)所示，将图 2-12(a)中元件用各自的相量模型表示并把各个正弦量用相量表示，就可以画出电路的相量模型，如图 2-12(b)所示。

设 $\dot{I} = I\angle 0°$，则 $\dot{U}_L = U_L\angle 90° = jU_L$，$\dot{U}_C = U_C\angle -90° = -jU_C$，由 KVL 相量形式有 $\dot{U} = \dot{U}_L + \dot{U}_C = jU_L - jU_C$，$U = |U_L - U_C|$，相量图如图 2-12(c)、(d)所示。

等效阻抗 $Z = \dfrac{\dot{U}}{\dot{I}} = \dfrac{\dot{U}_R}{\dot{I}} + \dfrac{\dot{U}_L}{\dot{I}} + \dfrac{\dot{U}_C}{\dot{I}} = jX_L - jX_C = jX$。当 $U_L > U_C$ 或 $X = X_L - X_C > 0$ 时，总电压超前总电流 90°（即 $\varphi = \psi_u - \psi_i = +90°$），电路等效为**纯电感性电路**；当 $U_L < U_C$ 或 $X = X_L - X_C < 0$ 时，总电压滞后总电流 90°（即 $\varphi = \psi_u - \psi_i = -90°$），电路等效为**纯电容性电路**。

(a) L、C 串联电路　　　　　　　　(b) 相量模型

图 2-12　电感与电容串联

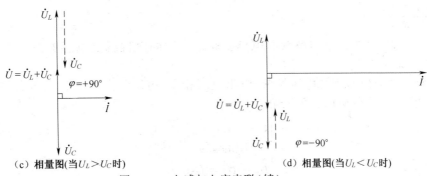

（c）相量图（当 $U_L > U_C$ 时）　　　　　（d）相量图（当 $U_L < U_C$ 时）

图 2-12　电感与电容串联（续）

4）电阻、电感与电容串联

电阻 R、电感 L 与电容 C 串联电路如图 2-13（a）所示，将图 2-13（a）中元件用各自的相量模型表示并把各个正弦量用相量表示，就可以画出电路的相量模型，如图 2-13（b）所示。

设 $\dot{I} = I \angle 0°$，则 $\dot{U}_R = U_R \angle 0° = U_R$，$\dot{U}_L = U_L \angle 90° = jU_L$，$\dot{U}_C = U_C \angle -90° = -jU_C$，由 KVL 相量形式有 $\dot{U} = \dot{U}_R + \dot{U}_L + \dot{U}_C = U_R + jU_L - jU_C = U \angle \psi_u$，其中 $U = \sqrt{U_R^2 + (U_L - U_C)^2}$，$\psi_u = \psi_i + \varphi = \varphi$。相量图如图 2-13（c）、（d）所示。

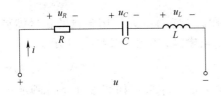

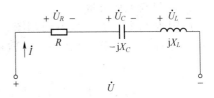

（a）R、L、C 串联电路　　　　　　　　　　　（b）相量模型

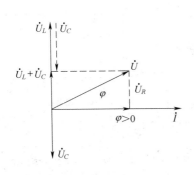

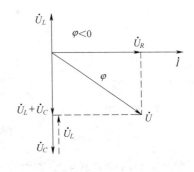

（c）相量图（当 $U_L > U_C$ 时）　　　　　　　　（d）相量图（当 $U_L < U_C$ 时）

图 2-13　电阻、电感与电容串联

等效阻抗 $Z = \dfrac{\dot{U}}{\dot{I}} = \dfrac{\dot{U}_R}{\dot{I}} + \dfrac{\dot{U}_L}{\dot{I}} + \dfrac{\dot{U}_C}{\dot{I}} = R + jX_L - jX_C = |Z| \angle \varphi$，其中 $Z = \sqrt{R^2 + (X_L - X_C)^2}$，$\varphi =$

$\arctan \dfrac{X_L - X_C}{R}$。

对于电阻、电感与电容串联的电路,电路阻抗的电抗就是电感的感抗减去电容的容抗,即 $X = X_L - X_C$。

从相量图可以看到总电压相量、电阻电压相量、电感与电容串联电压之和的相量构成电压直角三角形,分析该直角三角形,有

$$\begin{cases} U = \sqrt{U_R^2 + (U_L - U_C)^2} \\ U_R = U\cos\varphi \\ U_L - U_C = U\sin\varphi \end{cases} \qquad (2-51)$$

因此,电路的有功功率 P 和无功功率 Q 计算公式为

$$\begin{cases} P = I^2 R = IU_R = IU\cos\varphi \\ Q = I^2 X_L - I^2 X_C = IU_L - IU_C = IU\sin\varphi \end{cases} \qquad (2-52)$$

R、L 与 C 串联的交流电路中,当 $U_L > U_C$ 或 $X = X_L - X_C > 0$ 时,等效为电阻与等效电感串联的**电感性电路**;当 $U_L < U_C$ 或 $X = X_L - X_C < 0$ 时,等效为电阻与等效电容串联的**电容性电路**;而 $U_L = U_C$ 时等效为纯电阻性电路,纯电阻性电路简称**电阻性电路**,这时电路总的无功功率为零,电感与电容之间进行能量互换,串联的交流电路的这种工作状态称为**串联谐振状态**。

3. 元件的并联电路分析

1)电阻与电感并联

电阻 R 与电感 L 并联电路如图 2-14(a)所示,将图 2-14(a)中元件用各自的相量模型表示并把各个正弦量用相量表示,就可以画出电路的相量模型,如图 2-14(b)所示。

设 $\dot{U} = U\angle 0°$,则 $\dot{I}_R = I_R\angle 0° = I_R$,$\dot{I}_L = I_L\angle -90° = -jI_L$,由 KCL 相量形式有 $\dot{I} = \dot{I}_R + \dot{I}_L = I_R - jI_L = I\angle\psi_i$,其中 $I = \sqrt{I_R^2 + I_L^2}$,$\psi_i = \psi_u - \varphi = -\varphi$。相量图如图 2-14(c)所示。

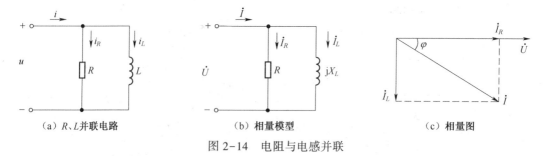

(a) R、L 并联电路 (b) 相量模型 (c) 相量图

图 2-14 电阻与电感并联

在电阻与电感并联的交流电路中,总电压超前总电流(即 $\varphi = \psi_u - \psi_i = \arctan\dfrac{I_L}{I_R} = \arctan\dfrac{R}{X_L} > 0$),电路是**电感性电路**。从相量图可以看到,总电流相量、电阻电流相量、电感电流相量构成电流直角三角形,分析该直角三角形,有

$$\begin{cases} I = \sqrt{I_R^2 + I_L^2} \\ I_R = I\cos\varphi \\ I_L = I\sin\varphi \end{cases} \qquad (2-53)$$

因此,电路的有功功率 P 和无功功率 Q 计算公式为

$$\begin{cases} P = I_R^2 R = U I_R = U I \cos \varphi \\ Q = I_L^2 X_L = U I_L = U I \sin \varphi \end{cases} \tag{2-54}$$

2)电阻与电容并联

电阻 R 与电容 C 并联电路如图 2-15(a)所示,将图 2-15(a)中元件用各自的相量模型表示并把各个正弦量用相量表示,就可以画出电路的相量模型,如图 2-15(b)所示。

设 $\dot{U} = U \angle 0°$,则 $\dot{I}_R = I_R \angle 0° = I_R$, $\dot{I}_C = I_C \angle 90° = jI_C$,由 KCL 相量形式有 $\dot{I} = \dot{I}_R + \dot{I}_C = I_R + jI_C = I \angle \psi_i$,其中 $I = \sqrt{I_R^2 + I_L^2}$, $\psi_i = \psi_u - \varphi = -\varphi$。相量图如图 2-15(c)所示。

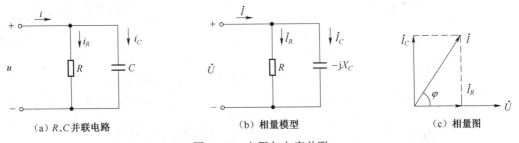

（a）R、C 并联电路　　　　（b）相量模型　　　　（c）相量图

图 2-15　电阻与电容并联

在电阻与电容并联的交流电路中,总电压滞后总电流(即 $\varphi = \arctan \dfrac{-I_C}{I_R} = \arctan \dfrac{R}{-X_C}$ <0),电路是**电容性电路**。从相量图可以看到,总电流相量、电阻电流相量、电容电流相量构成电流直角三角形,分析该直角三角形,有

$$\begin{cases} I = \sqrt{I_R^2 + I_C^2} \\ I_R = I \cos \varphi \\ - I_C = I \sin \varphi \end{cases} \tag{2-55}$$

因此,电路的有功功率 P 和无功功率 Q 计算公式为

$$\begin{cases} P = I_R^2 R = U I_R = U I \cos \varphi \\ Q = - I_C^2 X_C = - U I_C = U I \sin \varphi \end{cases} \tag{2-56}$$

3)电感与电容并联

电感 L 与电容 C 并联电路如图 2-16(a)所示。将图 2-16(a)中元件用各自的相量模型表示并把各个正弦量用相量表示,就可以画出电路的相量模型,如图 2-16(b)所示。

设 $\dot{U} = U \angle 0°$,则 $\dot{I}_L = I_L \angle - 90° = - jI_L$, $\dot{I}_C = I_C \angle 90° = jI_C$,由 KCL 相量形式,有 $\dot{I} = \dot{I}_L + \dot{I}_C = - jI_L + jI_C$,相量图如图 2-16(c)、(d)所示。

等效阻抗 $Z = \dfrac{\dot{U}}{\dot{I}} = \dfrac{\dot{U}}{\dot{I}_L + \dot{I}_C} = \dfrac{\dot{U}}{\dot{U}/(jX_L) + \dot{U}/(-jX_C)} = j\dfrac{1}{1/X_L - 1/X_C} = jX$。当 $I_L > I_C$ 或 X_L $< X_C$ 时,总电压超前总电流 90°(即 $\varphi = \psi_u - \psi_i = +90°$),电路等效为**纯电感性电路**;当 $I_L < I_C$ 或 $X_L > X_C$ 时,总电压滞后总电流 90°(即 $\varphi = \psi_u - \psi_i = -90°$),电路等效为**纯电容性电路**;当 $I_L = I_C$ 或 $X_L = X_C$ 时**电路等效为开路状态**。显然,以下结论成立。

R、L 与 C 并联的交流电路中,当 $I_L > I_C$ 时,等效为电阻与电感并联的**电感性电路**;当

$I_L<I_C$ 时，等效为电阻与电容并联的**电容性电路**；而 $I_L=I_C$ 时，等效为**电阻性电路**，这时电路总的无功功率为零，电感与电容之间进行能量互换，并联交流电路中这种工作状态称为**并联谐振状态**。

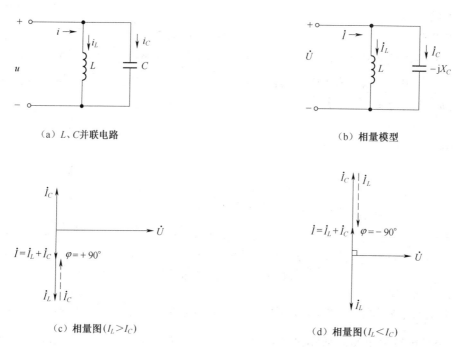

图 2-16　电感与电容并联

练习与思考

2.3.1　在 L、C 串联正弦交流电路中，总电压是否一定大于分电压 U_L 及 U_C？

2.3.2　R、L 串联电路的阻抗 $Z=(40+j30)\Omega$，试问该电路的电阻和感抗各为多少？并求电路的功率因数和电压与电流的相位差。

2.3.3　有一 R、C 串联电路，已知 $R=30\ \Omega$，$X_C=40\ \Omega$，电源电压 $\dot{U}=200\angle0°$ V，试求电流相量 $\dot{I}$。

2.3.4　在正弦交流电路中，已知 $\dot{U}=20\angle30°$ V，$Z=(4+j3)\ \Omega$，试求电流相量 $\dot{I}$。

2.3.5　在正弦交流电路中，已知 $\dot{U}=10\angle15°$ V，$\dot{I}=(10+j10)$ A，试求 $\cos\varphi$ 及 P、Q。

2.3.6　某无源二端元件电路的电压 u、电流 i 参考方向一致。已知 $i=10\sqrt{2}\sin(314t-30°)$ A，$u=500\sqrt{2}\sin(314t+23.1°)$ V，要求：（1）写出有效值相量 $\dot{I}$、$\dot{U}$；（2）求电路的等效阻抗 Z；（3）求等效阻抗 Z 的电阻和电抗，并指明电路的性质。

2.4　阻抗的串联与并联

最简单和最常见的阻抗连接方式是串联和并联。把正弦交流电路中电压、电流用相量表示，电路参数用阻抗模型表示，则直流电阻电路有关电阻的串联与并联公式仍可应用。

2.4.1　阻抗的串联

图 2-17(a)是两个阻抗串联的电路,基尔霍夫电压定律的相量表达式为

$$\dot{U} = \dot{U}_1 + \dot{U}_2 = \dot{I}Z_1 + \dot{I}Z_2 = (Z_1 + Z_2)\dot{I}$$

$$(2-57)$$

显然,只有两个电压相量 $\dot{U}_1$ 和 $\dot{U}_2$ 同相时才有 $U = U_1 + U_2$,一般情况 $U \neq U_1 + U_2$。

两个串联的阻抗可以用一个等效阻抗 Z 来代替,如图 2-17(b)所示。根据图 2-17(b)可写出

$$\dot{U} = Z\dot{I} \qquad (2-58)$$

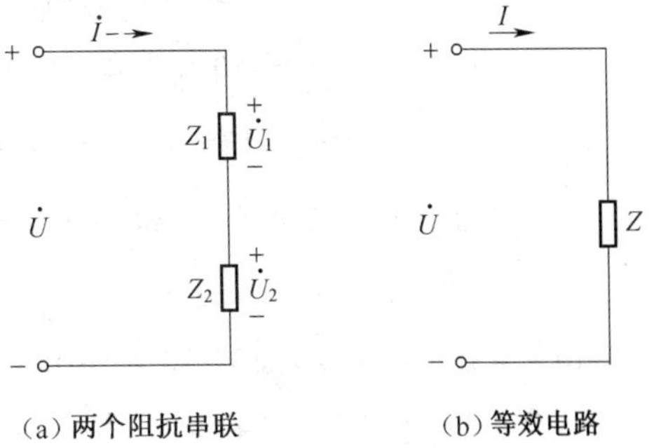

比较式(2-57)和式(2-58),根据等效前

后电压相量 $\dot{U}$ 与电流相量 $\dot{I}$ 关系不变,则等效阻抗为

$$Z = Z_1 + Z_2 \qquad (2-59)$$

显然,只有两个阻抗 Z_1 和 Z_2 的阻抗角相等时才有 $|Z| = |Z_1| + |Z_2|$,一般情况 $|Z| \neq |Z_1| + |Z_2|$。

当两个阻抗 Z_1 和 Z_2 串联时,两个阻抗的电压分别是

$$\begin{cases} \dot{U}_1 = \dot{I}Z_1 = \dfrac{Z_1}{Z_1 + Z_2}\dot{U} \\ \dot{U}_2 = \dot{I}Z_2 = \dfrac{Z_2}{Z_1 + Z_2}\dot{U} \end{cases} \qquad (2-60)$$

(a) 两个阻抗串联　　　(b) 等效电路

图 2-17　阻抗的串联

式中, $\dot{U}$ 是总电压; $\dot{U}_1$、$\dot{U}_2$ 分别是 Z_1 和 Z_2 上的电压。

例 2-5　图 2-17(a)所示电路中,设 $Z_1 = (5+j5)\ \Omega$ 和 $Z_2 = (5-j5)\ \Omega$,电源电压 $\dot{U} = 220\angle 10°$ V。试用相量法计算电路中的电流 $\dot{I}$ 和各个阻抗上的电压 $\dot{U}_1$ 及 $\dot{U}_2$。

解　$Z = Z_1 + Z_2 = [(5 + j5) + (5 - j5)]\ \Omega = 10\ \Omega = 10\angle 0°\ \Omega$

$$\dot{I} = \frac{\dot{U}}{Z} = \frac{220\angle 10°}{10\angle 0°}\ A = 22\angle 10°\ A$$

所以,$\dot{U}_1 = Z_1\dot{I} = (5 + j5) \times 22\angle 10°\ V = 5\sqrt{2}\angle 45° \times 22\angle 10°\ V = 110\sqrt{2}\angle 55°\ V$

$\dot{U}_2 = Z_2\dot{I} = (5 - j5) \times 22\angle 10°\ V = 5\sqrt{2}\angle -45° \times 22\angle 10°\ V = 110\sqrt{2}\angle -35°\ V$

例 2-6　在一个 RLC 串联电路中,已知 $R = 30\ \Omega$,$L = 127$ mH,$C = 40\ \mu$F,电源电压 $u = 220\sqrt{2}\sin(314t+20°)$ V。(1)求感抗、容抗和阻抗,并说明电路的性质;(2)求电流的有效值 I 与瞬时值 i 的表达式;(3)求各部分电压的有效值和瞬时值表达式;(4)求功率 P 和 Q。

解　(1)$X_L = \omega L = 314 \times 127 \times 10^{-3}\ \Omega = 40\ \Omega$

$$X_C = \frac{1}{\omega C} = \frac{1}{314 \times (40 \times 10^{-6})}\ \Omega = 80\ \Omega$$

$Z = R + jX_L - jX_C = (30 + j40 - j80)\ \Omega = (30 - j40)\ \Omega = 50\angle(-53.1°)\ \Omega$,电路是电容性电路。

(2)因为 $\dot{I} = \dfrac{\dot{U}}{Z} = \dfrac{220\angle 20°}{50\angle -53.1°}\ A = 4.4\angle 73.1°\ A$,所以

$$I = 4.4 \text{ A}, \quad i = 4.4\sqrt{2}\sin(314t + 73.1°) \text{ A}$$

（3）因为 $\dot{U}_R = \dot{I}R = 4.4\angle 73.1° \times 30 \text{ V} = 132\angle 73.1° \text{ V}$，所以

$$U_R = 132 \text{ V}, \quad u_R = 132\sqrt{2}\sin(314t + 73.1°) \text{ V}$$

因为 $\dot{U}_L = jX_L\dot{I} = j40 \times 4.4\angle(73.1°) \text{ V} = 176\angle(163.1°) \text{ V}$，所以

$$U_L = 176 \text{ V}, \quad u_L = 176\sqrt{2}\sin(314t + 163.1°) \text{ V}$$

因为 $\dot{U}_C = -jX_C\dot{I} = -j80 \times 4.4\angle 73.1° \text{ V} = 352\angle -16.9° \text{ V}$，所以

$$U_C = 352 \text{ V}, \quad u_C = 352\sqrt{2}\sin(314t - 16.9°) \text{ V}$$

（4）$P = IU_R = 4.4 \times 132 \text{ W} = 580.8 \text{ W}$

$$Q = IU_L - IU_C = (4.4 \times 176 - 4.4 \times 352) \text{ var} = -774.4 \text{ var}$$

2.4.2　阻抗的并联

图 2-18（a）是两个阻抗并联的电路。基尔霍夫电流定律的相量表达式为

$$\dot{I} = \dot{I}_1 + \dot{I}_2 = \frac{\dot{U}}{Z_1} + \frac{\dot{U}}{Z_2} = \dot{U}\left(\frac{1}{Z_1} + \frac{1}{Z_2}\right) \tag{2-61}$$

两个并联的阻抗也可以用一个等效阻抗 Z 来代替，如图 2-18（b）所示。根据图 2-18（b）可写出

$$\dot{I} = \frac{\dot{U}}{Z} \tag{2-62}$$

比较式（2-61）和式（2-62），根据等效前后电压相量 $\dot{U}$ 与电流相量 $\dot{I}$ 关系不变，则等效阻抗为

$$\frac{1}{Z} = \frac{1}{Z_1} + \frac{1}{Z_2} \tag{2-63}$$

或　　　$$Z = Z_1 // Z_2 = \frac{Z_1 Z_2}{Z_1 + Z_2} \tag{2-64}$$

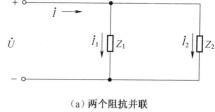

（a）两个阻抗并联

（b）等效电路

图 2-18　阻抗的并联

显然，只有两个阻抗 Z_1 和 Z_2 的阻抗角相等时才

有 $\dfrac{1}{|Z|} = \dfrac{1}{|Z_1|} + \dfrac{1}{|Z_2|}$，一般情况下 $\dfrac{1}{|Z|} \neq \dfrac{1}{|Z_1|} + \dfrac{1}{|Z_2|}$。

当两个阻抗 Z_1 和 Z_2 并联时，两个阻抗的电流分别是

$$\begin{cases} \dot{I}_1 = \dfrac{\dot{U}}{Z_1} = \dfrac{\dot{I}Z}{Z_1} = \dfrac{Z_2}{Z_1 + Z_2}\dot{I} \\ \dot{I}_2 = \dfrac{\dot{U}}{Z_2} = \dfrac{\dot{I}Z}{Z_2} = \dfrac{Z_1}{Z_1 + Z_2}\dot{I} \end{cases} \tag{2-65}$$

式中，$\dot{I}$ 是总电流；$\dot{I}_1$ 和 $\dot{I}_2$ 分别为流过 Z_1 和 Z_2 的电流。

例 2-7　图 2-18（a）所示电路中有两个阻抗 $Z_1 = (3 + j4)\Omega$ 和 $Z_2 = (8 - j6)\Omega$，它们

并联接在 $\dot{U} = 220\angle 0°$ V 的电源上。试求电路中的电流 $\dot{I}_1$，$\dot{I}_2$ 和 $\dot{I}$。

解　$Z_1 = (3 + j4)\Omega = 5\angle 53.1°\ \Omega$，$Z_2 = (8 - j6)\Omega = 10\angle -36.9°\ \Omega$

$$Z = \frac{Z_1 Z_2}{Z_1 + Z_2} = \frac{5\angle 53.1° \times 10\angle(-36.9°)}{3 + j4 + 8 - j6}\ \Omega = 4.47\angle 26.7°\ \Omega$$

$$\dot{I}_1 = \frac{\dot{U}}{Z_1} = \frac{220\angle 0°}{5\angle 53.1°}\ A = 44\angle -53.1°\ A$$

$$\dot{I}_2 = \frac{\dot{U}}{Z_2} = \frac{220\angle 0°}{10\angle -36.9°}\ A = 22\angle 36.9°\ A$$

$$\dot{I} = \frac{\dot{U}}{Z} = \frac{220\angle 0°}{4.47\angle 26.7°}\ A = 49.2\angle 26.7°\ A$$

例 2-8　图 2-19 中电源电压 $\dot{U} = 220\angle 0°$ V，试求：(1) 等效阻抗 Z；(2) 电流 $\dot{I}_1$、$\dot{I}_2$ 和 $\dot{I}$。

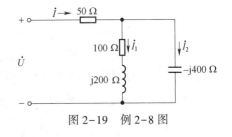

图 2-19　例 2-8 图

解　(1) 等效阻抗

$$Z = \left[50 + \frac{(100 + j200)(-j400)}{100 + j200 - j400} \right]\ \Omega$$
$$= (50 + 320 + j240)\ \Omega = (370 + j240)\ \Omega$$
$$= 440\angle 33°\ \Omega$$

(2) 电流 $\dot{I} = \dfrac{\dot{U}}{Z} = \dfrac{220\angle 0°}{440\angle 33°}\ A = 0.5\angle -33°\ A$

$$\dot{I}_1 = \frac{-j400}{100 + j200 - j400} \times 0.5\angle -33°\ A = \frac{400\angle -90°}{224\angle -63.4°} \times 0.5\angle -33°\ A = 0.89\angle -59.6°\ A$$

$$\dot{I}_2 = \frac{100 + j200}{100 + j200 - j400} \times 0.5\angle -33°\ A = \frac{240\angle 63.4°}{224\angle -63.4°} \times 0.5\angle -33°\ A = 0.5\angle 93.8°\ A$$

例 2-9　在图 2-20(a) 所示的电路图中，已知 $R = 20\ \Omega$，$L = 318$ mH，$C = 318$ μF，$u = 220\sqrt{2}\sin 314t$ V，试求：流过 R、L 和 C 的电流 i_R、i_L、i_C 以及线路电流 i，并画出电压与电流的相量图。

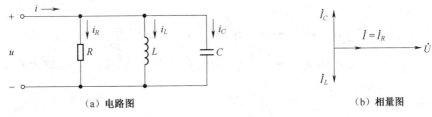

(a) 电路图　　　　　　　　　　　　(b) 相量图

图 2-20　例 2-9 图

解　由已知条件，$\dot{U} = 220\angle 0°$ V，

电感元件的感抗：$X_L = \omega L = 314 \times 318 \times 10^{-3}\ \Omega = 10\ \Omega$

电容元件的容抗：$X_C = \dfrac{1}{\omega C} = \dfrac{1}{314 \times 318 \times 10^{-6}} = 10\ \Omega$

由 R、L、C 元件伏安关系的相量形式，可得

$$\dot{I}_R = \frac{\dot{U}}{R} = \frac{220\angle 0°}{20} \text{ A} = 11\angle 0° \text{ A}$$

$$\dot{I}_L = \frac{\dot{U}}{jX_L} = \frac{220\angle 0°}{j10} \text{ A} = -j22 \text{ A} = 22\angle -90° \text{ A}$$

$$\dot{I}_C = \frac{\dot{U}}{-jX_C} = \frac{220\angle 0°}{-j10} \text{ A} = j22 \text{ A} = 22\angle 90° \text{ A}$$

由 KCL 的相量形式,可得线路电流

$$\dot{I} = \dot{I}_R + \dot{I}_L + \dot{I}_C = (11\angle 0° - 22\angle -90° + 22\angle 90°) \text{ A} = 11\angle 0° \text{ A}$$

因此,各电流的瞬时值表达式为

$$i_R = 11\sqrt{2}\sin 314t \text{ A}$$

$$i_L = 22\sqrt{2}\sin(314t - 90°) \text{ A}$$

$$i_C = 22\sqrt{2}\sin(314t + 90°) \text{ A}$$

$$i = 11\sqrt{2}\sin 314t \text{ A}$$

电压和电流相量图如图 2-20(b)所示。

例 2-10 如图 2-21 所示电路中,已知 $\dot{U} = 100\angle 0°$ V,求 $\dot{I}_1$、$\dot{I}_2$、$\dot{I}$、$\dot{U}_1$。

解 $\dot{I}_1 = \dfrac{\dot{U}}{15 + j20} = \dfrac{100\angle 0°}{15 + j20} \text{ A} = \dfrac{20(3 - j4)}{(3 + j4)(3 - j4)} \text{ A} = \dfrac{20(3 - j4)}{3^2 + 4^2} \text{ A} = \dfrac{12 - j16}{5} \text{ A} =$

$4\angle -53.1°$ A

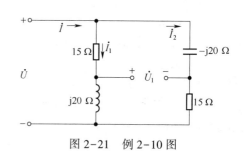

图 2-21 例 2-10 图

$$\dot{I}_2 = \frac{\dot{U}}{15 - j20} = \frac{100\angle 0°}{15 - j20}$$

$$= \frac{20(3 + j4)}{(3 - j4)(3 + j4)} \text{ A} = \frac{20(3 + j4)}{3^2 + 4^2} \text{ A}$$

$$= \frac{12 + j16}{5} \text{ A} = 4\angle 53.1° \text{ A}$$

$$\dot{I} = \dot{I}_1 + \dot{I}_2 = \left(\frac{12 - j16}{5} + \frac{12 + j16}{5}\right) \text{ A}$$

$$= 4.8\angle 0° \text{ A}$$

KCL 对于回路($\dot{U}$, $15\dot{I}_1$, $\dot{U}_1$, $15\dot{I}_2$),有 $15\dot{I}_1 + \dot{U}_1 + 15\dot{I}_2 = \dot{U}$,代入数值后有

$$15 \times \frac{12 - j16}{5} + \dot{U}_1 + 15 \times \frac{12 + j16}{5} = 100\angle 0° = 100$$,解得:$\dot{U}_1 = 28\angle 0°$ V。

练习与思考

2.4.1 如图 2-22 所示电路中,电流相量 $\dot{I} = 5\angle 0°$ A,电容电压 U_C 为 25 V,总电压 $\dot{U} = 50\angle 0°$ V。试求:总阻抗 Z 和阻抗 Z_2。

2.4.2 如图 2-23 所示电路中,已知 $i = 10\sqrt{2}\sin(200t - 45°)$ A。试求:电流 i_L 和电路的功率因数。

2.4.3 由 R、L 和 C 组成的二端电路,其功率因数与哪些因素有关?

2.4.4 将电阻 $100 \ \Omega$、感抗 $100 \ \Omega$ 和容抗 $50 \ \Omega$ 三者并联后,电路是什么性质?

2.4.5　如图 2-24 所示电路中,电压 $\dot{U} = 220 \angle 53.1° \text{ V}, Z_1 = (3+\text{j}4)\ \Omega, Z_2 = (6+\text{j}8)\ \Omega$。
试求:(1) $\dot{U}_1$、$\dot{U}_2$;(2)电路的 P、Q;(3)说明电路的性质。

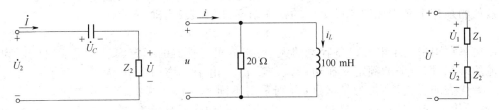

图 2-22　练习与思考 2.4.1 图　　图 2-23　练习与思考 2.4.2 图　　图 2-24　练习与思考 2.4.5 图

2.4.6　有一线圈 $R_2+\text{j}X_2$ 与已知电阻 R_1(等于 40 Ω)串联接到 130 V 的电源上,电阻
R_1 上的压降 $U_1 = 60$ V,线圈两端电压 $U_2 = 80$ V,试求线圈的电阻和感抗。

2.5　功率计算及功率因数的提高

本节从整个无源二端电路的角度来讨论功率计算及感性电路功率因数提高的问题。

2.5.1　无源二端电路的功率

1. 功率的计算

1)用功率平衡关系计算

在正弦交流电路中电源输出的总的有功功率等于各个电阻元件的有功功率之和,总的
无功功率等于各个电感元件、各个电容元件的无功功率之和。这就是正弦交流电路的有功
功率平衡和无功功率平衡,即

$$\begin{cases} P = \sum P_R = \sum I_R^2 R \\ Q = \sum Q_L + \sum Q_C = \sum I_L^2 X_L - \sum I_C^2 X_C \end{cases} \tag{2-66}$$

2)功率的一般计算公式

对于无源二端电路而言,功率也可以通过电路的端电压有效值 U、端电流有效值 I 以
及阻抗角(即端电压与端电流的初相位差 φ)来进行计算。

在 2.3.2 节分析中,对于电阻和电感的串联、并联及电阻和电容的串联、并联电路的分
析,都有电路的有功功率 P 和无功功率 Q 的一般计算方法:计算电路总的有功功率 P、无功
功率 Q 时,必须把总电压有效值与总电流有效值的乘积再分别乘以总电压与总电流相位差
的余弦、正弦。实际上,这种计算方法对于任何无源二端电路也成立。即对于任何无源二
端电路,设端电压有效值为 U、端电流有效值为 I,并且设在参考方向一致时端电压与端
电流的初相位差,也就是二端电路等效阻抗 $Z = |Z| \angle \varphi$ 的阻抗角为 $\varphi = \psi_u - \psi_i$,则该无源
二端电路的有功功率 P 和无功功率 Q 的一般计算公式为

$$\begin{cases} P = IU\cos \varphi \\ Q = IU\sin \varphi \end{cases} \tag{2-67}$$

式中,阻抗角的余弦 $\cos \varphi$ 称为该无源二端电路的**功率因数**;φ 称为**功率因数角**。**功率因数**

角 φ 是由电源的频率以及电路的结构和参数决定的。

式（2-67）表明，一般情况下，无源二端电路的端电压有效值与端电流有效值的乘积不是电路的平均功率（有功功率）或无功功率。为了避免混淆，把电路的端电压有效值与端电流有效值的乘积定义为无源二端电路的**视在功率**，用 S 表示，即

$$S = UI \tag{2-68}$$

视在功率常用来表示电气设备容量的大小，如单相变压器的额定容量就是额定电压和额定电流的乘积，即所谓的额定视在功率 $S_N = U_N I_N$。由于平均功率 P、无功功率 Q 与视在功率 S 三者代表的意义不同，为了区别，分别采用不同的单位。视在功率的单位是伏·安（V·A）或千伏·安（kV·A）。显然，视在功率 S 没有功率平衡关系，视在功率 S 与平均功率 P、无功功率 Q 关系是

$$S = \sqrt{P^2 + Q^2} \tag{2-69}$$

2. 功率三角形、阻抗三角形与电压三角形的关系

对于如图 2-25（a）所示的无源二端电路，它的等效阻抗 $Z = |Z| \angle \varphi = R + jX$，如图 2-25（b）所示（图中假设 $X > 0$）。等效阻抗在复平面上的阻抗三角形如图 2-25（c）所示，阻抗的电阻电压相量、电抗电压相量和阻抗的电压相量所构成的电压三角形如图 2-25（d）所示（图中 U_X 代表示阻抗的等效电抗分量上的电压，对于 $X > 0$，实际就是等效感抗的电压 U_{X_L} 或等效电感的电压 U_L）。电路的有功功率 P、无功功率 Q 和视在功率 S 构成直角三角形，称为功率三角形，如图 2-25（e）所示。

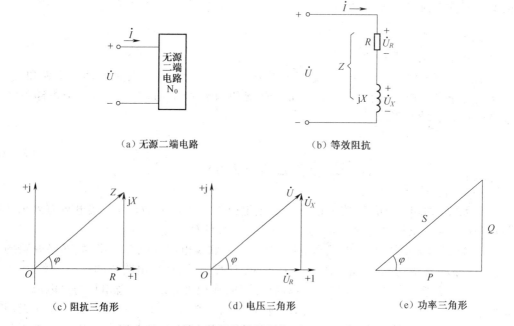

（a）无源二端电路　　　　　（b）等效阻抗

（c）阻抗三角形　　　　（d）电压三角形　　　　（e）功率三角形

图 2-25　二端电路及其等效阻抗、电压和功率三角形

显然，阻抗三角形、电压三角形、功率三角形是相似的直角三角形的关系，有如下关系成立

$$\begin{cases} P = IU_R = I^2 R = I^2 |Z| \cos \varphi = IU\cos \varphi \\ Q = I^2 X = I^2 |Z| \sin \varphi = IU\sin \varphi \\ S = IU = I^2 |Z| = \sqrt{P^2 + Q^2} \end{cases} \tag{2-70}$$

2.5.2　提高功率因数的意义

当电压与电流之间有相位差即功率因数不等于 1 时,电路中发生能量互换,出现无功功率 $Q = IU\sin\varphi$,这样会引起下述两方面的问题:

1. 发电设备的容量不能充分利用

发电设备的额定容量等于额定电压和额定电流的乘积,发电设备运行在额定电压和额定电流时,它的输出功率 $P = I_N U_N\cos\varphi = S_N\cos\varphi$ 。由此可见,当负载的功率因数 $\cos\varphi < 1$ 时,发电设备下所能够发出的有功功率比发电设备的额定容量少。功率因数越低,发电设备所能发出的有功功率就越少,而无功功率越大。无功功率越大,即电路中能量互换的规模越大,则发电设备发出的能量就不能充分利用,其中有一部分就在发电设备与负载之间进行互换。

例如,一台容量 1 000 kV · A 的变压器,当功率因数 $\cos\varphi = 1$ 时,这台变压器的输出功率是 1 000 kW,而当功率因数 $\cos\varphi = 0.7$ 时,它的输出功率仅为 700 kW。

2. 增加线路和发电机绕组的功率损耗

当发电设备电压 U 和输出有功功率 P 一定时, $I\cos\varphi$ 不变,即 I 与 $\cos\varphi$ 成反比。负载的功率因数 $\cos\varphi$ 越低,通过线路的电流 I 越大,线路和发电机绕组的功率损耗越大。

显然,由上述分析可以推知:提高功率因数能使发电设备的容量得到充分的利用,同时也能减小输电线路和发电机绕组的功率损耗。

2.5.3　提高功率因数的方法

1. 提高功率因数的含义

功率因数低的根本原因是由于感性负载的存在。感性负载功率因数低是由于感性负载工作本身需要无功功率。感性负载功率因数由感性负载本身内部结构、参数和电源频率决定,因此,提高功率因数不是提高感性负载本身的功率因数而是在保证**感性负载工作状态不变**的前提下,通过改变整个电路结构使得**整个电路的功率因数提高**同时使得**线路上的电流减小**。

2. 提高功率因数的具体方法

提高功率因数常用的方法就是在**电感性负载的两端并联适当的电容器**,其电路图、相量图分别如图 2-26(a)、(b)所示。显然,在电感性负载的两端并联电容器不改变电感性负载两端的电压,因此电感性负载的工作状态不改变。电容的有功功率为零,并联电容器后电路的有功功率不变,但是电容的无功功率为负值,因此并联电容器后整个电路的无功功率要改变。这里要求并联的电容器是适当的,就是要求并联电容器后整个电路仍然是无功功率为正的感性电路,只是整个电路的无功功率 Q 的数值比电感性负载本身的无功功率 Q_L 的数值减少了,当然,整个电路的视在功率 S、电源线路上的电流 I 以及整个电路的阻抗角 φ 减少了,而整个电路的功率因数 $\cos\varphi$ 提高了。

从理论上讲,并联电容器可以使整个电路的无功功率为零,整个电路等效为电阻性电路,电路功率因数为 1,能量互换只是在感性负载的电感与电容之间进行,电路处于**并联谐振**。但是,企业的负载实际是波动的,电路的功率因数并不能保证恒等于 1,此外,为了使功率因数为 1,企业需要的投资更大。因此,生产企业实际上是以达到供电部门的要求(比如供电部门要求某类企业功率因数不低于 0.9 等)为目的来进行功率因数提高的。

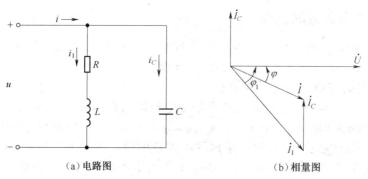

图 2-26　提高功率因数

3. 电容量的计算

设有一电感性负载如图 2-26(a)所示,采用 R、L 串联的电路模型来表示。其端电压为 U,有功功率为 P,功率因数为 $\cos \varphi_1$,现希望把整个电路的功率因数提高到 $\cos \varphi$,要求确定需要并联的电容器的电容量 C。

电容量的确定可以通过电路的无功功率平衡关系来确定,具体步骤如下:

1)由电路的无功功率平衡计算 Q_C

$$Q = Q_L + Q_C \tag{2-71}$$

通过 $Q = P\tan \varphi$,$Q_L = P\tan \varphi_1$,代入式(2-71)中,计算 Q_C。

2)根据电容的无功功率 Q_C 计算公式计算 C

$$Q_C = -\frac{U^2}{X_C} = -\omega C U^2 \tag{2-72}$$

将 Q_C、U 及电源角频率 ω 代入式(2-72)就可以计算电容器的电容量 C。

4. 有关电流的计算

1)未并联电容 C 时,线路电流

未并联电容 C 时,线路电流等于负载电流,即

$$I_1 = \frac{P}{U\cos \varphi_1} \tag{2-73}$$

2)并联电容 C 后,线路电流

$$I = \frac{P}{U\cos \varphi} \tag{2-74}$$

3)并联电容的电流 I_C

根据图 2-26(b)所示的相量图,有 $I_C = I_1\sin \varphi_1 - I\sin \varphi$。

练习与思考

2.5.1　电源两端并联电容能否提高功率因数?为什么不能采用这种方式来提高功率因数?

2.5.2　感性负载两端并联补偿电容器后,线路上的总电流、总功率以及负载电流有没有变化?

2.5.3　感性负载两端并联电容可提高功率因数,是否并联的电容量越大,$\cos \varphi$ 提高得就越高?

2.5.4　一个实际线圈可用电阻 R 和电感 L 串联电路等效。若线圈接于频率为 50 Hz，电压有效值为 220 V 的正弦交流电源上，测得流过线圈的电流 $I = 2$ A，功率 $P = 40$ W，试计算线圈等效串联的参数 R、L 及功率因数 $\cos\varphi$。通过并联多大的电容才能使得电路功率因数达到 0.9？

小　结

（1）一个正弦量可以由周期、幅值和初相位三个特征或三要素来确定。正弦量的相量反映其中的两个要素。正弦量的相量有最大值相量和有效值相量两种。正弦量的相量定义为正弦量的最大值（或有效值）为模和初相位为辐角的复常数，其中由最大值和初相位确定的复常数称为最大值相量，由有效值和初相位确定的复常数称为有效值相量。相量有相量表达式和相量图两种表示形式，相量表达式和相量图均可以用于相量的运算。

（2）在正弦交流电路中正弦量的瞬时值和相量都满足基尔霍夫定律，瞬时值和相量都可以标在正弦交流电路中来表示正弦量的参考方向。但是有效值和最大值不能标在电路中。

（3）把正弦交流电路中电压、电流用相量表示，电路参数用阻抗模型表示，阻抗的串联与并联计算公式与直流电阻电路有关电阻的串联与并联计算公式类似，只是正弦交流电路中是复数运算。

（4）电感性电路在相位上具有电压超前电流的特性，它可以等效为电阻、电感的串联或并联；电容性电路在相位上具有电压滞后电流的特性，它可以等效为电阻、电容的串联或并联；电阻性电路在相位上具有电压与电流同相的特性。因此电阻、电感和电容串联的交流电路，当 $U_L > U_C$ 或 $X_L > X_C$ 时呈电感性，当 $U_L < U_C$ 或 $X_L < X_C$ 时呈电容性；而电阻、电感和电容并联的交流电路，当 $I_L > I_C$ 或 $X_L < X_C$ 时呈电感性，当 $I_L < I_C$ 或 $X_L > X_C$ 时呈电容性；电阻、电感和电容串联的交流电路，当 $U_L = U_C$ 或 $X_L = X_C$ 时呈电阻性，电路处于串联谐振状态。而电阻、电感和电容并联的交流电路，当 $I_L = I_C$ 或 $X_L = X_C$ 时呈电阻性，电路处于并联谐振状态。

（5）正弦交流电路有功功率和无功功率存在功率平衡关系：总的有功功率等于各个电阻元件的有功功率之和，总的无功功率等于各个电感元件、各个电容元件的无功功率之和。这就是正弦交流电路的有功功率平衡和无功功率平衡。但是，总的视在功率等于总的有功功率的二次方与总的无功功率的二次方相加之后，再求平方根。

（6）功率因数低的根本原因是由于感性负载的存在。提高功率因数不是提高感性负载本身的功率因数，而是在保证感性负载工作状态不变的前提下，通过改变整个电路结构使得整个电路的功率因数提高，同时使得电源线路上的电流减少。提高功率因数能够使得发电设备的容量被充分利用，能够减少线路和发电机绕组的功率损耗。常用的方法是在电感性负载的两端并联适当的电容器。由于电容的有功功率为零，因此并联电容器后电路的有功功率不变，但是电容的无功功率为负值，电路的无功功率要改变。这里要求并联的电容器是适当的，就是要求并联电容器后整个电路仍然是无功功率为正的感性电路，只是无功功率的数值比电感性负载本身的无功功率的数值减少了，当然，整个电路的视在功率、电源线路上的电流以及整个电路的阻抗角减少了，而整个电路的功率因数提高了。

学完本章后，希望读者能够达到以下要求：

（1）理解正弦交流电的三要素，理解有效值和相位差的概念；

（2）掌握正弦量的相量表示法，掌握单一参数交流电路中电压与电流相量关系；

（3）理解电路基本定律的相量形式，以及复阻抗和相量图；

（4）掌握用相量法计算阻抗串并联的正弦电路，掌握有功功率、功率因数的概念和计算方法；

（5）了解正弦交流电路的瞬时功率，了解无功功率、视在功率的概念和提高功率因数的经济意义。

习　题

A　选择题

2-1　已知工频正弦电压有效值和初始值均为 220 V，则该电压的瞬时值表达式为（　　）。

  A. $u = 220\sin(314t + 45°)$ V   B. $u = 311\sin 314t$ V

  C. $u = 311\sin(314t + 90°)$ V   D. $u = 311\sin(314t + 45°)$ V

2-2　一个电热器，接在 10 V 的直流电源上，产生的功率为 P。把它改接在正弦交流电源上，使其产生的功率为 $P/2$，则正弦交流电源电压的最大值为（　　）。

  A. 10 V   B. 5 V   C. 14 V   D. 7.07 V

2-3　已知 $i_1 = 10\sin(300t + 90°)$ A，$i_2 = 10\sin(200t + 30°)$ A，则（　　）。

  A. i_1 滞后 $i_2 60°$ B. 相位差无法判断

  C. i_1 超前 $i_2 60°$ D. 同相

2-4　纯电感正弦交流电路中，电压有效值不变，当频率增大时，电路中电流将（　　）。

  A. 增大   B. 减小   C. 不变   D. 先增大后减小

2-5　在 RL 串联电路中，$U_R = 16$ V，$U_L = 12$ V，则总电压为（　　）。

  A. 20 V   B. 28 V   C. 2 V   D. 4 V

2-6　RLC 串联电路在 f_0 时发生谐振，当频率增加到 $1.5f_0$ 时，电路性质呈（　　）。

  A. 电感性   B. 电阻性   C. 电容性   D. 不确定

2-7　某电容与电阻串联，其串联等效阻抗 $|Z| = 100$ Ω，已知容抗 $X_C = 70.7$ Ω，则电阻为（　　）。

  A. 29.3 Ω   B. 100 Ω   C. 70.7 Ω   D. 170.7 Ω

2-8　若线圈电阻为 60 Ω，当线圈外加 200 V 正弦电压时，线圈中通过的电流为 2 A，则线圈的感抗为（　　）Ω。

  A. 60   B. 70.7   C. 86.6   D. 80

2-9　感性负载两端并联适当的电容器可以提高电路的功率因数，它是在负载的有功功率不变的情况下，使电路的（　　）增大，总电流减小。

  A. 电流   B. 功率因数   C. 电压   D. 有功功率

2-10　若 R、L 串联，如总电压 $U = 50$ V，$U_L = 40$ V，则电阻电压为（　　）V。

  A. 10   B. 30   C. 90   D. 40

2-11　若电阻 R 与电容 C 串联，电阻电压 $U_R = 40$ V，电容电压 $U_C = 30$ V，则总电压为（　　）V。

A. 10　　　　　　　B. 50　　　　　　　C. 70　　　　　　　D. 80

2-12　感性负载并联电容器提高电路的功率因数,是在负载的有功功率不变的情况下,使电路的功率因数增大,(　　)减小。

    A. 有功功率　　　B. 电压　　　　　C. 功率因数　　　D. 电流

2-13　在 RLC 串联电路中,$R = 30\ \Omega$,$X_L = 50\ \Omega$,$X_C = 10\ \Omega$,电路的功率因数为(　　)。

    A. 0.86　　　　　B. 0.866　　　　　C. 0.4　　　　　　D. 0.6

2-14　单相交流电路中,如电压相量为 $\dot{U} = 100\angle 30°$ V,阻抗为 $Z = (80+j60)\ \Omega$,则电路的功率因数为(　　)。

    A. 0.8　　　　　　B. 0.5　　　　　　C. 0.6　　　　　　D. 0.866

2-15　某电路总电压相量 $\dot{U} = 100\angle 20°$ V,总电流相量 $\dot{I} = 5\angle -40°$ A,则该电路的无功功率 $Q = ($　　$)$。

    A. 250 var　　　　B. 433 var　　　　C. 0 var　　　　　D. 500 var

2-16　如图 2-27 所示二端网络 N 的端口电压 $\dot{U} = 100\angle 30°$ V,电流 $\dot{I} = 2\angle 0°$ A,则 N 的性质是(　　)。

    A. 电感性　　　　　B. 电阻性

    C. 电容性

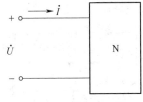

2-17　已知某交流电路的复阻抗 $Z = (30-j40)\ \Omega$,则该电路的性质是(　　)。

    A. 电阻性　　　　　B. 电感性

    C. 电容性

图 2-27　题 2-16 图

B　基　本　题

2-18　纯电容电路如图 2-28 所示,已知 $C = (50/\pi)\ \mu F$,$f = 50$ Hz。试求:(1)当 $u_C = 220\sqrt{2}\sin(\omega t + 60°)$ V 时电流 i_C;(2)当 $\dot{I}_C = 0.1\angle 90°$ A 时的 $\dot{U}_C$ 并画出相量图。

2-19　纯电感电路如图 2-29 所示,已知 $L = (10/\pi)$ H,$f = 50$ Hz。试求:(1)当 $i_L = 0.22\sqrt{2}\sin(\omega t - 90°)$ A 时的电压 u_L;(2)当 $\dot{U}_L = 200\angle 90°$ V 时的 $\dot{I}_L$ 并画出相量图。

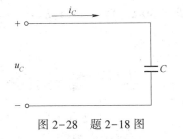

图 2-28　题 2-18 图

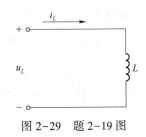

图 2-29　题 2-19 图

2-20　图 2-30 所示电路中的电流相量 $\dot{I} = 5\angle 0°$ A,电感电压 U_L 为 25 V,总电压 $u = 50\sqrt{2}\sin(\omega t + 45°)$ V,求总阻抗 Z 和阻抗 Z_2。

2-21　如图 2-31 所示电路,已知 $i_L = 10\sqrt{2}\sin(2\,000t-45°)$ A,试求总电流 i 和电路的功率因数。

2-22　在图 2-32 所示电路中,已知正弦电流 $I_C = 24$ A,$I_R = 12$ A,$I_L = 8$ A。要求:(1)

画相量图求总电流 I；(2) 求电路的总功率因数。

2-23 利用交流电流表、交流电压表和交流单相功率表可以测量实际线圈的电感量。设加在线圈两端的工频电压为 100 V，测得流过线圈的电流为 5 A，功率表读数为 400 W，则该线圈的电感量为多大？

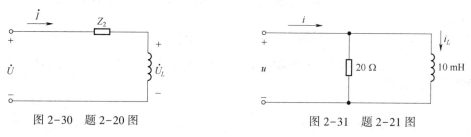

图 2-30 题 2-20 图   图 2-31 题 2-21 图

2-24 如图 2-33 所示电路中，已知电阻 $R=6\ \Omega$，感抗 $X_L=8\ \Omega$，电源端电压的有效值 $U=220$ V。求电路中电流的有效值 I、有功功率、无功功率和视在功率。

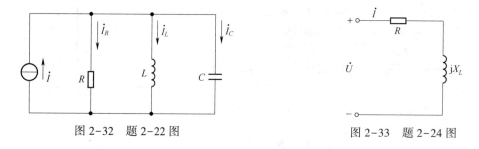

图 2-32 题 2-22 图   图 2-33 题 2-24 图

2-25 如图 2-34 所示电路中，已知电源电压 $\dot{U}=220\angle0°$ V。试求：(1) 等效复阻抗 Z；(2) $\dot{I}$、P、Q 和 S。

2-26 在两元件串联的电路中，已知 $u=220\sqrt{2}\sin(314t+45°)$ V，$i=5\sqrt{2}\sin(314t-15°)$ A。求此两元件的参数值，并写出这两个元件上电压的瞬时值表达式。

2-27 如图 2-35 所示电路中，$\dot{U}=220\angle0°$ V，$R_1=30\ \Omega$，$X_L=40\ \Omega$，$R_2=X_C=20\ \Omega$。试求：$\dot{I}$、$\dot{I}_1$、$\dot{I}_2$ 电路的总有功功率 P。

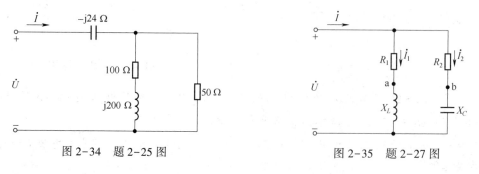

图 2-34 题 2-25 图   图 2-35 题 2-27 图

2-28 一个负载的工频电压为 220 V，功率为 10 kW，功率因数为 0.6，欲将功率因数提高到 0.9，试求所需并联的电容。

C　拓　宽　题

2-29　如图 2-36 所示的电路中，$u_S = 10\sin 314t$ V，$R = 10$ Ω，$L_1 = 19.6$ mH，$L_2 = 63.7$ mH，$C = 637$ μF，求电流 i_1，i_2 和电压 u_C。

2-30　如图 2-37 所示的电路中，已知电源电压 $U = 12$ V，$\omega = 2\,000$ rad/s，求电流 I、I_1。

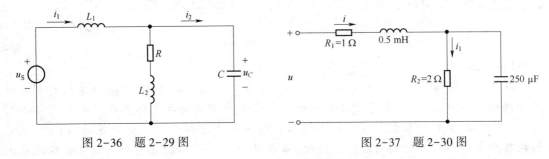

图 2-36　题 2-29 图　　　　　　　　图 2-37　题 2-30 图

2-31　今有一个 40 W 的荧光灯，使用时灯管与镇流器（可近似把镇流器看作纯电感）串联在电压为 220 V，频率为 50 Hz 的电源上。已知灯管工作时属于纯电阻负载，灯管两端的电压等于 110 V，试求镇流器上的感抗和电感。这时电路的功率因数等于多少？若将功率因数提高到 0.8，应并联多大的电容？

第3章 | 半导体器件

【内容提要】

以电子器件为核心构成的电路称为电子电路。在电子器件中,由半导体材料制成的器件统称为半导体器件,半导体二极管和三极管是最常用的半导体器件。它们的基本结构、工作原理、特性和参数是学习电子技术和分析电子电路必不可少的基础,而PN结是构成各种半导体器件的共同基础。因此,本章从讨论半导体的导电特性和PN结的基本原理开始,逐步介绍二极管、双极型三极管、场效应三极管的基本知识,为今后学习打下基础。

3.1 半导体基础知识

半导体器件是构成电子电路的基本元件,它们所用的材料是经过特殊加工且性能可控的半导体材料。

3.1.1 本征半导体

纯净的具有晶体结构的半导体称为本征半导体。

1. 半导体

物质的导电性能决定于原子结构。导体一般为低价元素,它们的最外层电子极易挣脱原子核的束缚成为自由电子,在外电场的作用下产生定向运动,形成电流。高价元素(如惰性气体)或高分子物质(如橡胶),它们的最外层电子受原子核束缚力很强,很难成为自由电子,所以导电性极差,成为绝缘体。常用的半导体材料硅(Si)和锗(Ge)均为四价元素,它们的最外层电子既不像导体那样容易挣脱原子核的束缚,也不像绝缘体那样被原子核束缚得那么紧,因而其导电性介于导体和绝缘体之间。

在形成晶体结构的半导体中,人为地掺入特定的杂质元素时,导电性能具有可控性;并且在光照和热辐射条件下,其导电性还有明显的变化。这些特殊的性质,决定了半导体可以制成各种电子器件。

2. 本征半导体的晶体结构

将纯净的半导体经过一定的工艺过程制成单晶体,即为本征半导体。晶体中原子在空间形成排列整齐的点阵,称为晶格。由于相邻原子间的距离很小,因此,相邻的两个原子的一对最外层电子(即价电子)不但各自围绕自身所属的原子核运动,而且出现在相邻原子所属的轨道上,成为共用电子。这样的组合称为共价键结构,如图 3-1 所示。图中标有"+4"的圆圈表示除价电子外的正离子。

3. 本征半导体的两种载流子

晶体中的共价键具有很强的结合力,因此在常温下,仅有极少数的价电子由于热运动(热激发)获得足够的能量,从而挣脱共价键的束缚变成为自由电子。与此同时,在共价键中就留下一个空位置,称为空穴。原子因失去一个价电子而带正电,或者说空穴带正电。在本征半导体中,自由电子和空穴是成对出现的,即自由电子和空穴数目或浓度相等,如图 3-2 所示。这样,若在本征半导体的两端外加一电场,则一方面自由电子将产生定向移动,形成电子电流;另一方面由于空穴的存在,价电子将按一定的方向依次填补空穴,也就是说空穴也产生定向移动,形成空穴电流。由于自由电子和空穴所带电荷极性不同,所以它们的运动方向相反,本征半导体中电流是电子电流和空穴电流两个电流之和。

运载电荷的粒子称为载流子。导体导电只有一种载流子,即自由电子导电;而本征半导体中有自由电子和空穴两种载流子参与导电,这是半导体导电的特殊性质。

4. 本征半导体中载流子的浓度

半导体在热激发下产生自由电子和空穴对的现象称为**本征激发**。自由电子在运动的过程中如果与空穴相遇就会填补空穴,使两者同时消失,这种现象称为**复合**。在一定的温度下本征激发的自由电子与空穴对,与复合的自由电子与空穴对数目相等,达到动态平衡。换言之,在一定的温度下,本征激发的载流子的浓度是一定的,并且自由电子与空穴的浓度相等。当环境温度升高时,热运动加剧,挣脱共价键束缚的自由电子增多,空穴也随之增多,即载流子的浓度升高,因而必然使得导电性能增强。反之,当环境温度降低时,载流子的浓度降低,因而导电性能变差,可见,本征半导体载流子的浓度是环境温度的函数。在绝对零度时,自由电子与空穴的浓度均为零,本征半导体成为绝缘体;在一定范围内,当温度升高时本征半导体载流子的浓度近似按指数曲线升高。

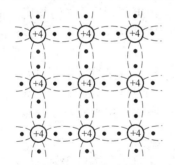　　　　

图 3-1　本征半导体结构示意图　　　　图 3-2　本征半导体中的自由电子和空穴

5. 本征半导体的特性

1)热敏性

当环境温度变化时,半导体中的自由电子和空穴的数量发生变化,因此导电性能也发生变化。基于半导体的这种热敏特性,可做成各种温度敏感元件,如热敏电阻等。

2)光敏性

当受到外界光照时,半导体中自由电子和空穴数量会增加,导电性能增强。基于半导体的这种光敏特性,可做成各种光敏元件,如光敏电阻、光敏二极管、光敏三极管和光敏电池等。

3)掺杂性

掺入杂质后使半导体的导电能力发生显著变化。纯净半导体中的自由电子和空穴是成对出现的,在常温下其数量有限,导电能力不强。若在纯净半导体中掺入微量元素的杂质,其导电能力会大大增强。

应该指出,本征半导体的导电性能很差,且与环境温度密切相关。半导体材料性能对温度的这种敏感性,既可以用来制作热敏和光敏器件,又是造成半导体器件温度稳定性差的原因。

3.1.2 杂质半导体

通过扩散工艺,在本征半导体中掺入少量合适的杂质元素,便可以得到杂质半导体。按掺入的杂质元素不同,可形成 N 型半导体和 P 型半导体;控制掺入杂质元素的浓度就可控制杂质半导体的导电性能。

1. N 型半导体

在纯净的硅(或锗)晶体中掺入五价元素(如磷),使之取代晶格中硅(或锗)原子的位置,就形成 **N 型半导体**。由于杂质原子有五个价电子,除了四个价电子与相邻的四个硅原子的价电子形成共价键外,还多出一个价电子,如图 3-3 所示。多出电子不受共价键的束缚,只需要获取很少的能量就成为自由电子。在常温下,由于热激发,就可使它们成为自由电子。而杂质原子因在晶格上,且又失去电子,故变为不能移动的正离子。在 N 型半导体中,自由电子的浓度大于空穴的浓度,故称自由电子为**多数载流子**(简称**多子**),称空穴为**少数载流子**(简称**少子**),由于杂质原子可以提供电子,故称之为**施主原子**。N 型半导体主要靠自由电子导电,掺入的杂质越多,**多子**(自由电子)的浓度就越高,导电性能也就越强。

2. P 型半导体

在纯净的硅(或锗)晶体中掺入三价元素(如硼),使之取代晶格中硅(或锗)原子的位置,就形成 **P 型半导体**。由于杂质原子的最外层有三个价电子,所以它们与周围的硅(或锗)原子形成共价键时,就产生了一个"空位"(空位为电中性),当硅(或锗)原子的外层电子填补此空位时,其共价键中便产生一个空穴,如图 3-4 所示。硅(或锗)原子因失去一个价电子而带正电或者说空穴带正电,而杂质原子因在晶格上,且又得到电子,故成为不能移动的负离子。因而 P 型半导体中,空穴为**多子**,自由电子为**少子**,主要靠空穴导电,掺入的杂质越多,空穴的浓度越高,导电能力越强。因杂质原子中的空位吸收电子,故称之为**受主原子**。

图 3-3　N 型半导体

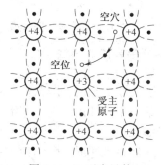

图 3-4　P 型半导体

从以上分析可知,由于掺入的杂质使多子的浓度大大提高,从而使得少子与多子复合的机会大大增加。因此,对于杂质半导体,多子的浓度越高,少子的浓度就越低。可以认为,多子的浓度约等于杂质原子的浓度,因而它受温度的影响很小;而少子是本征激发形成的,所以尽管浓度很低,但对温度非常敏感,这将影响半导体器件的性能。

3.1.3　PN 结

采用不同的掺杂工艺,将 P 型半导体和 N 型半导体制作在同一块硅片上,在它们的交界面就形成 **PN 结**。PN 结是构成各种半导体器件的共同基础,比如,晶体二极管内部含有一个 PN 结、晶体三极管内部含有两个 PN 结。**PN 结具有单向导电性。**

1. PN 结的形成

将 P 型半导体和 N 型半导体制作在同一块硅片或锗片上,在它们的交界面,两种载流子的浓度差很大。自由电子和空穴都要从浓度高的地方向浓度低的地方运动,这种由于浓度差而产生的运动称为**扩散运动**。P 区中的空穴向 N 区扩散,而 N 区中的自由电子向 P 区扩散,如图 3-5(a)所示。图中 P 区用"⊖"表示除空穴外的负离子(即受主原子电离后变成的带负电的杂质离子),N 区用"⊕"表示除自由电子外的正离子(即施主原子电离后变成的带正电的杂质离子)。由于扩散到 N 区的空穴与自由电子复合,而扩散到 P 区的自由电子与空穴复合,所以在交界面多子的**浓度下降**,P 区出现负离子区,而 N 区出现正离子区,它们是不能移动的,称为**空间电荷区**,从而形成**内电场**。随着扩散运动的进行,空间电荷区变宽,内电场加强,其方向由 N 区指向 P 区,正好阻止扩散运动的进行,即**内电场对多数载流子的扩散运动起阻碍作用**。因此,空间电荷区又称阻挡层。

在电场力作用下,载流子的运动称为**漂移运动**。当空间电荷区形成后,在内电场的作用下,少子产生漂移运动,空穴从 N 区向 P 区运动,而自由电子从 P 区向 N 区运动。在无外电场和其他激发作用下,参与扩散运动的多子数目等于参与漂移运动的少子数目,从而达到动态平衡,形成 PN 结,如图 3-5(b)所示。此时,空间电荷区具有一定的宽度,空间电荷区内,正、负电荷的电量相等;因此,当 P 区与 N 区杂质浓度相等时,正离子区与负离子区的宽度也相等,称为对称 PN 结;而当 P 区与 N 区杂质浓度不相等时,正离子区与负离子区的宽度也不相等,浓度高一侧的离子区的宽度小于浓度低一侧的离子区的宽度,称为不对称 PN 结。两种结的外部特性是相同的。绝大部分空间电荷区内载流子都非常少,在分析 PN 结特性时常忽略载流子的作用,而只考虑离子区的电荷,这种方法称为"耗尽层近似",故空间电荷区又称**耗尽层**。

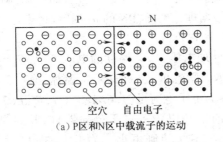

(a) P 区和 N 区中载流子的运动

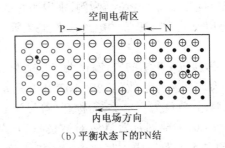

(b) 平衡状态下的 PN 结

图 3-5　PN 结的形成

2. PN 结的单向导电性

如果在 PN 结的两端外加电压,就将破坏原来的平衡状态。此时,扩散电流不再等于漂移电流,因而 PN 结将有电流流过。当外加电压极性不同时,PN 结有截然不同的导电性能,即呈现出单向导电性。

1)PN 结外加正向电压时处于导通状态

将电源的正极(或正极串联电阻后)接到 PN 结的 P 端,且电源的负极(或负极串联电阻后)接到 PN 结的 N 端时,称为 PN 结外加**正向电压**,称**正向接法**或**正向偏置**。此时外电场将多子推向空间电荷区,使空间电荷区变窄,削弱了内电场,破坏了原来的平衡,使扩散运动增强,漂移运动减弱。由于电源的作用,扩散运动将源源不断地进行,从而形成 P 端指向 N 端的**正向电流**,PN 结导通,如图 3-6(a)所示。PN 结导通时的结电压只有零点几伏,因而应该在它所在回路中串联一个电阻,以限制回路的电流,防止 PN 结因正向电流过大而损坏。

2)PN 结外加反向电压时处于截止状态

将电源的正极(或正极串联电阻后)接到 PN 结的 N 端,且电源的负极(或负极串联电阻后)接到 PN 结的 P 端时,称为 PN 结外加**反向电压**,称为**反向接法**或**反向偏置**,如图 3-6(b)所示。此时外电场使空间电荷区变宽,增强了内电场,阻止扩散运动的进行,而加剧漂移运动的进行,形成 N 端指向 P 端的**反向电流**,又称**漂移电流**。由于少子的数量极少,即使所有的少子都参与漂移运动,反向电流也非常小,所以在近似分析中常将它忽略不计,认为 PN 结外加反向电压时处于截止状态。

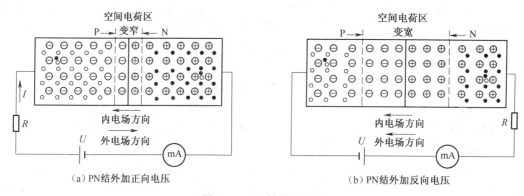

图 3-6　PN 结外加电压

3. PN 结的伏安(u-i)特性

现以硅二极管的 PN 结为例,来说明它的 u-i 特性表达式。在硅二极管的两端,施加正、反向电压时,通过二极管的电流如图 3-7 所示。根据理论推导,PN 的 u-i 特性可表达为

$$i_D = I_S(e^{u_D/U_T} - 1) \tag{3-1}$$

式中,i_D 为通过 PN 结的电流;u_D 为 PN 结两端的外加电压;U_T 为温度的电压当量,$U_T = kT/q$,其中 k 为玻耳兹曼常数(1.38×10^{-23} J/K),T 为热力学温度,又称开尔文温标、绝对温标,简称开氏温标,单位为开尔文,简称开(符号为 K),q 为电子电荷量($1.6 \times 1e^{-19}$ C),常温(300 K)下,有 $U_T = 0.026$ V;e 为自然对数的底;I_S 为反向饱和电流。对于分立器件,其典型值在 $10^{-8} \sim 10^{-14}$ A 的范围内。集成电路中二极管 PN 结,其 I_S 值则更小。关于式(3-1),可解释如下:

(1)当二极管的 PN 结两端加正向电压时,电压 u_D 为正值,当 u_D 比 U_T 大几倍时,式(3-1)中的 e^{u_D/U_T} 远大于 1,括号中的 1 可以忽略。这样,二极管的电流 i_D 与电压 u_D 成指数关系,如图 3-7 中正向电压部分所示。

（2）当二极管加反向电压时，u_D 为负值。若 $|u_D|$ 比 U_T 大几倍时，指数项趋近于零，因此 $i_D = -I_S$，如图3-7中反向电压部分所示。可见当温度一定时，反向饱和电流 I_S 是个常数，不随外加反向电压的变化而变化。

4. PN结的电容效应

在一定条件下，PN结具有电容效应，根据产生原因的不同分为势垒电容和扩散电容。

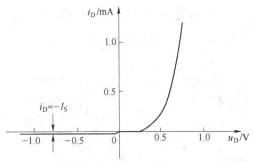

图3-7 硅二极管PN结的 $u-i$ 特性

1）势垒电容

当PN结外加电压变化时，空间电荷区的宽度将随之变化，即耗尽层的电荷量随着外加电压变化而变化，这种现象与电容器的充放电过程相同。耗尽层宽窄变化所等效的电容称为**势垒电容** C_b。C_b 具有非线性，它与结面积、耗尽层的宽窄变化、半导体的介电常数及外加电压有关。利用PN结外加反向电压时，C_b 随 u 变化的特性，可制成各种变容二极管。

2）扩散电容

PN结处于平衡状态时的少子称为**平衡少子**。PN结处于正向偏置时，从P区扩散到N区的空穴和从N区扩散到P区的自由电子均称为**非平衡少子**。当外加正向电压时，靠近耗尽层交界面的地方非平衡少子的浓度高，而远离交界面的地方非平衡少子的浓度低，且浓度自高到低逐渐衰减，直到零，形成一定的浓度梯度（即浓度差），从而形成扩散电流。当外加正向电压增大时，非平衡少子的浓度增大且浓度梯度也增大，从外部看，正向电流（即扩散电流）增大。当外加正向电压减少时，与上述变化相反。

扩散区内非平衡少子数目随外加正向电压增减而增减，因此扩散区内电荷的积累和释放过程与电容器充放电过程相同。这种电容效应称为扩散电容 C_d。与**势垒电容** C_b 一样，**扩散电容** C_d 也是具有非线性，它与流过PN结的正向电流 i、温度的电压当量 U_T 以及非平衡少子的寿命 τ 有关。i 越大、τ 越大、U_T 越小，C_d 就越大。

PN结的结电容 C_j 是 C_b 和 C_d 之和。由于 C_b 和 C_d 一般都很小（结面积小的为1 pF左右，结面积大的为几十至几百皮法），对于低频信号呈现很大的容抗，其作用可忽略不计，因而只有在信号频率较高时才考虑结电容的作用。

练习与思考

3.1.1 什么是N型半导体？什么是P型半导体？

3.1.2 什么是PN结？其主要特性是什么？

3.1.3 P型半导体中的空穴是多数载流子，因而P型半导体带正电；N型半导体中的自由电子是多数载流子，因而N型半导体带负电。这种说法是否正确？

3.2 半导体二极管

将PN结的两端各加上一条电极引线，再用管壳封装起来，就成为一只半导体二极管，简称二极管。由P区引出的电极称为阳极或**正极**，由N区引出的电极称为阴极或**负极**。

3.2.1 二极管的几种常见结构

二极管的几种常见结构如图 3-8(a)~(c)所示,图形符号如图 3-8(d)所示。

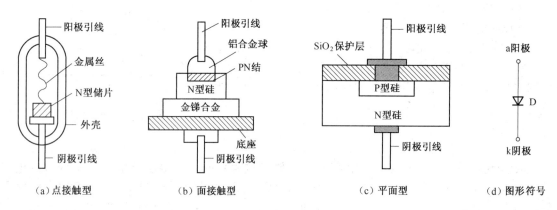

（a）点接触型　　　　　（b）面接触型　　　　　　（c）平面型　　　　　（d）图形符号

图 3-8 二极管的几种常见结构

1. 点接触型

图 3-8(a)所示的点接触型二极管(一般为锗管),由一根金属丝经过特殊工艺与半导体表面相接形成 PN 结。因而结面积小,不能通过较大的电流。但其结电容较小,一般在 1 pF 以下,工作频率可达 100 MHz 以上。因此适用于高频电路和小功率整流。

2. 面接触型

图 3-8(b)所示的面接触型二极管(一般为硅管)是采用合金法工艺制成的。结面积大,能够通过较大的电流,但其结电容较大,因而只能在较低频率下工作,一般仅作为整流管。

3. 平面型

图 3-8(c)所示的平面型二极管是采用扩散法制成的。结面积大的可用于大功率整流,结面积小的可作为脉冲数字电路中的开关管。

3.2.2 二极管的伏安特性

1. 二极管的伏安特性

二极管的性能常用伏安特性来表示。所谓**伏安特性**指加在二极管两端的电压和流过二极管的电流之间的关系曲线。如图 3-9 所示,包括正向特性、反向特性和反向击穿特性。

1)正向特性

二极管承受正向电压时,其伏安特性如图 3-9 中的第一象限所示。当正向电压比较小时,外电场还不足以克服内电场对多数载流子所造成的阻力,所以此时的正向电流几乎为零,二极管呈现很大的电阻。这个范围称为**死区**,相应的电压称为**死区电压**。通常,锗管的死区电压约为 0.1 V,硅管的死区电压约为 0.5 V。当正向电压大于死区电压后,内电场被大大削弱,因而电流增长很快。在正常工作的情况下,锗管的正向导通压降为 0.2~0.3 V,硅管为 0.6~0.7 V。该区域称为**正向导通区**。

2)反向特性

图 3-9 中第三象限所示曲线即为二极管承受反向电压时的反向伏安特性。二极管中

的少数载流子在反向电压作用下将通过 PN 结形成反向电流。但由于少数载流子数目有限，当反向电压不超过某一范围时，反向电流的大小基本恒定，故通常称其为**反向饱和电流**。该区域称为**反向截止区**。

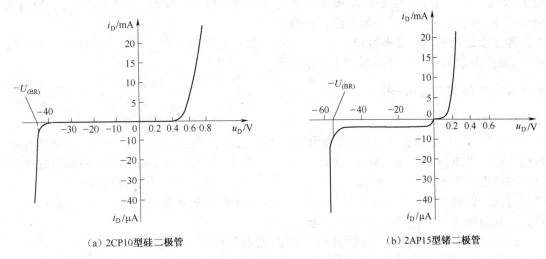

（a）2CP10 型硅二极管 （b）2AP15 型锗二极管

图 3-9 二极管的安特性曲线

3）反向击穿特性

当反向电压过高，超过某一数值时，反向电流会突然增大，这种现象称为**反向击穿**。发生击穿时的反向电压称为**反向击穿电压** $U_{(BR)}$。由于 PN 结击穿时电流很大，消耗在 PN 结上的功率很大，因此，若不采取适当的限流措施，将会使二极管过热而造成永久性的损坏，称为**热击穿**。

2. 二极管和 PN 结伏安特性的区别

与 PN 结一样，二极管具有单向导电性。但是，由于二极管存在半导体体电阻和引线电阻，所以当外加正向电压时，在电流相同的情况下，二极管的端电压大于 PN 结上的压降；在大电流情况下，这种影响更加明显。另外，由于二极管表面漏电流的存在，使外加反向电压时的反向电流增大。

在近似计算分析时，仍然用 PN 结的电流方程式，即式（3-1）来描述二极管的伏安特性。

3.2.3 二极管的主要参数

为了在工程上能够正确选择不同类型、不同应用范围的半导体器件，需要用一些参数来说明二极管的特性。二极管的主要参数有下面几个。

1. 最大整流电流 I_{OM}

I_{OM} 是指二极管长期工作时允许通过的最大正向平均电流值。其值与 PN 结面积及外部散热条件等有关。在使用二极管时不应超过此值，否则，由于电流过大会导致 PN 结过热而损坏二极管。

2. 反向工作电压峰值 U_{RWM}

U_{RWM} 是保证二极管不被击穿而给出的反向峰值电压瞬时值。为确保安全，一般规定

U_{RWM}为反向击穿电压$U_{(BR)}$的一半。

3. 反向峰值电流 I_{RM}

I_{RM}是指二极管在一定的环境温度下,加反向工作电压峰值U_{RWM}时的反向电流值(又称反向饱和电流)。I_{RM}越小,说明二极管的单向导电性能越好。常温下,硅管的I_{RM}一般为几微安以下,锗管的I_{RM}较大,为几十到几百微安。

除了上述的三个主要参数以外,二极管的参数还有最高工作频率、结电容以及工作温度等,这些参数都可在半导体器件手册中查到。

3.2.4 二极管电路分析

1. 分析步骤

(1)求二极管的偏置电压(即开路电压),判断二极管的工作状态。假设二极管的电流和电压的参考方向都是从阳极指向阴极。在二极管断开(即$i_D = 0$ mA,与二极管串联的电阻两端的电压为零)条件下求取二极管两端的电压,即求取二极管的开路电压$U_{D(OC)}$。若$U_{D(OC)}$为正,表明二极管处于正向偏置,则二极管工作在导通状态;若$U_{D(OC)}$为负,表明二极管处于反向偏置,则二极管工作在截止状态。

(2)若二极管导通,则二极管具有一定的正向压降U_D(硅管为$0.6 \sim 0.7$ V、锗管为$0.2 \sim 0.3$ V、理想化二极管正向压降为零),合理地选择包含二极管正向压降U_D的回路,运用KVL等进行相关分析;若二极管截止,则二极管相当于断开,即近似认为$i_D = 0$ mA,与二极管串联的电阻两端的电压为零,合理地选择包含与二极管串联的电阻(其两端的电压为零)的回路,运用KVL等进行相关分析。

2. 分析举例

例3-1 在图3-10中,二极管是硅管,求U_{AB}。

解 (1)求$U_{D(OC)}$,判断二极管的工作状态。

在$i_D = 0$ mA时,$i_D R = 0$ V,因此,KVL对于$L(5$ V$, U_{D(OC)}, i_D R, 10$ V$)$,有5 V$+ U_{D(OC)} + R \times 0$ mA$= 10$ V,解得$U_{D(OC)} = 5$ V为正,表明二极管处于正向偏置,二极管工作于导通状态。

(2)利用硅管导通压降$0.6 \sim 0.7$ V,求U_{AB}。

取$U_D = 0.7$ V,KVL对于$L(5$ V$, U_D, U_{AB})$,有5 V$+ U_D + U_{AB} = 0$,所以,$U_{AB} = -5$ V$- U_D = -5$ V$- 0.7$ V$= -5.7$ V。

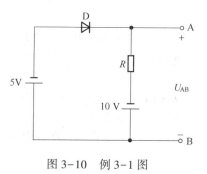

图3-10 例3-1图

例3-2 在图3-11(a)中,二极管导通压降忽略不计,试画出u_O波形。

解 (1)求$U_{D(OC)}$,判断二极管的工作状态:

当$i_D = 0$ mA时,$i_D R = 0$ V,因此,KVL对$L(u_i, U_{D(OC)}, i_D R, 5$ V$)$,有$U_{D(OC)} + 0$ mA$\times R = u_i + 5$ V,解得$U_{D(OC)} = u_i + 5$ V。

因此,当$u_i > -5$ V时$U_{D(OC)}$为正,表明二极管正向偏置,处于导通状态;当$u_i < -5$ V时$U_{D(OC)}$为负,表明二极管反向偏置,处于截止状态。

(2)二极管导通时,导通压降忽略不计,$U_D = 0$ V,因此,KVL对$L(u_i, U_D, u_O)$,有$U_D + u_O = u_i$,所以$u_O = u_i - U_D = u_i - 0$ V$= u_i$。

二极管截止时,$i_D = 0$ mA,$R i_D = R \times 0$ mA$= 0$ V,因此,KVL对$L(u_O, 5$ V$, i_D R)$,有$u_O +$

$5\ \mathrm{V}=i_\mathrm{D}R=0\times R$，解得 $u_\mathrm{O}=R\times 0\ \mathrm{mA}-5\ \mathrm{V}=-5\ \mathrm{V}$。

对应 u_i 画出 u_O 的波形如图 3-11（b）所示。

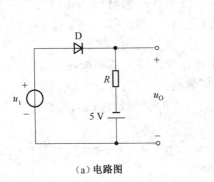

（a）电路图

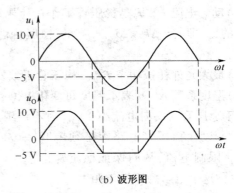

（b）波形图

图 3-11　例 3-2 图

3.2.5　特殊二极管

1. 稳压二极管

稳压二极管是一种硅材料制成的面接触型晶体二极管，简称稳压管。稳压管在反向击穿时，在一定的电流范围内（或者说在一定的功率范围内），其端电压几乎不变，表现出稳压特性。因而广泛用于稳压电源与限幅电路之中。

1）稳压管的伏安特性

稳压管的伏安特性曲线与普通二极管类似，如图 3-12（a）所示。正向特性为指数曲线。当稳压管外加反向电压的数值大到一定程度时则击穿，击穿区的曲线很陡，几乎与纵轴平行，表现其具有稳压特性。只要控制反向电流不超过一定值，稳压管就不会因过热而损坏。稳压管的外形和图形符号如图 3-12（b）所示。

2）稳压管的主要参数

描述稳压管特性的参数，主要有以下几个：

（1）稳定电压 U_Z。U_Z 是在规定电流下稳压管的反向击穿电压。由于稳压管参数的离散性，同一型号的稳压管的 U_Z 存在一定的差别。在手册中只能给出某一型号稳压管的稳压范围，例如，2CW19 这种稳压管，其稳定电压为 $11.5\sim 12.5\ \mathrm{V}$。但是，对于某一只稳压管，$U_\mathrm{Z}$ 是确定的值。

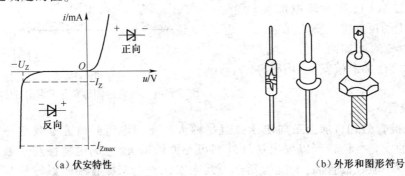

（a）伏安特性　　　　　　　　　　　　（b）外形和图形符号

图 3-12　稳压管

（2）稳定电流 I_Z。I_Z 是稳压管工作在稳定状态时的参考电流。电流低于此值时，稳压效果变差，甚至根本不稳压，故也常将 I_Z 记作 I_{Zmin}。

（3）动态电阻 r_Z。r_Z 是稳压管工作在稳压区时，稳压管的端电压变化量与相应的电流变化量的比，即 $r_Z = \Delta U_Z / \Delta I_Z$，$r_Z$ 越小，稳压特性越好。对于同一稳压管，工作电流越大，r_Z 越小。

（4）最大允许耗散功率 P_{ZM}。稳压管不致发生热击穿的最大功率损耗，$P_{ZM} = U_Z I_{Zmax}$。

（5）温度系数 α。α 表示温度每变化 1 ℃，稳压值的变化量，即 $\alpha = \Delta U_Z / \Delta T$。

由于稳压管的反向电流小于 I_{Zmin} 时不稳压，大于 I_{Zmax} 时会因超过最大允许耗散功率 P_{ZM} 而损坏，所以在稳压管电路中必须串联一个电阻来限制电流，从而保证稳压管正常工作，故称这个电阻为**限流电阻**。

例 3-3　图 3-13 所示稳压管的稳定电压 $U_Z = 6$ V，最小稳定电流 $I_{Zmin} = 5$ A，最大稳定电流 $I_{Zmax} = 25$ A，负载电阻 $R_L = 600$ Ω。求解限流电阻 R 的取值范围。

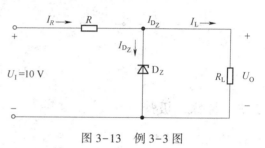

图 3-13　例 3-3 图

解　由图 3-13 可知，$I_R = I_{D_Z} + I_L$，而

$$I_L = \frac{U_O}{R_L} = \frac{6}{600} \text{ A} = 10 \text{ mA}, I_{D_Z} = (5 \sim 25) \text{ mA}, 所以 I_R = (15 \sim 35) \text{ mA}。$$

$$R_{max} = \frac{U_I - U_O}{I_{R_{min}}} = \frac{10 - 6}{15} \text{ k}\Omega = 267 \text{ }\Omega, R_{min} = \frac{U_I - U_O}{I_{R_{max}}} = \frac{10 - 6}{35} \text{ k}\Omega = 114 \text{ }\Omega$$

所以，限流电阻 R 的取值范围为 114~267 Ω。

2. 光电二极管

光电二极管是利用 PN 结的光敏特性，将接收到的光的变化转移为电流的变化。图 3-14 所示是它的图形符号和特性曲线。光电二极管是在**反向电压作用下**工作的。当无光照时，与普通二极管一样是截止的，其反向电流很小（通常小于 0.2 μA），称为**暗电流**。当有光照时，产生的反向电流称为光电流。随光照强度 E 的增加而上升。光电流很小，一般只有几十微安，应用时需要放大。

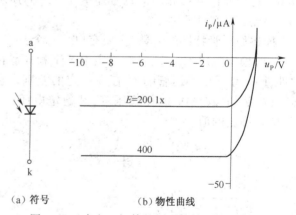

（a）符号　　　　（b）物性曲线

图 3-14　光电二极管的图形符号和特性曲线

3. 发光二极管

当在发光二极管（LED）**加上正向电压**并有足够大的正向电流时就能够发出一定波长范围的光，目前的发光二极管可以发出从红外到可见波段的光，它的电特性与一般二极管类似，正向电压较一般二极管高，电流为几至十几毫安。发光二极管的图形符号与应用系统实例如图 3-15 所示。

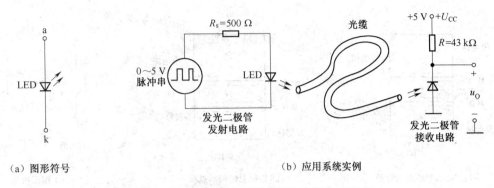

（a）图形符号　　　　　　　　　　　　　（b）应用系统实例

图 3-15　发光二极管的图形符号与应用系统实例

练习与思考

3.2.1　如何利用万用表的电阻挡判断二极管的极性和好坏？

3.2.2　二极管的伏安特性曲线上有一个死区电压,什么是死区电压？硅管和锗管的死区电压的典型值约为多少？

3.2.3　某电路中,要求通过二极管的正向平均电流为 80 mA,加在上面的最高反向电压为 110 V,试从手册中选用一合适的二极管。

3.3　晶体三极管

晶体三极管中有两种不同极性的载流子参与导电,故称为双极型三极管(BJT),又称半导体三极管或晶体管,简称三极管或晶体管。它是最重要、应用最广泛的一种半导体器件。它具有电流放大和开关作用,可以用来组成各种功能的电子电路,它的出现促使了电子技术的飞跃发展。本节主要通过了解其内部结构特点来分析与掌握其外部特性,为以后分析放大电路打下基础。

3.3.1　晶体管的结构及类型

根据不同的掺杂方式在同一个硅(或锗)片上制造出三个掺杂区域,并形成两个 PN结,就构成了晶体管。按材料的不同,可分为硅管和锗管两类;按 PN 结组合方式的不同,可分为 NPN 型和 PNP 型两类(目前国内生产的硅管多为 NPN 型,锗管多为 PNP 型);按结构的不同,可分为平面型和合金型两类。一般硅管主要是平面型,而锗管是合金型。不管类型如何,晶体管都分为三个区:发射区、基区和集电区。发射区用来发射载流子,其掺杂浓度最高;集电区用来收集从发射区发射过来的载流子,其面积最大;基区位于中间,用来控制载流子通过,以实现电流放大作用,其厚度很薄,掺杂浓度很低。由这三个区引出的三根电极引线分别称为**发射极(E)**、**基极(B)**和**集电极(C)**,发射区和基区之间的 PN 结称为**发射结**,**集电区**和基区之间的 PN 结称为**集电结**。晶体管的结构示意图和图形符号如图 3-16 所示。图中发射极的箭头方向表示发射极实际电流方向。本节以 NPN 型硅管为例,介绍晶体管的放大作用、特性曲线和主要参数。

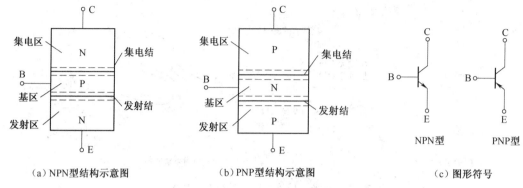

（a）NPN型结构示意图　　　（b）PNP型结构示意图　　　（c）图形符号

图 3-16　晶体管的结构示意图和图形符号

3.3.2　晶体管的电流放大作用

1. 晶体管放大的外部条件

晶体管的主要功能是电流放大作用，为了理解晶体管的放大原理，下面通过一个实验来讨论。实验电路如图 3-17 所示。

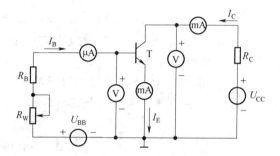

图 3-17　晶体管电流放大原理实验电路

这种连接方式的特点是，左右两个回路都是以晶体管的发射极为公共端的，因此这种接法称为晶体管的共发射极接法。电源的极性及电路参数要保证使晶体管的发射结正向偏置，集电结反向偏置（对 NPN 型，就是 $U_C > U_B > U_E$，即集电极电位最高，基极电位居中；对 PNP 型，就是 $U_C < U_B < U_E$ 即集电极电位最低，基极电位居中），这是晶体管起到放大作用的外部条件。

2. 各电极电流关系及电流放大作用

改变可调电阻 R_W 的阻值，使基极电流 I_B 为不同的数值，测出相应的集电极电流 I_C 和发射极电流 I_E，实验数据如表 3-1 所示。

表 3-1　晶体管电流测量数据

I_B/mA	0	0.02	0.04	0.06	0.08	0.10
I_C/mA	≈0	1.16	2.33	3.50	4.70	5.91
I_E/mA	≈0	1.18	2.37	3.56	4.78	6.01
I_C/I_B		58.00	58.25	58.33	58.75	59.10

将实验数据进行比较分析，可以得到如下结论：

（1）无论晶体管电流如何变化，它的三个电流始终符合基尔霍夫电流定律

$$I_E = I_C + I_B \tag{3-2}$$

（2）从表 3-1 中的数据可看出：I_C 略小于 I_E，而比 I_B 大几十倍，I_C/I_B 的比值远大于 1，且在一定范围内基本不变。I_C/I_B 比值称为**晶体管共射直流电流放大系数**（或**直流电流放大倍数**），用 $\bar{\beta}$ 表示，即

$$\overline{\beta} = \frac{I_{\mathrm{C}}}{I_{\mathrm{B}}} \tag{3-3}$$

（3）把基极电流和集电极电流的相对变化比较一下，例如 I_{B} 从 0.04 mA 增加到 0.06 mA 时，I_{C} 将从 2.33 mA 增加到 3.50 mA，即

$$\frac{\Delta I_{\mathrm{C}}}{\Delta I_{\mathrm{B}}} = \frac{3.50 - 2.33}{0.06 - 0.04} = 58.5$$

由此可得出一个非常重要的结论：基极电流较小的变化可以引起集电极电流较大的变化。换句话说，微小的基极电流可以控制较大的集电极电流，这就是**电流放大作用**。$\Delta I_{\mathrm{C}}/\Delta I_{\mathrm{B}}$ 的比值称为**晶体管共射交流电流放大系数**（或共射交流电流放大倍数），用 β 表示，即

$$\beta = \frac{\Delta I_{\mathrm{C}}}{\Delta I_{\mathrm{B}}} \tag{3-4}$$

在数值上，一般有 $\overline{\beta} \approx \beta$。

若把图 3-17 实验电路中的 NPN 型晶体管换成 PNP 型晶体管，则电源 U_{BB} 和 U_{CC} 的极性全部需要改变才能使**发射结正向偏置，集电结反向偏置**。说明 PNP 型晶体管和 NPN 型晶体管在实际应用中所接电源是不一样的，并且 PNP 型晶体管各电极的电流实际方向也和 NPN 型晶体管各电极的电流实际方向不一样，**对于 NPN 型，I_{C} 和 I_{B} 两个电流流进，I_{E} 一个电流流出；对于 PNP 型，I_{E} 一个电流流进，I_{C} 和 I_{B} 两个电流流出**。

3. 内部载流子的传输过程

晶体管内部载流子的传输过程如图 3-18 所示。

（1）发射结正偏，扩散运动形成发射极电流 I_{E}。发射结正偏，发射区自由电子不断向基区扩散，形成发射极电子电流 I_{EN}。与此同时，基区空穴也向发射区扩散形成发射极空穴电流 I_{EP}，I_{EP} 是从基极流向发射极的，所以它也是基极电流的一部分。但是基区杂质浓度很低，因此 I_{EP} 可忽略不计。可见**扩散运动形成发射极电流 I_{E}**。

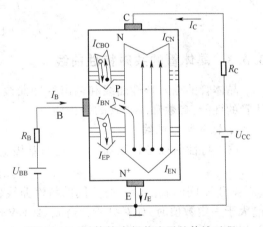

图 3-18　晶体管内部载流子的传输过程

（2）扩散到基区的自由电子与空穴的复合运动形成基极电流 I_{BN}。由于基区很薄，杂质浓度很低，集电结又加了反向电压，所以扩散到基区的自由电子中只有极少部分与空穴复合，其余部分均作为基区的非平衡少子达到集电结。又由于电源 U_{BB} 的作用，自由电子与空穴复合运动将源源不断地进行，形成基极电流 I_{BN}。

（3）集电结加反向电压，漂移运动形成集电极电流 I_{C}。由于集电结加反向电压且其结面积大、基区的非平衡少子在外电场作用下越过集电结到达集电区形成漂移电流 I_{CN}，与此同时集电区的平衡少子空穴和基区的平衡少子自由电子也参与漂移运动形成漂移电流 I_{CBO}，I_{CBO} 是从集电极流向基极的，所以它也是基极电流的一部分。I_{CBO} 很小，一般近似分析中可以不计，但它受温度影响，在考虑温度稳定性时就必须考虑。可见**漂移运动形成集电极电流 I_{C}**。

4. 晶体管的电流分配与电流放大系数

1）电流分配

（1）扩散运动形成发射极电流 I_E，即

$$I_E = I_{EN} + I_{EP} = I_{CN} + I_{BN} + I_{EP} \tag{3-5}$$

（2）漂移运动形成集电极电流 I_C，即

$$I_C = I_{CN} + I_{CBO} \tag{3-6}$$

（3）I_{BN}、I_{EP}、I_{CBO} 三部分构成基极电流 I_B，即

$$I_B = I_{BN} + I_{EP} - I_{CBO} \tag{3-7}$$

2）电流放大系数

电流 I_{CN} 与 $I_{BN} + I_{EP}$ 电流之比称为共射极直流电流放大系数 $\bar{\beta}$，即 $\bar{\beta} = \dfrac{I_{CN}}{I_{BN} + I_{EP}} = \dfrac{I_C - I_{CBO}}{I_B + I_{CBO}}$，整理可得

$$I_C = \bar{\beta}I_B + (1 + \bar{\beta})I_{CBO} = \bar{\beta}I_B + I_{CEO} \tag{3-8}$$

式中，$I_{CEO} = (1 + \bar{\beta})I_{CBO}$ 称为**穿透电流**。若 $I_B = 0$，则 $I_C = I_E = I_{CEO}$，一般情况下 $I_C \gg I_{CEO}$，$\bar{\beta} \gg 1$，所以常用公式为

$$I_C = \bar{\beta}I_B \tag{3-9}$$

$$I_E = (1 + \bar{\beta})I_B \tag{3-10}$$

3.3.3　晶体管的共射特性曲线

晶体管的输入特性曲线和输出特性曲线描述各电极之间电压、电流的关系，用于对晶体管的性能、参数和晶体管的分析估算。

1. 输入特性曲线

输入特性曲线是管压降 u_{CE} 一定时基极电流 i_B 与发射结电压 u_{BE} 之间的函数关系，即

$$i_B = f(u_{BE})\big|_{u_{ce} = 常数} \tag{3-11}$$

对于不同的 u_{CE} 常数，有不同的特性曲线，所以，输入特性曲线应该是一族曲线，但因当 u_{CE} 大于一定数值时，如对硅管，当 $u_{CE} \geqslant 1$ V 时，集电结的内电场已足够强，可以将发射区注入基区的绝大部分非平衡少子收集到集电区，因而再增大 u_{CE}，只要 u_{BE} 保持不变，i_C 也不再明显增大，也就是说，i_B 已基本不变。因此，当 $u_{CE} \geqslant 1$ V 后的输入特性曲线基本上是重合的，所以，通常只画出 $u_{CE} \geqslant 1$ V 的一条输入特性曲线，如图 3-19 所示。从图 3-19 中可见，和二极管的伏安特性曲线一样，晶体管的输入特性曲线也有一段死区电压。硅管的死区电压约为 0.5 V，锗管的死区电压约为 0.1 V。在正常工作情况下，NPN 型硅管的发射结电压 $u_{BE} = 0.6 \sim 0.7$ V，PNP 型锗管的发射结电压 $u_{BE} = -0.2 \sim -0.3$ V。

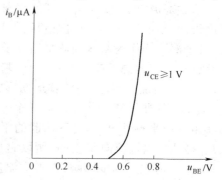

图 3-19　3DG6 晶体管的输入特性曲线

2. 输出特性曲线

输出特性曲线是基极电流 i_B 为常量时集电极电流 i_C 与管压降 u_{CE} 之间的函数关系,即

$$i_C = f(u_{CE})\big|_{i_B = 常数} \qquad (3-12)$$

对于每一个确定的 i_B 都有一条曲线,所以,输出特性曲线是一族曲线,如图 3-20 所示。对于某一条曲线,当 u_{CE} 从零开始增大时,集电结的内电场随之增强,收集基区非平衡少子的能力也逐渐增强,因此 i_C 也逐渐增大。而当 u_{CE} 增大一定数值(约 1 V)时,集电结的内电场已足够强,可以将基区非平衡少子的绝大部分收集到集电区来,u_{CE} 再增大,收集能力已不能明显提高,表现为曲线几乎平行于横轴,即 i_C 几乎仅仅决定于 i_B。通常把晶体管的输出特性曲线分为三个工作区:

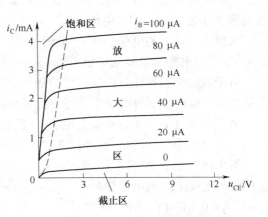

图 3-20　3DG6 晶体管的输出特性曲线

1)放大区

i_C 平行于 u_{CE} 轴的区域,曲线基本平行等距。在放大区,$i_C = \bar{\beta} i_B$,故放大区又称**线性区**。晶体管工作在放大区的条件是**发射结正向偏置,集电结反向偏置**。

2)截止区

$i_B = 0$ 的曲线以下区域称为截止区,此时 $i_C \leqslant I_{CEO}$,u_{BE} 小于死区电压,对 NPN 型硅管而言,当 $u_{BE} < 0.5$ V 时,晶体管已开始截止,但为了截止可靠,常使 $u_{BE} \leqslant 0$ V,也就是工作于截止区的条件是**发射结与集电结均反向偏置**。

3)饱和区

i_C 明显受 u_{CE} 控制的区域,该区域内,一般 $u_{CE} < 0.7$ V(硅管)。此时,**发射结正偏,集电结正偏**。在饱和区,i_B 的变化对 i_C 的影响较小,两者不再成正比,$i_C < \bar{\beta} i_B$。

饱和时的 i_C 记为 I_{CS},则称 $I_{CS}/\bar{\beta}$ 为临界基极饱和电流,用 I_{BS} 表示。显然,当 $0 < i_B < I_{BS}$ 时,晶体管处于放大状态;当 $i_B > I_{BS}$ 时,晶体管处于饱和状态,而且 i_B 越大饱和越深。饱和状态时,$u_{CE} = U_{CES}$;深度饱和状态时,对于硅管 U_{CES} 大约 0.3 V,锗管 U_{CES} 大约 0.1 V。

由上可知,当晶体管饱和时,$u_{CE} \approx 0$ V,发射极与集电极之间如同一个开关的接通,其间电阻很小;当晶体管截止时,$i_C \approx 0$ mA,发射极与集电极之间如同一个开关的断开,其间电阻很大。可见,晶体管除了有放大作用外,还具有开关作用。

例 3-4　测得某放大电路中晶体管的三个电极 1、2、3 的对地电位分别为 $U_1 = -9$ V、$U_2 = -5$ V、$U_3 = -5.2$ V,如图 3-21 (a)所示。试说明晶体管是硅材料或锗材料;分析 1、2、3 三个电极中哪个是集电极、哪个是基极、哪个是发射极;判断晶体管是 NPN 型还是 PNP 型,并且在圆圈内部

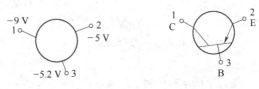

(a)晶体管放大时各极电位　　(b)晶体管的符号

图 3-21　例 3-4 图

画出晶体管的符号。

解　由于只有电极 2、3 之间的电位差是零点几伏(0.2 V),而晶体管的发射结导通压降,对于锗材料是 0.2～0.3 V,对于硅材料是 0.6～0.7 V,所以电极 2、3 之间的电位差 0.2 V 恰好表示发射结导通压降是 0.2 V,即晶体管的是锗材料,而且发射结的 B、E 两端就在电极 2、3 之中,换言之,电极 1 既不是 B 也不是 E,因此电极 1 是集电极 C。

又因为电极 1 的电位(-9 V)最低,而放大状态下 PNP 型晶体管的集电极 C 的电位就是最低,所以电极 1 就是集电极 C。

由于放大状态晶体管的基极电位居中,而 $U_3 = -5.2$ V 就是居中的电位,所以电极 3 就是基极 B。显然剩下的电极 2 就是发射极 E。

由三个电极 1、2、3 分别是集电极 C、发射极 E、基极 B 以及晶体管是 PNP 型就可以在圆圈内部画出晶体管的符号,如图 3-21(b)所示。

例 3-5　放大电路中已知晶体管的电极 1、2 的电流为 $I_1 = 1$ mA、$I_2 = 0.01$ mA,如图 3-22 (a)所示。(1)试判断晶体管是 NPN 型还是 PNP 型;(2)分析三个电极 1、2、3 中哪个是集电极、哪个是基极、哪个是发射极;(3)求 $\bar{\beta}$;(4)在圆圈内部画出晶体管的符号并且标出电极 3 的电流。

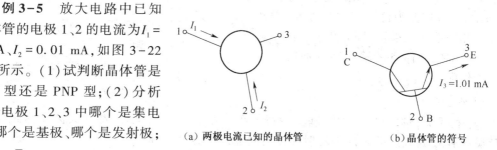

(a) 两极电流已知的晶体管　　(b) 晶体管的符号

图 3-22　例 3-5 图

解　图 3-22(a)中 $I_1 = 1$ mA、$I_2 = 0.01$ mA 并且两电流同为流进,而 NPN 型晶体管是两个电流(基极电流和集电极)流进,一个电流(发射极电流)流出。故(1)晶体管是 NPN 型;(2)电极 1、2、3 分别是集电极、基极、发射极;(3)$\bar{\beta} = I_C/I_B = 1/0.01 = 100$;(4)在圆圈内部画出晶体管的符号,如图 3-20(b)所示。$I_3 = I_C + I_B = (1 + 0.01)$ mA $= 1.01$ mA(流出)。

例 3-6　在图 3-23 所示电路中,$U_{CC} = 6$ V,$R_C = 3$ kΩ,$R_B = 10$ kΩ,$\bar{\beta} = 25$。当输入电压 U_I 分别为 3 V,1 V 和 -1 V 时,试问晶体管处于何种工作状态?

解法 1　用 I_B 与 I_{BS} 比较来确定放大或饱和。晶体管饱和时,$U_{CE} < U_{BE} = 0.7$ V,取 $U_{CE} = U_{CES} \approx$ 0.3 V,$I_{CS} = \dfrac{U_{CC} - U_{CES}}{R_C} = \dfrac{6 - 0.3}{3}$ mA $= 1.9$ mA,

$I_{BS} = \dfrac{I_{CS}}{\beta} = \dfrac{1.9}{25}$ mA $= 0.076$ mA。

(1)当 $U_I = 3$ V 时,$I_B = \dfrac{U_I - U_{BE}}{R_B} = \dfrac{3 - 0.7}{10}$

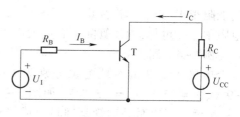

图 3-23　例 3-6 图

mA $= 0.23$ mA $\gg I_{BS}$,晶体管已处于深度饱和。

（2）当 $U_I = 1$ V 时，$I_B = \dfrac{U_I - U_{BE}}{R_B} = \dfrac{1 - 0.7}{10}$ mA $= 0.03$ mA $< I_{BS}$，晶体管处于放大状态。

（3）当 $U_I = -1$ V 时，使 $U_{BE} < 0$ V，晶体管处于截止状态。

解法 2　用假设放大情况下计算的 U_{CE} 来判断放大或饱和。

（1）当 $U_I = 3$ V 时，$I_B = \dfrac{U_I - U_{BE}}{R_B} = \dfrac{3 - 0.7}{10}$ mA $= 0.23$ mA，假设晶体管处于放大状态，

则有 $I_C = \beta I_B = 25 \times 0.23$ mA $= 5.75$ mA。于是 $U_{CE} = U_{CC} - I_C R_C = （6 - 3 \times 5.75）$ V < 0 V，这与 NPN 型晶体管放大条件 $U_C > U_B > U_E$ [或 $U_{CE} > U_{BE} = （0.6 \sim 0.7）$ V] 相矛盾，因此晶体管不是处于放大状态，显然也不是处于截止状态，晶体管必然处于饱和状态。

（2）当 $U_I = 1$ V 时，$I_B = \dfrac{U_I - U_{BE}}{R_B} = \dfrac{1 - 0.7}{10}$ mA $= 0.03$ mA，假设晶体管处于放大状态，

则有 $I_C = \beta I_B = 25 \times 0.03$ mA $= 0.75$ mA。于是 $U_{CE} = U_{CC} - I_C R_C = （6 - 3 \times 0.75）$ V $= 3.75$ V，满足 NPN 型晶体管放大条件 $U_{CE} > U_{BE} = （0.6 \sim 0.7）$ V，因此晶体管处于放大状态。

（3）当 $U_I = -1$ V 时，使 $U_{BE} < 0$ V，晶体管处于截止状态。

3.3.4　晶体管的主要参数

晶体管的特性除用曲线表示外，还可用一些数据来说明，这些数据就是晶体管的参数。晶体管的参数也是设计电路、选用晶体管的依据。主要参数有下面几个：

1. 共射电流放大系数

1）共射直流电流放大系数 $\bar{\beta}$

$$\bar{\beta} = \frac{I_C - I_{CEO}}{I_B}$$

当 $I_C \gg I_{CEO}$ 时，有 $\bar{\beta} \approx \dfrac{I_C}{I_B}$。

2）共射交流电流放大系数 β

$$\beta = \frac{\Delta i_C}{\Delta i_B}\bigg|_{u_{CE} = 常量}$$

选用晶体管时，β 要适中，太小则放大能力不强，太大则温度稳定性差。

2. 极间反向电流

I_{CBO} 是发射极开路时集电结的反向饱和电流。I_{CEO} 是基极开路时集电极与发射极间的穿透电流。$I_{CEO} = （1 + \bar{\beta}）I_{CBO}$。同一型号的晶体管反向电流越小，性能越稳定。

选用晶体管时，I_{CBO} 与 I_{CEO} 应尽量小。硅管比锗管的极间反向电流小 2~3 个数量级，因此温度稳定性比锗管好。

3. 极限参数

1）集电极最大允许电流 I_{CM}

集电极电流 i_C 超过一定值时，晶体管的 β 值要下降。当 β 值下降到正常数值的 2/3 时的集电极电流，称为集电极最大允许电流 I_{CM}。因此，在使用晶体管时，i_C 超过 I_{CM} 并不一定

会使晶体管损坏,但是却以降低 β 值为代价。

2)集–射极反向击穿电压 $U_{(BR)CEO}$

基极开路时,加在集电极和发射极之间的最大允许电压,称为集–射极反向击穿电压 $U_{(BR)CEO}$。当晶体管的集–射极电压 U_{CE} 大于 $U_{(BR)CEO}$ 时,I_{CEO} 突然大幅度上升,说明晶体管已被击穿。手册中给出的 $U_{(BR)CEO}$ 一般是常温(25 ℃)时的值,晶体管在高温下,其 $U_{(BR)CEO}$ 值将要降低,使用时应特别注意。

3)集电极最大允许耗散功率 P_{CM}

由于集电极电流在流过集电结时产生的热量,使结温升高,从而会引起晶体管参数变化。当晶体管因受热而引起的参数变化不超过允许值时,集电极所消耗的最大功率,称为集电极最大允许耗散功率 P_{CM}。P_{CM} 主要受结温 T_j 的限制,锗管允许结温为 $70 \sim 90$ ℃,硅管约为 150 ℃。根据晶体管的 P_{CM} 值,由 $P_{CM}=i_C u_{CE}$ 可在晶体管的输出特性曲线上画出 P_{CM} 曲线,它是一条双曲线。

由 I_{CM},$U_{(BR)CEO}$,P_{CM} 三者共同确定晶体管的安全工作区,如图 3-24 所示。

以上所讨论的几个参数,其中 β 和 I_{CBO}(I_{CEO})是表明晶体管优劣的主要指标;I_{CM},$U_{(BR)CEO}$ 和 P_{CM} 是极限参数,用来说明晶体管的使用限制。

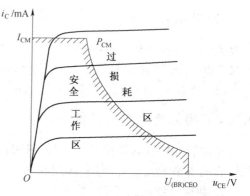

图 3-24　晶体管的安全工作区

3.3.5　温度对晶体管参数的影响

(1)温度对 I_{CBO} 的影响。温度每升高 10 ℃,I_{CBO} 约增加一倍。

(2)温度对 β 的影响。温度每升高 1 ℃,β 值增大 $0.5\% \sim 1\%$。

(3)温度对 U_{BE} 的影响。温度每升高 1 ℃,U_{BE} 下降 $2 \sim 2.5$ mV。

练习与思考

3.3.1　试分析稳压管工作在反向击穿区($I_Z < I_{Zmax}$),反向截止区($I_Z < I_{Zmin}$)和正向导通区时的特点。

3.3.2　为什么稳压管的动态电阻越小,稳压性能越好?

3.3.3　晶体管的发射结和集电结是否可以调换使用,为什么?

3.3.4　晶体管在饱和区工作时,其电流放大系数和在放大区工作时是否一样大?

3.3.5　有两个晶体管,一个晶体管 $\overline{\beta}=50$,$I_{CBO}=0.5$ μA;另一个晶体管 $\overline{\beta}=150$,$I_{CBO}=2$ μA。如果其他参数一样,选用哪个晶体管较好? 为什么?

3.3.6　使用晶体管时,只要(1)集电极电流超过 I_{CM} 值;(2)耗散功率超过 P_{CM};(3)集–射极电压超过 $U_{(BR)CEO}$ 值,晶体管就必然损坏。上述几种说法是否都对?

3.3.7　测得某一晶体管的 $I_B=10$ μA,$I_C=1$ mA,能否确定它的电流放大系数? 什么情况下可以? 什么情况下不可以?

3.4　绝缘栅场效应管

场效应管广泛应用于放大电路和数字电路中,本节简单介绍其中的绝缘栅场效应管(MOS 管)。它具有制造工艺简单、性能优良、便于集成等优点,应用最为广泛。MOS 管按其工作状态可以分为增强型和耗尽型,每类又分为 N 沟道和 P 沟道。限于篇幅,本书只讨论 N 沟道增强型 MOS 管。

3.4.1　结构

N 沟道增强型 MOS 管的结构、简图和图形符号分别如图 3-25(a)、(b)、(c)所示。它以一块掺杂浓度较低、电阻率较高的 P 型硅半导体薄片作为衬底,利用扩散的方法在 P 型硅上形成两个高掺杂的 N^+ 区;然后在 P 型硅表面生长一层很薄的二氧化硅绝缘层,并在二氧化硅表面和 N^+ 区的表面上分别安装三个铝电极——栅极(G)、源极(S)和漏极(D),就形成了 N 沟道增强型 MOS 管。

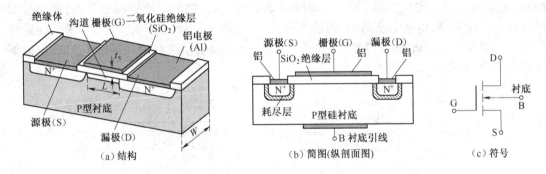

图 3-25　N 沟道增强型 MOS 管的结构、简图和图形符号

由于栅极(G)与源极(S)、漏极(D)均无电接触,故称为绝缘栅极。图 3-25(c)中箭头方向表示由 P(衬底)指向 N(沟道),垂直短画线代表沟道,短画线表明未加适当的栅压之前漏极与源极之间无导电沟道。

图 3-25(a)中还标出了沟道长度 L(一般为 0.5~10 μm)、沟道宽度 W(一般为 0.5~50 μm),绝缘层厚度 t_x(典型值为 0.04 μm 数量级以内),通常 $W > L$。

3.4.2　工作原理

1. $u_{GS} = 0$,无导电沟道

在图 3-26(a)中,当 $u_{GS} = 0$ 时,源区(N^+型)、衬底(P 型)与漏区(N^+型)就形成两个背靠背的 PN 结,无论 u_{DS} 的极性如何,其中总有一个 PN 结反偏,也就是说 D、S 间无导电沟道,因此 $i_D = 0$。

2. 当 $u_{GS} \geqslant U_T$ 时出现 N 沟道

如图 3-26(b)所示,当 $u_{DS} = 0$,若在栅-源之间加上正向电压,则栅极(铝层)和 P 型硅片相当于以二氧化硅为介质的平板电容器。在正的栅-源电压作用下,在介质中产生一个垂直于半导体表面的由栅极指向 P 型硅衬底的电场,但不会产生 i_G。这个电场是排斥空穴吸引电子的,因此,使栅极附近 P 型衬底中的空穴被排斥,留下不能移动的负离子(受主离子)形成耗尽层,同时 P 型硅衬底中的少子(电子)被吸引到栅极下的衬底表面。当正的栅-源电压达一定数值时,这些电子在栅极附近 P 型硅表面便形成了一个 N 型薄层,称为**反型层**,这个反型层实际上组成了漏极与源极之间的 N 型导电沟道。由于它是栅-源正电压感应产生的,所以又称感生沟道[见图 3-26(b)]。显然栅-源电压 u_{GS} 的值越大,感生沟道越宽,沟道的电阻越小。这种在 $u_{GS}=0$ 时无导电沟道,而必须依靠栅-源电压的作用才能形成感生沟道的场效应管称为**增强型场效应管**。

一旦出现了感生沟道,原来被 P 型硅衬底隔开的两个 N^+ 型区就被感生沟道连通了。此时,若在 d、s 间加电压后,将有电流 i_D 产生。一般把在漏-源电压作用下开始导电时的栅-源电压 u_{GS} 称为开启电压 U_T。因此,当 $u_{GS} < U_T$,$i_D \approx 0$,场效应管工作于输出特性曲线的截止区(靠近横坐标处),如图 3-27(a)所示。

3. 可变电阻区和饱和区的形成机制

如图 3-26(c)所示,当 $u_{GS} > U_T$,外加 u_{DS} 较小时,漏极电流 i_D 将随 u_{DS} 增加而迅速增大,输出特性曲线的斜率较大。输出特性处于可变电阻区,如图 3-27(a)OA 段所示。但随 u_{DS} 增加,由于沟道存在电位梯度,因此沟道厚度是不均匀的,整个沟道呈楔形分布,即靠近漏极 d 处的电位升高,电场强度减小,沟道变薄。当 u_{DS} 增加到使 $u_{GD} = u_{GS} - u_{DS} = U_T$ 时,在紧靠漏极处反型层消失。u_{DS} 继续增加,将形成一夹断区(反型层消失后的耗尽区),夹断点向源极方向移动,如图 3-26(d)所示。

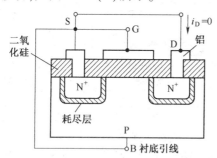

(a) $u_{GS}=0$ 时,无导电沟道

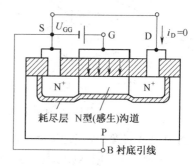

(b) $u_{GS} \geqslant U_T$ 时,出现N沟道

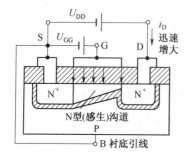

(c) $u_{GS} \geqslant U_T$,u_{DS} 较小时 i_D 迅速增大

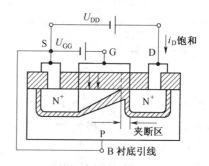

(d) $u_{GS} \geqslant U_T$,u_{DS} 较大出现夹断时 i_D 趋于饱和

图 3-26　N 沟道增强型 MOS 管的基本工作原理示意图

值得注意的是,虽然沟道夹断,但耗尽层中仍可有电流通过,只有将沟道全部夹断,才能使 $i_D = 0$。只是当 u_{DS} 继续增加时,u_{DS} 增加的部分主要降落在夹断区,而降落在导电沟道上的电压基本不变,因而 u_{DS} 继续增加,i_D 趋于饱和。这时输出特性曲线的斜率变为零,即由可变电阻区进入饱和区[见图 3-27(a) 的 AB 段]。常将这种夹断称为**预夹断**。**预夹断的临界条件**为 $u_{GD} = u_{GS} - u_{DS} = U_T$ 或 $u_{DS} = u_{GS} - U_T$。它也是可变电阻区和饱和区的分界点。

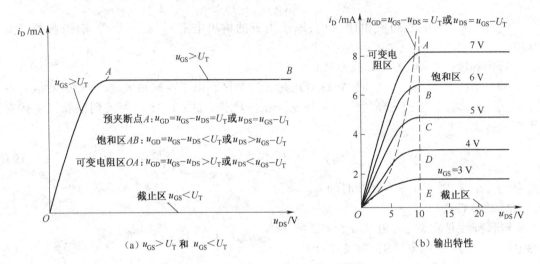

(a) $u_{GS} > U_T$ 和 $u_{GS} < U_T$　　　　(b) 输出特性

图 3-27　N 沟道增强型 MOS 管的输出特性

3.4.3　伏安特性曲线及大信号特性方程

1. 伏安输出特性及大信号特性方程

MOS 管的输出特性是指在栅-源电压 u_{GS} 一定时漏极电流 i_D 与漏-源电压 u_{DS} 之间的关系,即

$$i_D = f(u_{DS})\Big|_{u_{GS}=常数} \tag{3-13}$$

图 3-27(b) 所示为 N 沟道增强型 MOS 管的输出特性。因为 $u_{GD} = u_{GS} - u_{DS} = U_T$ 是预夹断的临界条件,据此可在输出特性曲线上画出预夹断轨迹,如图 3-27(b) 中左边的虚线所示。显然,该虚线也是可变电阻区和饱和区的分界线。现分别对三个区域进行讨论。

1) 截止区

当 $u_{GS} < U_T$ 时,导电沟道尚未形成,$i_D = 0$,为截止工作状态。

2) 可变电阻区

在可变电阻区

$$u_{DS} \leqslant u_{GS} - U_T \tag{3-14}$$

伏安特性曲线可以近似表示为

$$i_D = K_n\left[2(u_{GS} - U_T)u_{DS} - u_{DS}^2\right] \tag{3-15}$$

式中,

$$K_n = \frac{K_n'}{2} \cdot \frac{W}{L} = \frac{\mu_n C_{ox}}{2}\left(\frac{W}{L}\right) \tag{3-16}$$

式中，$K_n' = \mu_n C_{ox}$（通常情况下为常量）是本征导电因子；μ_n 是反型层中电子迁移率；C_{ox} 为栅极（与衬底间）氧化层单位面积电容；电导常数 K_n 的单位是 mA/V^2。

在输出特性曲线原点附近，因为 u_{DS} 很小，可忽略 u_{DS}^2，式（3-15）可近似为

$$i_D = 2K_n(u_{GS} - U_T)\, u_{DS} \tag{3-17}$$

由此可求出，当 u_{GS} 一定时，在可变电阻区内，原点附近的输出电阻为

$$r_{dso} = \frac{1}{2K_n(u_{GS} - U_T)} \tag{3-18}$$

式（3-18）表明，在可变电阻区内，原点附近的输出电阻 r_{dso} 是一个受 u_{GS} 控制的可变电阻。

3）饱和区（又称恒流区或放大区）

当 $u_{GS} > U_T$ 且 $u_{DS} \geqslant u_{GS} - U_T$ 时，MOS 管已进入饱和区。由于在饱和区内，可近似看成 i_D 不随 u_{DS} 变化。因此，把预夹断的临界条件 $u_{DS} = u_{GS} - U_T$ 代入式（3-15），便得到饱和区的伏安特性表达式

$$i_D = K_n(u_{GS} - U_T)^2 = K_n U_T^2 \left(\frac{u_{GS}}{U_T} - 1\right)^2 = I_{DO}\left(\frac{u_{GS}}{U_T} - 1\right)^2 \tag{3-19}$$

式中，$I_{DO} = K_n U_T^2$ 是 $u_{GS} = 2U_T$ 时的 i_D。

2. 转移特性

转移特性是在漏-源电压 u_{DS} 一定时，栅-源电压 u_{GS} 对漏极电流 i_D 的控制特性，即

$$i_D = f(u_{GS}) \,|\, u_{DS} = 常数 \tag{3-20}$$

由于输出特性和转移特性都是反映场效应管工作在同一物理过程的，所以转移特性可以从输出特性上用作图法求取。在图 3-27（b）的输出特性上画 $u_{DS} = 10\ V$ 的一条垂直线，它与输出特性曲线交点分别是 A、B、C、D、E，将上述各点的 i_D 及 u_{GS} 值画在 i_D-u_{GS} 的直角坐标系中，就可得到转移特性 $i_D = f(u_{GS}) \,|_{u_{DS} = 10\ V}$，如图 3-28 所示。由于饱和区内，$i_D$ 受 u_{DS} 的影响很小，因此，在饱和区内不同 u_{DS} 下的转移特性基本重合。

此外，转移特性也可用式（3-19）画出。由式（3-19）可知，这是一条二次曲线。

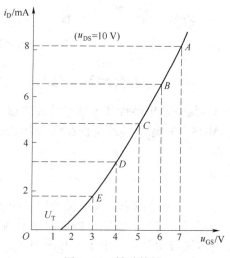

图 3-28　转移特性

3.4.4　沟道长度调制效应

在理想情况下，当 MOS 管工作于饱和区时，i_D 不随 u_{DS} 变化。而实际 MOS 管在饱和区的输出特性曲线还应考虑 u_{DS} 对沟道长度的调制作用，当 u_{GS} 固定，u_{DS} 增加时，i_D 会有所增加。也就是说，输出特性的每条曲线会向上倾斜，因此，常用沟道长度调制参数 λ 对描述输出特性的公式进行修正。以 N 沟道增强型 MOS 管为例，考虑沟道长度调制效应后，式（3-19）应修正为

$$i_D = K_n (u_{GS} - U_T)^2 (1 + \lambda u_{DS}) = I_{DO} \left(\frac{u_{GS}}{U_T} - 1 \right)^2 (1 + \lambda u_{DS}) \qquad (3-21)$$

对于典型器件,如果沟道长度 L 的单位为 μm,则沟道长度调制参数 λ 的值可近似表示为 $\lambda = 0.1/L$,λ 的单位是 $1/V$(或写为 V^{-1})。

3.4.5　主要参数

1. 直流参数

1)开启电压 U_T

开启电压 U_T 是 u_{DS} 一定,沟道可以将漏、源极连接起来的最小 u_{GS},它适用于增强型场效应管。

2)直流输入电阻 R_{GS}

在漏–源之间短路的条件下,栅–源之间加一定电压时的栅–源直流电阻就是直流输入电阻 R_{GS}。MOS 管的 R_{GS} 可达 $10^9 \sim 10^{15}\ \Omega$。

2. 交流参数

1)输出电阻 r_{ds}

$$r_{ds} = \frac{\partial u_{DS}}{\partial i_D} \bigg|_{u_{GS} = 常数} \qquad (3-22)$$

输出电阻 r_{ds} 说明了 u_{DS} 对 i_D 的影响,是输出特性曲线某一点上切线的斜率的倒数。当不考虑沟道长度调制效应($\lambda = 0$)时,在饱和区,输出特性曲线的斜率为零,$r_{ds} \to \infty$;当考虑沟道长度调制效应($\lambda \neq 0$)时,在饱和区,输出特性曲线是倾斜的,对增强型 NMOS,由式(3-21)和式(3-22)可导出

$$r_{ds} = \left[\lambda K_n (u_{GS} - U_T)^2 \right]^{-1} = \frac{1}{\lambda i_D} \qquad (3-23)$$

因此,r_{ds} 是一个有限值,一般在几十千欧到几百千欧之间。

2)低频互导 g_m

在 u_{DS} 一定时,i_D 的微变量与引起这个微变量的 u_{GS} 的微变量之比称为互导,即

$$g_m = \frac{\partial i_D}{\partial u_{GS}} \bigg|_{u_{DS} = 常数} \qquad (3-24)$$

根据场效应管的转移特性,利用图解法也可求出互导 g_m。在转移特性曲线的工作点处,求切线的斜率,其数值就是 g_m,单位为 $\mu A/V$ 或 mA/V。g_m 一般在十分之几至几毫西的范围内,特殊的可达 $100\ mS$,甚至更高。

以增强型 NMOS 为例,如果手头没有特性曲线,则可利用式(3-19)和式(3-24)近似计算 g_m 值,即

$$g_m = \frac{\partial i_D}{\partial u_{GS}} \bigg|_{u_{DS} = 常数} = \frac{\partial \left[K_n (u_{GS} - U_T)^2 \right]}{\partial u_{GS}} \bigg|_{u_{DS} = 常数} = 2K_n(u_{GS} - U_T) \qquad (3-25)$$

考虑到 $i_D = K_n (u_{GS} - U_T)^2$ 和 $I_{DO} = K_n U_T^2$,式(3-25)可改写为

$$g_m = 2\sqrt{K_n i_D} = \frac{2}{U_T}\sqrt{I_{DO} i_D} \qquad (3-26)$$

式(3-26)表明,i_D 越大,g_m 就越高;考虑 $K_n = \dfrac{\mu_n C_{ox}}{2} \left(\dfrac{W}{L} \right)$,所以,沟道宽长比 $\dfrac{W}{L}$ 越大,

g_m 越高。因 g_m 代表转移特性曲线工作点处切线的斜率,故 g_m 也可由转移特性曲线图解确定。

3. 极限参数

1)最大漏极电流 I_{DM}

I_{DM} 是场效应管正常工作时漏极电流允许上限值。

2)最大耗散功率 P_{DM}

场效应管的耗散功率等于 i_D 与 u_{DS} 的乘积,这些耗散在场效应管中的功率将变成热能,使场效应管的温度上升。为了它的温度不上升得太快,就要限制它的耗散功率不超过最大耗散功率 P_{DM}。显然 P_{DM} 受场效应管最高工作温度的限制。

3)最大漏–源电压 $U_{(BR)DS}$

$U_{(BR)DS}$ 是指发生雪崩击穿,i_D 开始急剧增加时的 U_{DS} 值。

除以上参数外,还有极间电容、高频参数等其他参数,这里不再一一讨论。

3.4.6 场效应管与晶体管的比较

下面将场效应管与晶体管进行比较,从而说明它们的一些特点。

(1)晶体管是一种电流控制器件,输入电阻低;场效应管是一种电压控制器件,输入电阻高。

(2)温度的升高会引起晶体管电流的上升;场效应管受温度的影响比晶体管小。

(3)场效应管的噪声比晶体管的小。

(4)场效应管可以在很小的电流和较低的电压下工作,又易于大规模集成化。

(5)不能用万用表检查绝缘栅场效应管,必须用测试仪。四引线的场效应管,其衬底引线必须接地。

(6)保存场效应管时应将各电极短路,以免外电场作用使场效应管损坏。焊接时,电烙铁必须有外接地线,以防电烙铁带电而损坏场效应管。焊接绝缘栅场效应管时,要按源极→漏极→栅极的顺序焊接,并且最好断电后用余热进行焊接。

一般来说,晶体管在高频电路中用得较多,晶体管的电压增益比较高,工作速度比较快。在有些电路中,取两种管子的长处,还可将它们结合起来使用。

练习与思考

3.4.1 场效应管与晶体管比较有什么特点?

3.4.2 为什么说晶体管是电流控制器件,而场效应管是电压控制器件?

3.4.3 说明场效应管的开启电压 U_T 的物理意义。

3.4.4 为什么绝缘栅场效应管的栅极不能开路?

小 结

(1)PN 结是半导体二极管和组成其他半导体器件的基础,它是由 P 型半导体和 N 型半导体相结合而形成的。对纯净的半导体(例如硅材料)掺入受主杂质或施主杂质,便可制成 P 型和 N 型半导体。空穴参与导电是半导体不同于金属导电的重要特点。当 PN 结外加正向电压(正向偏置)时,耗尽区变窄,有电流流过;而当外加反向电压(反向偏置)时,耗尽区变宽,没有电流流过或电流极小,这就是半导体二极管的单向导电性,也是二极管最重要的特性。

（2）晶体管是由两个 PN 结所组成的三端有源器件,分 NPN 型和 PNP 型两种类型,它的三个端子分别称为发射极(E)、基极(B)和集电极(C)。由于硅材料的热稳定性好,因而硅晶体管得到广泛应用。表征晶体管性能的有输入和输出特性,均称为伏安特性,其中输出特性用得较多。从输出特性上可以看出,用改变基极电流的方法可以控制集电极电流,因而晶体管是一种电流控制器件。晶体管的电流放大系数是它的主要参数,为保证器件的安全运行,还有几项极限参数,如集电极最大允许功率损耗 P_{CM} 和若干反向击穿电压,如 $U_{(BR)CEO}$ 等,使用时应当予以注意。

（3）由于晶体管工作时,总是从信号源吸取电流,它是一种电流控制器件,输入电阻较低。场效应管是通过改变输入电压(或电场)来控制输出电流的,属于电压控制器件,它几乎不从信号源吸取电流,输入电阻很高。另外,它还具有稳定性好、噪声低、制造工艺简单、便于集成等优点,所以场效应管及其电路得到了广泛应用。

（4）增强型 N 型沟道场效应管 $u_{GS}=0$ 时无导电沟道。一般把在漏-源电压作用下开始导电时的栅-源电压 u_{GS} 称为开启电压 U_T。因此,当 $u_{GS}<U_T,i_D\approx0$,场效应管工作于输出特性曲线的截止区(靠近横坐标处);当 $u_{GS}>U_T$,外加 u_{DS} 较小时,漏极电流 i_D 将随 u_{DS} 增加而迅速增大,输出特性曲线的斜率较大。输出特性处于可变电阻区。但随 u_{DS} 增加,靠近漏极 d 处的电位升高,电场强度减小,沟道变薄。当 u_{DS} 增加到使 $u_{GD}=u_{GS}-u_{DS}=U_T$ 时,在紧靠漏极处反型层消失。u_{DS} 继续增加,将形成一夹断区(反型层消失后的耗尽区),夹断点向源极方向移动。值得注意的是,虽然沟道夹断,但耗尽层中仍可有电流通过,只有将沟道全部夹断,才能使 $i_D=0$。只是当 u_{DS} 继续增加时,u_{DS} 增加的部分主要降落在夹断区,而降落在导电沟道上的电压基本不变,因而 u_{DS} 继续增加,i_D 趋于饱和。这时输出特性曲线的斜率变为零,即由可变电阻区进入饱和区。常将这种夹断称为预夹断。预夹断的临界条件为 $u_{GD}=u_{GS}-u_{DS}=U_T$ 或 $u_{DS}=u_{GS}-U_T$。它也是可变电阻区和饱和区的分界点。

学完本章后,希望读者能够达到以下要求:

（1）了解半导体基本知识和 PN 结的形成及其单向导电性。

（2）掌握二极管的伏安特性以及单向导电性特点;理解二极管的主要参数及意义;掌握二极管图形符号。

（3）理解硅稳压管的结构和主要参数;掌握稳压管的图形符号。

（4）了解晶体管的基本结构和电流放大作用;理解晶体管的特性曲线及工作在放大区、饱和区和截止区特点;理解晶体管的主要参数;掌握 NPN 型和 PNP 型晶体管的图形符号。

（5）掌握增强型 N 沟道场效应管的预夹断的临界条件 $u_{GD}=u_{GS}-u_{DS}=U_T$ 或 $u_{DS}=u_{GS}-U_T$。饱和区工作时,$i_D=K_n(u_{GS}-U_T)^2$ 和 $I_{DO}=K_nU_T^2$,$g_m=2K_n(u_{GS}-U_T)$ 等计算公式。

习　题

A　选　择　题

3-1　对半导体而言,正确的说法是(　　　)。

A. P 型半导体中由于多数载流子为空穴,所以它带正电

B. N 型半导体中由于多数载流子为自由电子,所以它带负电

C. P 型半导体和 N 型半导体本身都不带电

3-2 在图 3-29 所示的电路中，U_o 为（　　　）。

    A. −12 V   B. −9 V   C. −3 V

3-3 在图 3-30 所示的电路中，U_o 为（　　　）。其中，忽略二极管的正向压降。

    A. 4 V   B. 1 V   C. 10 V

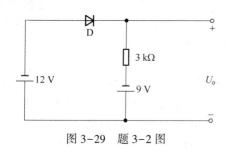

图 3-29　题 3-2 图

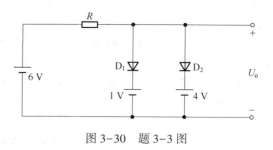

图 3-30　题 3-3 图

3-4 在图 3-31 所示的电路中，稳压二极管 D_{Z1} 和 D_{Z2} 反向串联。稳压二极管 D_{Z1} 和 D_{Z2} 的稳定电压分别为 5 V 和 7 V，其正向压降忽略不计，则 U_o 为（　　　）。

    A. 5 V   B. 7 V   C. 0 V

3-5 在图 3-32 所示的电路中，稳压二极管 D_{Z1} 和 D_{Z2} 并联。D_{Z1} 和 D_{Z2} 的稳定电压分别为 5 V 和 7 V，其正向压降忽略不计，则 U_o 为（　　　）。

    A. 5 V   B. 7 V   C. 0 V

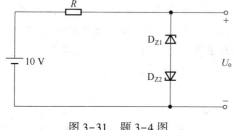

图 3-31　题 3-4 图

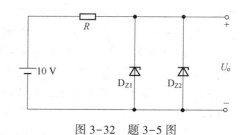

图 3-32　题 3-5 图

3-6 在放大电路测得某晶体管三个电极的电位分别为 9 V、4 V、3.4 V，则这三个电极分别为（　　　）。

    A. C、B、E   B. C、E、B   C. E、C、B

3-7 在放大电路测得某晶体管三个电极的电位分别为 −6 V、−2.3 V、−2 V，则 −2.3 V 那个极为（　　　）。

    A. 集电极   B. 基极   C. 发射极

3-8 在放大电路测得某晶体管三个电极的电位分别为 6 V、1.2 V、1 V，则此管为（　　　）。

    A. NPN 型硅管   B. PNP 型锗管   C. NPN 型锗管

3-9 对某电路中一个 NPN 型硅管测试，测得 $U_{BE} > 0$、$U_{BC} > 0$、$U_{CE} > 0$，则此管工作在（　　　）。

    A. 放大区   B. 饱和区   C. 截止区

3-10 对某电路中一个 NPN 型硅管测试，测得 $U_{BE} > 0$、$U_{BC} < 0$、$U_{CE} > 0$，则此管工作在

（　　）。

    A. 放大区   B. 饱和区   C. 截止区

3-11　对某电路中一个 NPN 型硅管测试,测得 $U_{BE}<0$、$U_{BC}<0$、$U_{CE}>0$,则此管工作在

（　　）。

    A. 放大区   B. 饱和区   C. 截止区

3-12　晶体管的控制方式为（　　）。

    A. 输入电流控制输出电压

    B. 输入电流控制输出电流

    C. 输入电压控制输出电压

3-13　场效应管的控制方式为（　　）。

    A. 输入电流控制输出电压

    B. 输入电压控制输出电压

    C. 输入电压控制输出电流

B　基　本　题

3-14　设 D_A、D_B 为理想二极管,在以下三种情况下分别计算图 3-33 所示电路的电位 U_Y。（1）$U_A = U_B = 0\ V$ 时；（2）$U_A = 5\ V$,$U_B = 0\ V$ 时；（3）$U_A = U_B = 5\ V$ 时。

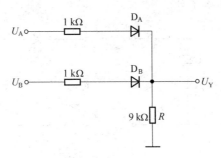

图 3-33　题 3-14 图

3-15　在图 3-34 所示电路中,设 D 为理想二极管,已知输入电压 u_I 的波形。试画出输出电压 u_O 的波形图。

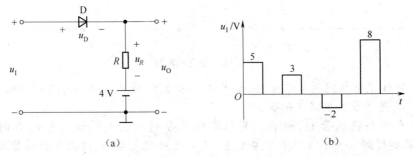

           （a）   （b）

图 3-34　题 3-15 图

3-16　试比较硅稳压管与普通二极管在结构和运用上有何异同？

3-17　二极管电路如图 3-35 所示,试判断图中的二极管是导通还是截止,并求出电压 U_0。图中二极管均为硅管,正向压降取 0.7 V。

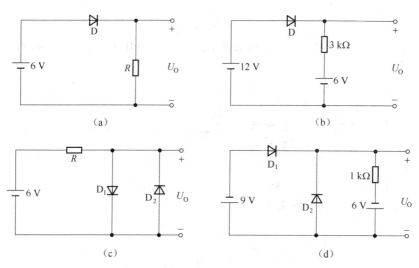

图 3-35　题 3-17 图

3-18　在图 3-36 所示电路中,$u_i = 10\sin \omega t$ V,$U = 5$ V,试分别画出输出电压 u_O 的波形。二极管的正向压降可忽略不计。

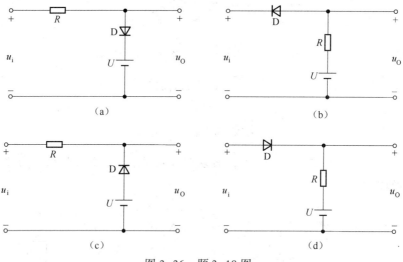

图 3-36　题 3-18 图

3-19　特性完全相同的稳压管 2CW15,$U_Z = 8.2$ V,接成如图 3-37 所示的电路,各电路输出电压 U_0 是多少? 电流 I 是多少?

3-20　有两个稳压管 D_{Z1} 和 D_{Z2},其稳定电压分别为 5.5 V 和 8.5 V,正向压降都是 0.5 V。如果要得到 0.5 V、3 V、6 V、9 V 和 14 V 几种稳定电压,这两个稳压管及限流电阻应如何连接? 并画出各个电路图。

3-21　在图 3-38 所示电路中,$U_1 = 20$ V,$R_1 = 450$ Ω,$R_2 = 550$ Ω。稳压管的稳定电压 $U_Z = 10$ V,最大稳定电流 $I_{Zmax} = 8$ A。试求稳压管中通过的电流 I_{D_Z} 是否超过 I_{Zmax}?

3-22　有两个晶体管分别接在放大电路中,它们引脚的电位(对地)分别如下:

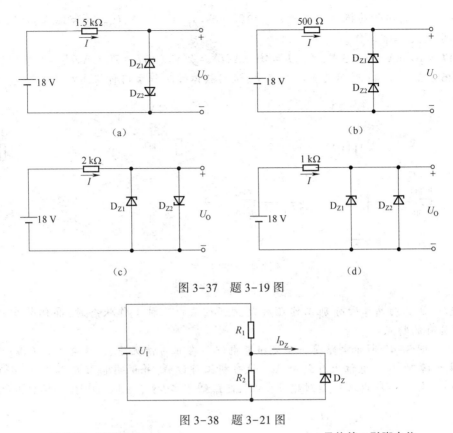

图 3-37 题 3-19 图

图 3-38 题 3-21 图

晶体管 1 引脚电位

引脚	1	2	3
电位/V	3	3.2	9

晶体管 2 引脚电位

引脚	1	2	3
电位/V	6	2.6	2

试判断晶体管的三个引脚,并说明是硅管还是锗管?是 NPN 型还是 PNP 型?

3-23 某人检修电子设备时,用测电位的办法,测出引脚①对地电位为-3.2 V;引脚②对地电位为-3 V;引脚③对地电位为-9 V,如图 3-39 所示。试判断各引脚所属电极及晶体管类型(PNP 型或 NPN 型)。

3-24 两个晶体管的共射极输出特性曲线如图 3-40 所示。试说明哪个晶体管的 β 值大?

图 3-39 题 3-23 图

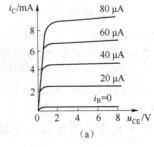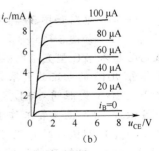

图 3-40 题 3-24 图

3-25　一晶体管的极限参数为 $P_{CM} = 100$ mW, $I_{CM} = 20$ mA, $U_{(BR)CEO} = 15$ V, 试问在下列情况下, 哪种是正常工作?

（1）$I_C = 10$ mA, $U_{CE} = 3$ V；（2）$I_C = 40$ mA, $U_{CE} = 2$ V；（3）$I_C = 20$ mA, $U_{CE} = 6$ V。

3-26　在图 3-41 所示的各个电路中, 试问晶体管工作于何种状态?

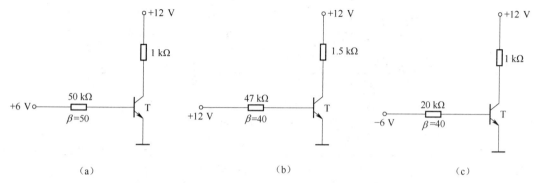

（a）　　　　　　　　　　　（b）　　　　　　　　　　　（c）

图 3-41　题 3-26 图

3-27　试总结晶体管分别工作在放大、饱和、截止三种工作状态时, 晶体管中的两个 PN 结所具有的特点。

3-28　图 3-42 所示电路是一声光报警电路。在正常情况下, B 端电位为 0 V; 若前接装置发生故障时, B 端电位上升到 +5 V。试分析工作过程, 并说明电阻 R_1 和 R_2 起何作用?

3-29　在图 3-43 电路中, 通过稳压管的电流 I_{D_Z} 等于多少? R 是限流电阻, 其值是否合适?

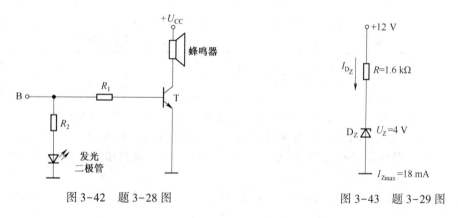

图 3-42　题 3-28 图　　　　　　　　　图 3-43　题 3-29 图

C　拓　宽　题

3-30　电路如图 3-44 所示, 不计二极管导通压降, 试求电压 U_0。

3-31　如图 3-45 所示是一个自动关灯电路(如用于走廊或楼道照明)。晶体管集电极电路接入 JZC 型直流电磁继电器的线圈 KA, 线圈的功率和电压分别为 0.36 W 和 6 V。晶体管 9013 的电流放大系数 β 为 200。当将按钮 SB 按一下后, 继电器的动合触点闭合, 40 W, 220 V 的照明灯 EL 点亮; 经过一定的时间自动熄灭。(1)试说明其工作原理; (2)刚将按钮按下时, 晶体管工作于何种状态? 此时 I_C 和 I_B 各为多少? β 是否为 200? 设饱和时 $U_{CE} \approx 0$; (3)刚饱和时 I_{BS} 为多少? 此时电容上电压衰减到约多少伏? (4)图 3-45 中与线圈 KA 并联的二极管 D 作何用处?

3-32　设 N 沟道增强型 MOS 管的参数为 $U_T = 0.75$ V, $W = 30$ μm, $L = 3$ μm, $\mu_n = $

$650\ \mathrm{cm^2/(V \cdot s)}$，$C_{\mathrm{ox}} = 76.7 \times 10^{-9}\ \mathrm{F/cm^2}$，且 $u_{\mathrm{GS}} = 2U_{\mathrm{T}}$，MOS 管工作在饱和区。试求此 MOS 管的工作电流。

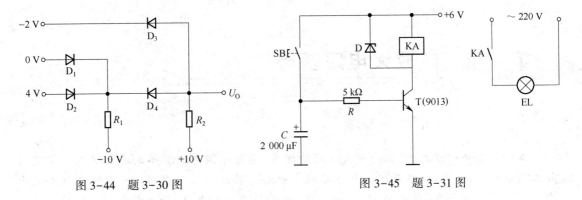

图 3-44　题 3-30 图　　　　　　　　图 3-45　题 3-31 图

第 4 章 | 放大电路基础

【内容提要】

本章首先介绍放大的概念、放大电路的组成,接着介绍放大电路的分析方法。重点讨论共发射极、共集电极、共基极三种基本放大电路及其组合放大电路。分析计算这些放大电路的电压放大倍数、输入电阻、输出电阻,也对多级放大电路、场效应管放大电路和互补对称功率放大电路进行了分析。频率响应是衡量放大电路对不同频率信号适应能力的一项技术指标。本章最后介绍了三极管的频率参数、单管共射放大电路的频率响应以及多级放大电路的频率响应。

4.1 放大的概念和放大电路的组成

4.1.1 放大的概念

1. 放大的实质

放大电路中的放大是用比较小的输入信号来控制另外一个能源,使输出端的负载上得到能量比较大的信号。负载上信号的变化规律由输入信号控制,负载上得到的比较大的能量来源于一个直流电源。这种小能量对大能量的控制就是放大的实质。**放大电路放大的基本特征是功率放大**,即负载上总是获得比输入信号大得多的电压或电流,有时兼而有之。为了进行能量的控制,实现放大作用,须采用具有能量控制的电子器件,这种能控制能量的元件称为**有源元件**。晶体管的 i_B 对于 i_C 有控制作用,而场效应管的 u_{GS} 对 i_D 有控制作用,因此,这两种元件都是有源元件,可以实现放大作用,它们是放大电路的核心元件。

2. 放大的对象

放大电路的放大作用是针对变化量而言的。所谓放大,是指当输入信号有一个比较小的变化量时,在输出端的负载上得到一个比较大的变化量。可见,**放大的对象是变化量**。

对于交流放大电路,输入变化量就是输入交流电压、电流,而输出变化量就是输出交流电压、电流。本书规定,交流变化量采用小写电压、电流符号及小写下标的规则来书写,例如交流输入电压 u_i、交流输入电流 i_i,交流输出电压 u_o、交流输出电流 i_o。

3. 对放大电路的基本要求

(1)尽可能小的波形失真。

(2)足够的放大倍数。

若输出波形严重失真,所谓“放大”毫无意义。因此,必须保证晶体管工作在放大区或场效应管工作在恒流区,使得放大电路基本上是线性电路,从而保证输出波形基本不失真。

4. 放大电路的主要技术指标

放大电路的技术指标用以定量地描述电路的有关技术性能。技术指标的测试示意图如图 4-1 所示。下面扼要介绍放大电路的主要技术指标。

1）电压放大倍数

输出电压与输入电压的变化量之比定义为电压放大倍数或电压增益，即

$$A_u = \frac{u_o}{u_i} \tag{4-1}$$

当输入一个正弦测试电压时，也可以用输出电压与输入电压的正弦相量之比来表示，即

$$\dot{A}_u = \frac{\dot{U}_o}{\dot{U}_i} \tag{4-2}$$

工程上常用以 10 为底的对数增益来表示，单位为分贝（dB）。用分贝表示的电压增益如下：

$$A_u = 20\lg|\dot{A}_u| \ (\text{dB}) \tag{4-3}$$

2）输入电阻

放大电路对信号源（或对前级放大电路）而言是一个负载，在只考虑中频段的情况下可用一个电阻来等效代替。这个电阻是信号源的负载电阻，也就是放大电路的输入电阻，如图 4-1（a）所示。输入电阻的大小等于外加输入电压与相应的输入电流之比。当输入一个正弦测试电压时，也可以用输入电压与输入电流的正弦相量之比来表示，即

$$r_i = \frac{u_i}{i_i} = \frac{\dot{U}_i}{\dot{I}_i} \tag{4-4}$$

3）输出电阻

考虑中频段，从放大电路的输出负载的两端看进去，放大电路是一个有源二端线性电阻交流电路。根据戴维南定理，可用一个电阻 r_o 和一个开路输出电压信号 u_o' 或开路输出电压相量 $\dot{U}_o'$ 串联的电压源来等效代替，其中等效电压源的内电阻 r_o 就是放大电路的输出电阻，如图 4-1（b）所示。根据戴维南定理，输出电阻的定义是当输入信号源激励不作用（即 $e_s = 0 \ \text{V}$），输出端负载开路（即 $R_L = \infty$）时，外加一个正弦输出电压 u_t，得到相应的输出电流 i_t，二者之比即输出电阻 r_o，即

$$r_o = \left.\frac{u_t}{i_t}\right|_{\substack{e_s=0 \\ R_L=\infty}} = \left.\frac{\dot{U}_t}{\dot{I}_t}\right|_{\substack{\dot{E}_s=0 \\ R_L=\infty}} \tag{4-5}$$

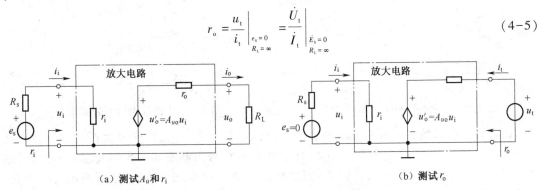

（a）测试 A_u 和 r_i （b）测试 r_o

图 4-1　放大电路技术指标的测试示意图

另外,r_o的值也可以用实验方法获得。具体方法是分别测放大电路开路时输出电压 U'_o 和接上负载 R_L 时输出电压 U_o,由 $U_o = R_L U'_o / (R_L + r_o)$,计算得到 $r_o = (U'_o / U_o - 1) R_L$。

4)频率响应

放大器件的极间电容以及一些放大电路中的电抗性元件使得放大倍数将随着信号频率的变化而变化。放大电路的频率响应是指在输入正弦信号的情况下,输出随着输入信号频率连续变化的稳态响应。考虑电抗性元件的作用和信号频率变量,则电压增益可表达为

$$\dot{A}_u(f) = \frac{\dot{U}_o(f)}{\dot{U}_i(f)} \tag{4-6}$$

或者写成

$$\dot{A}_u(f) = |\dot{A}_u(f)| \angle \varphi(f) \tag{4-7}$$

式中,f 为信号频率;$|\dot{A}_u(f)|$ 表示电压增益的模,具有随信号频率变化的关系,称为**幅频响应**;$\varphi(f)$ 表示放大电路输出与输入正弦电压信号的相位差与频率的关系,称为**相频响应**。将二者综合起来,可全面表征放大电路**频率响应**。一般情况下,当频率升高或下降时,放大倍数都将减少,而在中间一段频率范围内,因为各种电抗性元件的作用可以不计,放大电路可以等效为纯电阻性电路,放大倍数基本不变,如图 4-2 所示。该图是一个普通音响系统放大电路的幅频响应,纵轴单位为 dB,横轴采用频率单位,图中坐标采用对数刻度,称为伯德图,又称**波特图**。图 4-2 所示的幅频响应中间一段频率范围内,电压增益是常数 60 dB,称为中频区(或通带区),在 20 Hz 和 60 kHz 两点电压增益下降 3 dB,而在低于 20 Hz 和高于 60 kHz 的两个区域,增益随着频率远离这两点而下降。在输入信号幅值保持不变的条件下,增益下降 3 dB 的频率点,其输出功率等于中频区输出功率的一半,通常称为**半功率点**。一般将幅频特性的高、低两个半功率点间的频率定义为放大倍数的**带宽或通频带**,即

$$BW = f_H - f_L \tag{4-8}$$

式中,f_H 是频率响应高端的半功率点,又称**上限频率**,f_L 是频率响应低端的半功率点,又称**下限频率**。由于通常的关系 $f_H \gg f_L$,故有 $BW \approx f_H$。有些放大电路的通频带一直延伸到直流,如图 4-3 所示。其下限频率为零,这种放大电路称为直流(直接耦合)放大电路。

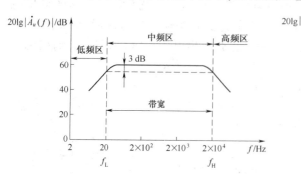

图 4-2 放大电路的通频带示意图

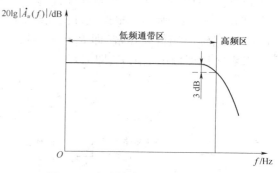

图 4-3 直流放大电路的幅频响应

如果输入信号的各个频率不全在放大电路的通频带范围内,即使放大器件工作在线性放大区,输出波形也会产生失真。图 4-4(a)中输入信号由基波和二次谐波组成,如果受放大电路的带宽的限制,基波增益较大,而二次谐波增益较小,于是输出电压波形产生失真。这种对不同频率的信号增益不同,产生的失真称为**幅度失真**。同样,放大电路对不同频率

的信号产生的相移不同时也要产生失真,这种失真称为**相位失真**。图 4-4(b)表明,如果放大后的二次谐波产生了一个时延,输出波形也会变形。**幅度失真和相位失真总称为频率失真**,它们都是由于线性电抗元件所引起的,所以又称**线性失真**。为将信号的频率失真限制在容许的范围内,则要求在设计放大电路时正确估计信号的有效带宽,确保放大电路的带宽与信号带宽相匹配。

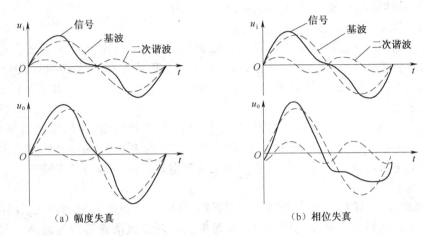

图 4-4　放大电路的输入输出波形

5)非线性失真系数

由于放大器件输入、输出特性的非线性,因此放大电路的输出波形不可避免地将产生或多或少的非线性失真。当输入单一频率的正弦波信号时,输出波形中除了基波成分外,还有一定数量的谐波。谐波总量与基波成分之比定义为非线性失真系数,符号为 γ,即

$$\gamma = \frac{\sqrt{\sum_{k=2}^{\infty} U_{ok}^2}}{U_{o1}} \tag{4-9}$$

式中, U_{ok}^2 表示输出电压的第 k 次谐波分量有效值 U_{ok} 的二次方; U_{o1} 表示输出电压的基波成分的有效值。

除了以上几个主要指标外,针对不同使用场合还会提出其他一些指标,在此不再赘述。

4.1.2　放大电路的组成

这里以单管共发射极交流放大电路为例,介绍放大电路的组成。图 4-5 所示是共发射极放大电路的原理图。放大电路中外接信号电压源(用 R_s 与 e_s 串联表示)的两端,称为放大电路的**输入端**,输入端的交流电压、电流称为放大电路的输入电压 u_i、输入电流 i_i。放大电路中交流负载的两端,称为放大电路的**输出端**,输出端的交流电压、电流称为输出电压 u_o、输出电流 i_o。

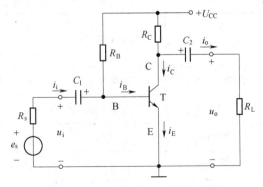

图 4-5　共发射极放大电路的原理图

1. 各元件作用

1）晶体管 T

T 是核心元件，起放大作用，$i_C = \beta i_B$。要保证集电结反偏，发射结正偏。

2）直流电源 U_{CC}

集电极直流电源 U_{CC} 除了为输出信号提供能量外，它还保证发射结处于正偏，集电结处于反偏，以使晶体管起到放大作用。U_{CC} 一般为十几伏。

3）基极电阻 R_B

如果 R_B 等于零，不仅对于交流信号而言发射结交流短路，而且对于直流信号而言，发射结的正向偏置电压 U_{CC} 直接加在发射结上，晶体管会因为电流过大而损坏，因此 R_B 不能等于零。适当的 R_B 能保证晶体管有大小适当的基极电流 I_B。R_B 一般为几百千欧。

4）集电极电阻 R_C

如果 R_C 等于零，对于交流信号而言，集电极交流接零电位点，即从集电极经过耦合电容 C_1、C_2 输出的电压 u_o 为零，因此 R_C 不能等于零。适当的 R_C 既能保证晶体管集电结反偏，又能保证把集电极电流的交流分量转变为输出交流电压。R_C 一般为几千欧。

5）耦合电容

C_1、C_2 隔离输入、输出与放大电路直流的联系，同时使交流信号顺利输入、输出。为此，要求在放大电路所运用的频率范围内，C_1、C_2 足够大到**对交流而言等效为短路**，一般为几微法的极性电容。在电路中要注意，电容的实际电位高的一端应该接其正极性端。

2. 工作原理

设图 4-5 中的信号源信号为正弦信号。显然，电路中既含有直流成分又含有交流成分。交流信号是叠加在直流信号上的。为了正确表达各响应，规定了书写符号，见表 4-1。

从表 4-1 中可以看到，只有在表达交流信号时，晶体管三个电极电流和极间电压才采用小写字母作为下标。因此，为了使书写符号与图上标注对应一致，本书对晶体管三个电极的标注符号进行如下规定：在交流信号源与直流电源（一般为 U_{CC}）共同作用的放大电路中以及在放大电路的直流通路中的晶体管三个电极采用大写字母来表示；在放大电路的交流通路中以及放大电路的交流微变等效电路中的晶体管三个电极采用小写字母来表示。

表 4-1 放大电路中电压和电流的符号

名　称	静态（直流）值	交流分量			总值瞬时值（直流+交流）
		瞬时值	有效值	相量	
基-射极电压	U_{BE} 或 U_{BEQ}	u_{be}	U_{be}	$\dot{U}_{be}$	$u_{BE} = U_{BE} + u_{be}$
集-射极电压	U_{CE} 或 U_{CEQ}	u_{ce}	U_{ce}	$\dot{U}_{ce}$	$u_{CE} = U_{CE} + u_{ce}$
基极电流	I_B 或 I_{BQ}	i_b	I_b	$\dot{I}_b$	$i_B = I_B + i_b$
集电极电流	I_C 或 I_{CQ}	i_c	I_c	$\dot{I}_c$	$i_C = I_C + i_c$
发射极电流	I_E 或 I_{EQ}	i_e	I_e	$\dot{I}_e$	$i_E = I_E + i_e$

1) 静态(直流工作状态)

交流信号源的激励 $e_s = 0$ V,只有直流电源 U_{CC} 作用时放大电路的工作状态称为静态或直流工作状态。此时,电路中电压、电流都是直流量。静态时晶体管各电极的直流电流及电极间的直流电压分别用 I_B、I_C、U_{BE}、U_{CE} 表示,它们的数值可用晶体管特性曲线上的一个确定点表示,该点称为静态工作点 Q。因此常将上述四个量写成 I_{BQ}、I_{CQ}、U_{BEQ}、U_{CEQ}。为了将微弱的输入信号不失真地放大,对放大电路必须设置合适的静态工作点。静态工作点可由放大电路的**直流通路**(即直流流通的路径)用**估算法**求得。具体步骤如下:

(1)画出放大电路的直流通路,标出各支路电流。在图 4-5 中令 $e_s = 0$ V,可得到直流通路如图 4-6(a)所示。由图 4-6(a)可知,$U_{C_1} = U_{BE} > 0$ V、$U_{C_2} = U_{CE} > 0$ V、C_1 的右端是高电位端、C_2 的左端是高电位端,因此 C_1 的右端连接 C_1 的正极性端,而 C_2 的左端连接 C_2 的正极性端。如果不分析耦合电容上的电压,可以去掉电流为零的电容支路,得到如图 4-6(b)所示的直流通路。

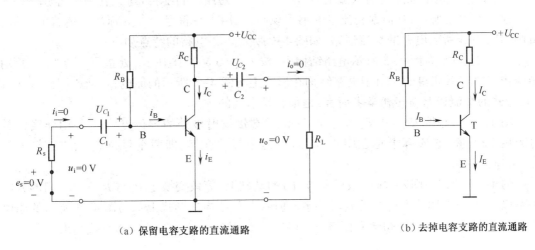

(a) 保留电容支路的直流通路　　　　　　　　　　　　(b) 去掉电容支路的直流通路

图 4-6　图 4-5 所示电路的直流通路

(2)由基-射极回路求 I_{BQ}。I_{BQ} 称为偏置电流,简称偏流,产生偏流的电路称为偏置电路,在图 4-6(b)中,其路径为 $U_{CC} \rightarrow R_B \rightarrow$ 发射结电压 $U_{BEQ} \rightarrow$ "⊥"。对 NPN 型硅管,有 $U_{BEQ} = 0.6 \sim 0.7$ V;对 PNP 型锗管,有 $U_{BEQ} = -0.2 \sim -0.3$ V。由于国产 NPN 型晶体管一般是硅管,PNP 型晶体管一般是锗管。因此不加声明时,本章用到的 NPN 型晶体管均可认为是硅管,而 PNP 型晶体管均可认为是锗管。

$$I_{BQ} = \frac{U_{CC} - U_{BEQ}}{R_B} \tag{4-10}$$

式(4-10)表明,在图 4-6(b)所示的直流通路中,偏置电流 I_{BQ} 由 U_{CC}、R_B 和 U_{BEQ} 确定。只要 U_{CC}、R_B 确定,偏置电流 I_{BQ} 就是固定的,因此,把图 4-6(b)所示的直流通路称为固定偏置电路,它包括代表晶体管 T 的电流放大倍数 β、U_{CC}、R_B 和 R_C 四个电路参数。

(3)由晶体管的电流分配关系求 I_{CQ},即

$$I_{CQ} = \beta I_{BQ} \tag{4-11}$$

(4)由集-射极回路求 U_{CEQ},即

$$U_{CEQ} = U_{CC} - I_{CQ} R_C \tag{4-12}$$

2)动态

在图 4-5 中加 u_i 后,电路处于动态,三极管各电极的电流及电极之间的电压是在静态值的基础上做相应变化。u_i 在发射结上产生 u_{be},使 b、e 间的电压为 $u_{BE} = U_{BEQ} + u_{be}$,当 u_{be} 的幅值小于 U_{BEQ},并使发射结上正向电压大于正向死区电压时,u_{BE} 随 u_{be} 的变化导致基极电流 i_B、集电极电流 i_C 产生相应的变化,即 $i_B = I_{BQ} + i_b$,$i_C = I_{CQ} + i_c$,其中 $i_c = \beta i_b$ 是交流电流。与此同时,c、e 间的电压也发生变化,即 $u_{CE} = U_{CEQ} + u_{ce} = U_{CEQ} - i_c(R_C /\!/ R_L)$,而 $u_{ce} = -i_c(R_C /\!/ R_L)$ 是与 u_{be} 或 u_i 反相的交流电压,因 C_2 对交流短路,故 u_{ce} 全部作为 u_o,即 $u_o = u_{ce}$。只要选择合适的电路参数,就可使 u_o 的幅度比 u_i 的幅度大得多,实现电压放大作用。分析电路的交流参数一般要画出**交流通路**(即交流信号流通的路径)。交流通路的画法如下:

(1)直流电压源(如 U_{CC} 等)可视为短路(如 $U_{CC} = 0$ V,接零位点"⊥"处理)。

(2)对一定频率范围内的交流信号,电容可视为**短路**(可用导线等效代替电容)。

根据上述原则,同时根据交流量的书写规则,采用小写符号 b、c、e 标注晶体管的三端,可画出图 4-5 所示电路的交流通路,如图 4-7 所示。各电路的特点如下:

图 4-7(a)是在图 4-5 所示电路结构中,按 $U_{CC} = 0$ V 直接在 U_{CC} 处接零位点"⊥"并用导线代替电容后获得的。由于电路结构在形式上与图 4-5 所示的原电路一致,因此图 4-7(a)形式的交流通路对于初学者而言,是很容易掌握的。

图 4-7(b)是按 $U_{CC} = 0$ V,通过导线把 U_{CC} 端接发射极处的零位点"⊥"并用导线代替电容后获得的。它实际上是在图 4-7(a)中运用等效变换,即两个零位点"⊥"是等电位点,可连在一起。

图 4-7(c)是在图 4-7(a)或图 4-7(b)的基础上,等效变换了 R_C 与 R_L 在 c、e 间的并联关系以及 R_B 与晶体管发射结的并联关系。但其电路结构在形式上却与图 4-5 所示的原电路差别较大。因此,对于初学者而言,图 4-7(c)形式的交流通路不容易直接画出。

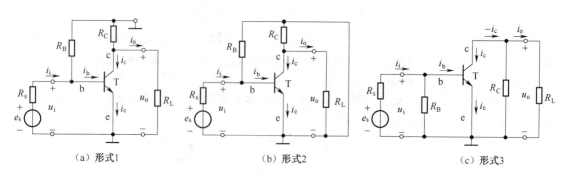

(a)形式1 (b)形式2 (c)形式3

图 4-7 图 4-5 电路的交流通路

关于交流参数的分析计算将在 4.2 节中介绍。

综上所述,只要在放大电路中设置合适的静态工作点,并在输入回路中加上一个能量较小的信号,利用发射结正向电压对各极电流的控制作用,就能够将直流电源提供的能量,按输入信号的变化规律转换为所需的形式供给负载。因此,放大作用实质上是放大器件的控制作用,放大器是一种能量控制器件。

练习与思考

4.1.1　在共发射极放大电路中,时变电压是如何被放大的?

4.1.2　用估算法计算放大电路静态工作点 Q 的思路是什么?

4.1.3　如果放大电路中存在电容,画放大电路的直流通路时,电容怎么等效处理?

4.1.4　什么是动态? 如何画放大电路的交流通路?

4.2　放大电路的基本分析方法

在初步了解放大电路的工作原理之后,就要进一步分析放大电路的工作情况,对静态和动态进行定量分析。基本分析方法有图解分析法和微变等效电路法。

4.2.1　图解分析法

图解分析法就是利用晶体管的特性曲线和外电路的特性,通过作图对放大电路的静态和动态进行分析。现以图 4-5 所示的共发射极放大电路为例来讨论。

1. 静态工作点的图解分析

静态时,令图中 $e_s = 0$,即得到该电路的直流通路,如图 4-6 所示。在晶体管输入回路中,静态工作点 (U_{BEQ}, I_{BQ}) 既在晶体管输入特性曲线 $i_B = f(u_{BE})\big|_{u_{CE} \geqslant 1\,V}$ 上,又满足由 U_{CC}、R_B 组成的外电路的回路方程 $U_{BE} = U_{CC} - I_B R_B$。由该回路方程可作出斜率为 $-1/R_B$ 的直线,称为**输入直流负载线**,它与晶体管输入特性曲线的交点就是所求的静态工作点 $Q(U_{BEQ}, I_{BQ})$,如图 4-8(a) 所示。与输入回路相似,在晶体管输出特性曲线上,连接 $(0\,V, U_{CC}/R_C)$ 和 $(U_{CC}, 0\,mA)$ 两点作出**斜率为 $-1/R_C$ 的直流负载线** $u_{CE} = U_{CC} - I_C R_C$,与 I_{BQ} 对应的那条输出特性曲线的交点即为 $Q(U_{CEQ}, I_{CQ})$ 点,如图 4-8(b) 所示。

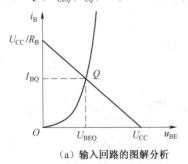

（a）输入回路的图解分析

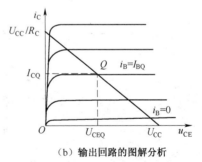

（b）输出回路的图解分析

图 4-8　静态工作点的图解分析

2. 动态工作情况的图解分析

动态图解分析是在静态分析的基础上进行的,分析步骤如下:

(1) 由 u_i 波形,在晶体管输入特性曲线上画出 u_{BE} 及 i_B 的波形。设图 4-5 中的输入电压(也就是从信号源两端输出的电压)为 $u_i = U_{im} \sin \omega t$。由图 4-7 所示的交流通路知,因 C_1 对交流短路,故 $u_i = u_{be}$,由 $u_{BE} = U_{BEQ} + u_{be} = U_{BEQ} + U_{im} \sin \omega t$,在晶体管输入特性曲线上画出 u_{BE} 及 $i_B = I_{BQ} + I_{bm} \sin \omega t$ 的波形,如图 4-9(a) 所示。

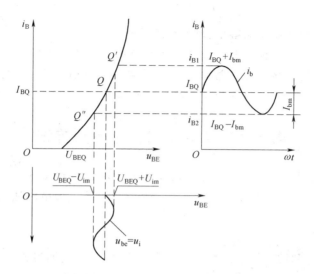

（a）画出 u_{BE} 及 i_C 的波形

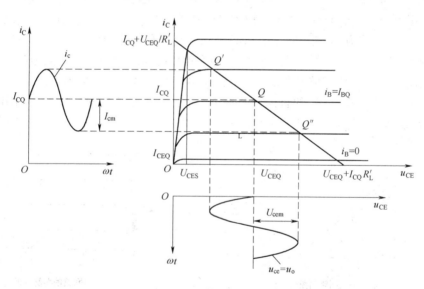

（b）画出 i_C 及 u_{CE} 的波形

图 4-9　动态工作情况的图解分析

（2）由 i_B 波形，在输出特性曲线上沿着**交流负载线**画出 i_C 及 u_{CE} 的波形，如图 4-9（b）所示。动态时 c、e 间电压也发生变化，由图 4-7 所示的交流通路知，$u_o = u_{ce} = -i_c(R_C//R_L) = -(i_c - I_{CQ})R'_L$，$R'_L = R_C//R_L$ 称为**集电极交流总电阻**。电容 C_2 断开直流、短路交流的作用，使得**动态输出回路方程**为 $u_{CE} = U_{C_2} + u_o = U_{CEQ} - (i_c - I_{CQ})R'_L$，它是过 Q 点并且斜率为 $-1/R'_L$ 的直线，称为**交流负载线**。过（0 V，$I_{CQ} + U_{CEQ}/R'_L$）和（$U_{CEQ} + I_{CQ}R'_L$，0 mA）两点连

线就可作出**交流负载线**。只要 R_L 没有断开，它比斜率为$-1/R_C$的**直流负载线**更加陡直。

由图 4-9（a）可见，加上输入信号 u_i 后，在静态工作点的基础上，基极电流 i_B 随着 u_i 变化在 i_{B1} 与 i_{B2} 之间变化，反映晶体管输出回路 i_C 与 u_{CE} 关系的交流负载线方程 $u_{CE} = U_{CEQ} + I_{CQ}R'_L - i_C R'_L$，在晶体管输出特性曲线上确定的交流负载线与 i_B 的变化范围共同确定了 i_C 与 u_{CE} 的变化范围，即 Q' 和 Q'' 之间，由此可以画出 i_C 与 u_{CE} 的波形，如图 4-9（b）所示。u_{CE} 的交流成分 u_{ce} 就是输出电压 u_o，它与 u_i 反相。这是共发射极放大电路的特点。如果将这些电压、电流波形画在对应 ωt 轴上，就可得到图 4-10 所示的波形图。

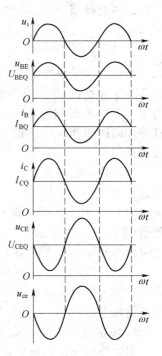

图 4-10　共发射极放大
电路电压、电流波形

3. 静态工作点对波形失真的影响

通过上述图解分析可知，要使信号既能够被放大又不失真，就必须设置合适的静态工作点 Q。对于小信号线性放大电路来说，为了保证在交流信号的整个周期内，晶体管不进入截止区、饱和区，Q 点应该分别满足 $I_{CQ} > I_{cm} + I_{CEO}$、$U_{CEQ} > U_{cem} + U_{CES}$。如果 Q 点过低，U_{BEQ}、I_{BQ} 过小，则晶体管会在交流信号 u_{be} 的负半周的峰值附近的部分时间内进入截止区，使 i_B、i_C、u_{CE} 和 u_{ce} 的波形失真，如图 4-11 所示。这种因 Q 点过低而产生的失真称为**截止失真**。Q 点过低时最大不失真输出电压的幅值受到截止失真的限制。因此，最大不失真输出电压的幅值为 $U_{om} = (I_{CQ} - I_{CEO})(R_C /\!/ R_L)$。

如果 Q 点过高，U_{BEQ}、I_{BQ} 过大，则晶体管会在 u_{be} 正半周的峰值附近的部分时间内进入饱和区，使 i_B、i_C、u_{CE} 和 u_{ce} 的波形失真，如图 4-12 所示。这种因 Q 点过高而产生的失真称为**饱和失真**。Q 点过高时最大不失真输出电压的幅值受到饱和失真的限制。因此，最大不失真输出电压的幅值为 $U_{om} = U_{CEQ} - U_{CES}$。

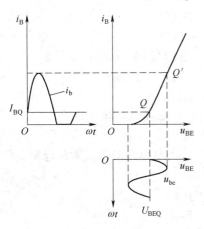

（a）截止失真的 i_B 波形

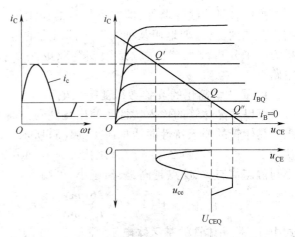

（b）截止失真的 i_C、u_{CE} 波形

图 4-11　截止失真的波形

显然,当 Q 点固定时,**最大不失真交流输出电压幅值** U_{om} 由下式确定,即

$$U_{om} = \min [\ U_{CEQ} - U_{CES},\ (I_{CQ} - I_{CEO})(R_C /\!/ R_L)\ ]$$

$$(4-13)$$

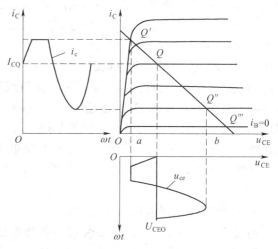

图4-12　饱和失真的波形

若输入信号幅度过大,即使 Q 点合适也会产生失真,截止失真和饱和失真同时出现。截止失真和饱和失真都是因晶体管特性曲线的非线性引起的,故又称**非线性失真**。

为了减少和避免非线性失真,必须合理设置 Q 点,当输入信号 u_i 幅度较大时,应把 Q 点设置在输出交流负载线的中点附近(如图4-12中线段 $Q'Q'''$ 的中点),这时可得到输出电压的最大动态范围,即

$$U_{om} = U_{CEQ} - U_{CES} = (I_{CQ} - I_{CEO})(R_C /\!/ R_L)$$

当输入信号 u_i 幅度较小时,为了降低电路功率损耗,在不产生截止失真和保证电压增益的前提下,可把 Q 点选得低一些。

4. 图解分析法的适用范围

图解分析法是分析放大电路的最基本的方法之一。特别适用于分析信号幅度较大而工作频率不太高的情况。图解分析法不仅能够形象地显示静态工作点与非线性失真的关系,方便地估计最大输出幅度的数值,而且可以直观地表示出电路各种参数对静态工作点的影响。但图解分析法不能分析信号幅度太小或工作频率较高时的电路工作状态,也不能用来分析放大电路的输入电阻、输出电阻等动态指标。为此需要介绍放大电路的另一种基本分析方法。

4.2.2　微变等效电路法

晶体管是非线性器件,但在小信号的作用下,它只工作在特性曲线上静态工作点附近的小范围内,可近似地用某种线性元件组合的电路模型来等效,从而就可用线性电路的分析方法来分析放大器,这就是微变等效电路法。这里主要介绍简化的 h 参数微变等效电路。

1. 晶体管简化的 h 参数微变等效电路

可以从晶体管的输入特性和输出特性两方面来分析讨论晶体管的线性化等效。

晶体管的输入特性曲线如图4-13(a)所示。当输入信号很小时,在 Q 点附近的曲线可认为是一段直线,其 Δu_{BE} 与 Δi_B 之比为 $r_{be} = \Delta u_{BE}/\Delta i_B\ |_{u_{ce}=常数}$,$r_{be}$ 称为**晶体管输入电阻**,其大小与静态值有关,Q 点越高,其值越小,可用下式估算,即

$$r_{be} = r_{bb'} + (1 + \beta)\frac{26(mV)}{I_{EQ}(mA)} = r_{bb'} + \frac{26(mV)}{I_{BQ}(mA)} = r_{bb'} + \beta\frac{26(mV)}{I_{CQ}(mA)} \qquad (4-14)$$

式中,$r_{bb'}$ 是晶体管的**基区体电阻**,常取为 $200\ \Omega$。r_{be} 一般为 $1\ k\Omega$ 左右,它是对交流而言的动态电阻,反映了 u_{be} 和 i_b 之间的关系,因此晶体管的 b、e 间可用一个电阻 r_{be} 等效代替。

图4-13(b)所示为晶体管的输出特性曲线,在放大区是一组近似等距离的平行线,i_c 的

大小主要受 i_b 的控制,即 $i_c = \beta i_b$,因此晶体管的 c、e 间可用一个受控的电流源来等效代替,其大小为 $i_c = \beta i_b$,方向由 i_b 决定。若 i_b 参考方向是 b 到 c 方向,则 i_c 的参考方向是 c 到 e 方向。此外,i_c 随 u_{CE} 的增加也略有增加,其 Δu_{CE} 与 Δi_C 之比为 $r_{ce} = \Delta u_{CE}/\Delta i_C \big|_{i_B = 常数}$,称为晶体管的输出电阻,是受控电流源的内阻,但其阻值很高,常常忽略不计,于是得到晶体管**简化的 h 参数微变等效电路**,如图 4-14 所示。

晶体管简化的 h 参数微变等效电路画法可以归纳为以下三点:

(1)用小写字母 b、c、e 代表晶体管的三端;

(2)在 b、e 之间用电阻 r_{be} 等效代替并且标参考方向符合 b 到 e 方向的基极电流交流分量 i_b;

(3)在 c、e 之间连接 $i_c = \beta i_b$ 受控电流源并且标上电流 i_c 和 βi_b 的参考方向为 c 指向 e。

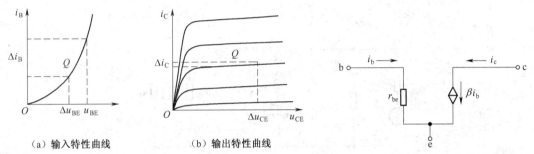

(a)输入特性曲线　　　(b)输出特性曲线
图 4-13　晶体管的特性曲线　　　图 4-14　晶体管简化的 h 参数微变等效电路

2. 用微变等效电路法分析放大电路

现以图 4-5 为例,用微变等效电路法分析放大电路的动态性能指标,具体如下:

1)画放大电路的微变等效电路

先把晶体管 b、e 间连接 r_{be} 并且标参考方向为 b 指向 e 电流 i_b,c、e 间连接 $i_c = \beta i_b$ 受控电流源并且标上电流 i_c 和 βi_b 的参考方向为 c 指向 e,然后按照交流通路的画法(即把电容短接、直流电压源的电压激励置为 0 V)分别画出与晶体管的三个电极相连支路的交流通路,标出各交流电压、电流分量的参考方向,就可得到放大电路的交流微变等效电路如图 4-15(a)、(b)、(c)所示。它们分别与图 4-7(a)、(b)、(c)所示交流通路相对应,只是在交流通路中有晶体管的交流通路;而在放大电路的微变等效电路中,晶体管的交流通路已经被晶体管的微变等效电路所取代。

2)估算 r_{be}

按式(4-14)估算 r_{be},还须求得静态电流 I_{BQ}。

3)求电压放大倍数 A_u

由式(4-1)及图 4-15 可知

$$A_u = \frac{u_o}{u_i} = \frac{-\beta i_b(R_C \mathbin{/\mkern-5mu/} R_L)}{i_b r_{be}} = -\frac{\beta R'_L}{r_{be}} \tag{4-15}$$

式中,负号表示共发射极放大电路输出电压与输入电压相位相反;$R'_L = R_C \mathbin{/\mkern-5mu/} R_L$ 是**集电极交流总电阻**。它表明:要使晶体管的电流放大转化成交流电压放大,集电极交流总电阻 R'_L 不能为零,这就要求电阻 R_C 不能等于零。当放大电路输出端未接上负载电阻 R_L 时,集电极交流总电阻 R'_L 达到最大值 R_C,交流电压放大倍数最大。设负载开路($R_L = \infty$)时的输出电压为 u'_o,若用 A_{uo} 表示负载开路时的电压放大倍数,则

$$A_{uo} = \frac{u_o'}{u_i} = \frac{-\beta i_b R_C}{i_b r_{be}} = -\frac{\beta R_C}{r_{be}} \tag{4-16}$$

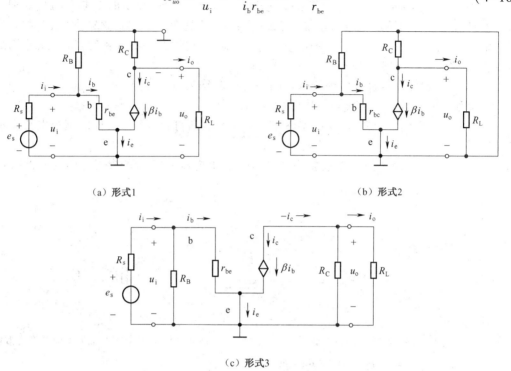

（a）形式1　　　　　　　　　　　　　　　（b）形式2

（c）形式3

图4-15　图4-5电路的微变等效电路

4）输入电阻 r_i

由式（4-4）及图4-15可知，共发射极放大电路输入电阻为

$$r_i = \frac{u_i}{i_i} = R_B \ /\!/ \ \frac{u_{be}}{i_b} = R_B \ /\!/ \ r_{be} \tag{4-17}$$

5）输出电阻 r_o

由式（4-5）及图4-16可知，共发射极放大电路输出电阻为

$$r_o = \frac{u_t}{i_t}\bigg|_{\substack{e_s=0 \\ R_L=\infty}} = R_C \tag{4-18}$$

6）源电压放大倍数 A_{us}

有时也会计算对于 e_s 的所谓源电压放大倍数 A_{us}，即

$$A_{us} = \frac{u_o}{e_s} = \frac{u_o}{u_i} \times \frac{u_i}{e_s} = A_u \frac{r_i}{R_s + r_i} \tag{4-19}$$

例4-1　在图4-5所示电路中，$\beta = 40$，$r_{bb'} = 200 \ \Omega$，$U_{BEQ} = 0.7 \ V$，$U_{CC} = 12 \ V$，$R_B = 300 \ k\Omega$，$R_C = 4 \ k\Omega$，$R_L = 4 \ k\Omega$，耦合电容足够大，可认为交流短路。求：（1）该电路静态工作点 Q；（2）电压放大倍数 A_u、输入电阻 r_i、输出电阻 r_o；（3）R_L 开路时电压放大倍数 A_{uo}。

解　（1）求该电路静态工作点 Q。按式（4-10）~式（4-12）求解：

$$I_{BQ} = \frac{U_{CC} - U_{BEQ}}{R_B} = \frac{12 - 0.7}{300} \ mA = 0.038 \ mA \ , \quad I_{CQ} = \beta I_{BQ} = 40 \times 0.038 \ mA = 1.52 \ mA \ ,$$

$U_{CEQ} = U_{CC} - I_{CQ}R_C = (12 - 1.52 \times 4)\text{V} = 5.92 \text{ V}_\circ$

（2）$I_{EQ} = I_{BQ} + I_{CQ} = (0.038 + 1.52) \text{ mA} = 1.558 \text{ mA}$，按式（4-14）求 r_{be}：

$r_{be} = r_{bb'} + (1 + \beta) \times 26(\text{mV})/I_{EQ}(\text{mA}) = [200 + (1 + 40) \times 26/1.558]\Omega = 884 \ \Omega = 0.884 \text{ k}\Omega_\circ$

A_u、r_i、r_o 分别按式（4-15）、式（4-17）、式（4-18）求解：

$$A_u = -\frac{\beta R'_L}{r_{be}} = -\frac{40 \times (4 /\!/ 4)}{0.884} = -90.5$$

$$r_i = R_B /\!/ r_{be} = 300 /\!/ 0.884 \text{ k}\Omega \approx 0.884 \text{ k}\Omega$$

$$r_o = R_C = 4 \text{ k}\Omega$$

（3）A_{uo} 按式（4-16）求解：

$$A_{uo} = -\beta R_C/r_{be} = -40 \times 4/0.884 = -181$$

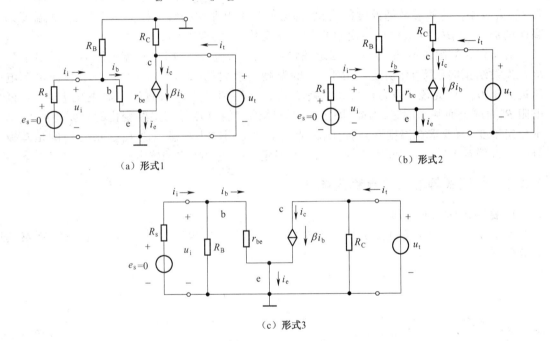

（a）形式1　　　　　　　　（b）形式2

（c）形式3

图 4-16　求取图 4-5 电路输出电阻的电路

3. 微变等效电路法的适用场合及优、缺点

微变等效电路法适用于放大电路的输入信号幅度较小，晶体管工作在晶体管特性曲线的线性范围（即放大区）内。由于 h 参数的值是在静态工作点上求得的，所以放大电路的动态性能与静态值的大小及稳定性密切相关。

微变等效电路法的优点是分析放大电路的动态性能指标（A_u、r_i、r_o 等）非常方便。缺点是在晶体管与放大电路的微变等效电路中，电压、电流等电量及晶体管的 h 参数均是针对变化量（交流量）而言的，不能用来分析计算静态工作点。

练习与思考

4.2.1　放大电路直流负载线和交流负载线的概念有何不同？什么情况下它们重合？

4.2.2　如何确定放大电路的最大动态范围？如何设置 Q 点才能使动态范围最大？

4.2.3 图 4-5 所示的共发射极放大电路中,晶体管改用 PNP 型,则直流电源与耦合电容的极性有何改变? 如果输出电压信号正半周产生了失真,是何种失真?

4.2.4 试比较图解分析法和微变等效电路法的特点和应用范围。

4.3 静态工作点的稳定

放大电路的多项重要技术指标都与计算静态工作点(即 Q 点)有关,如果 Q 点不稳定,则电路的某些性能将发生波动。因此,如何使静态工作点稳定是一个十分重要的问题。

4.3.1 温度对静态工作点的影响

温度上升时,晶体管的反向电流 I_{CBO}、I_{CEO} 及电流放大系数 β 都会增大,而发射结正向压降 U_{BE} 会减小。这些参数随温度的变化,都会使放大电路中的集电极静态电流 I_{CQ} 随温度升高而增加($I_{CQ} = \beta I_{BQ} + I_{CEO}$),从而使 Q 点随温度变化。

前面介绍的图 4-6(b)所示的**固定偏置电路**中,基极电流 I_{BQ} 由直流电压 U_{CC},基极电阻 R_B 及发射结正向压降 U_{BE} 决定。由于 U_{BE} 的温度系数大约 -2 mV/℃,并且一般直流电源电压远大于 U_{BE},因此该共发射极放大电路基极电流 I_{BQ} 基本上随着直流电源电压 U_{CC} 及基极电阻 R_B 的选定而基本固定,因此,固定偏置电路确定的 Q 点是随温度变化的。要想使 I_{CQ} 基本稳定不变,就要求在温度升高时,电路能自动地适当减小基极电流 I_{BQ}。最常用的是基极分压射极偏置电路,简称分压式静态工作点稳定电路或分压式偏置电路。

4.3.2 分压式静态工作点稳定电路

1. 稳定工作点的原理

图 4-17(a)、(b)、(c)分别是分压式静态工作点稳定电路的原理电路、直流通路及其等效电路

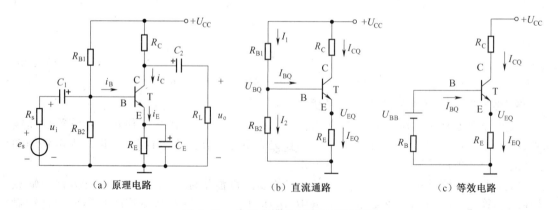

(a) 原理电路　　　　　(b) 直流通路　　　　　(c) 等效电路

图 4-17 分压式静态工作点稳定电路

在图 4-17(b)所示的直流通路中,对于与电流 I_1、I_2、I_{BQ} 相关联的节点,KCL 方程为

$$I_1 = I_2 + I_{BQ}$$

为了稳定工作点 Q,通常使参数的选取满足

$$I_2 \gg I_{BQ} \tag{4-20}$$

因此，$I_1 \approx I_2$，于是 R_{B1}、R_{B2} 可近似等效为串联，B 点的电位 U_{BQ}（即 R_{B2} 两端的电压），可近似用 R_{B1}、R_{B2} 串联 R_{B2} 对电压 U_{CC} 分压来近似表示，即

$$U_{BQ} \approx R_{B2}U_{CC}/(R_{B1} + R_{B2}) \tag{4-21}$$

式（4-21）表明，基极电位几乎仅决定 R_{B1} 与 R_{B2} 对 U_{CC} 的分压，而与环境温度无关，即温度变化时，U_{BQ} 基本不变。

当温度升高时，I_{CQ} 增大，I_{EQ} 必然增大，使 R_E 上电压即 E 点的电位 U_{EQ} 随之增大；因 U_{BQ} 基本不变，而 $U_{BEQ} = U_{BQ} - U_{EQ}$，故 U_{BEQ} 减小而使 I_{BQ} 减小，I_{CQ} 也减小。结果，I_{CQ} 随温度升高而增大的部分几乎被因 I_{BQ} 减小而减小的部分抵消，I_{CQ} 将基本不变，U_{CEQ} 也基本不变，Q 点在晶体管输出特性坐标平面上的位置基本不变而处于稳定。稳定过程可简写为

$$T\uparrow \rightarrow I_{CQ}\uparrow \rightarrow I_{EQ}\uparrow \rightarrow U_{EQ}\uparrow（因为 U_{BQ} 基本不变）\rightarrow U_{BEQ}\downarrow \rightarrow I_{BQ}\downarrow$$

$$I_{CQ}\downarrow \longleftarrow \underline{\hspace{5cm}}$$

当温度下降时，各个物理量向相反方向变化，I_{CQ} 和 U_{CEQ} 也将基本不变。

在稳定过程中，R_E 起着重要作用。当晶体管输出回路电流 I_{CQ} 变化时，通过 R_E 上产生电压的变化来影响 B、E 间电压，从而使 I_{BQ} 向相反方向变化来实现稳定 Q 点。这种将输出量（I_{CQ}）通过一定的方式（利用 R_E 将 I_{CQ} 的变化转换成电压的变化）引回到输入回路来影响输入量（B、E 间电压 U_{BEQ}）的措施称为**反馈**；由于反馈的结果使输出量的变化减小，故称为**负反馈**；又由于反馈出现在直流通路之中，故称为**直流负反馈**。R_E 为**直流负反馈电阻**。

由此可见，图 4-17（b）所示的直流通路能够稳定静态工作点的原因是：R_E 的直流负反馈电阻作用；在 $I_2 \gg I_{BQ}$ 的情况下，U_{BQ} 在温度变化时基本不变。这种电路又称分压式电流负反馈静态工作点稳定电路。从理论上讲，R_E 越大，负反馈就越强，Q 点越稳定。但实际上，对于一定的集电极电流 I_{CQ}，因 U_{CC} 的限制，R_E 太大会进入饱和区，电路将不能正常工作。

2. 静态工作点的估算

已知 $I_2 \gg I_{BQ}$，因此 B 点的电位 U_{BQ}（即 R_{B2} 两端的电压）可采用近似分压计算：

$$U_{BQ} \approx R_{B2}U_{CC}/(R_{B1} + R_{B2})$$

发射极电流 I_{EQ} 为

$$I_{EQ} = (U_{BQ} - U_{BEQ})/R_E \approx [R_{B2}U_{CC}/(R_{B1} + R_{B2}) - U_{BEQ}]/R_E \tag{4-22}$$

式中，U_{BEQ} 对 NPN 型硅管而言一般取为 0.6~0.7 V。一般 U_{BQ} 小于 $10U_{BEQ}$，因此，即使是工程计算，也不能把 U_{BEQ} 忽略不计，并且按式（4-21）所示的近似分压公式来计算的 U_{BQ} 比实际值大，因此 U_{BEQ} 取较大的 0.7 V 更有利于减少误差。

基极电流为

$$I_{BQ} = I_{EQ}/(1 + \beta) \tag{4-23}$$

由于 $I_{CQ} = \beta I_{BQ} = I_{EQ} - I_{BQ} \approx I_{EQ}$，管压降 U_{CEQ} 为

$$U_{CEQ} = U_{CC} - I_{CQ}R_C - I_{EQ}R_E \approx U_{CC} - I_{CQ}(R_C + R_E) \tag{4-24}$$

应当指出，不管电路参数是否满足 $I_2 \gg I_{BQ}$，R_E 的负反馈作用都存在。利用戴维南定理可将图 4-17（b）所示电路等效变换成图 4-17（c）所示电路，其中 $U_{BB} = R_{B2}U_{CC}/(R_{B1}+R_{B2})$，$R_B = R_{B1} /\!/ R_{B2}$。

KVL 对图 4-17（c）所示电路中晶体管输入回路，有：$I_{BQ}R_B + U_{BEQ} + I_{EQ}R_E = U_{BB}$。

利用式（4-23）可得出 I_{EQ} 为

$$I_{EQ} = (U_{BB} - U_{BEQ})/[R_B/(1 + \beta) + R_E]$$

当电路参数选择满足：

$$R_E \gg R_B / (1 + \beta) \tag{4-25}$$

则 I_{EQ} 的表达式与式(4-22)相同。因此，可以用式(4-25)来判断式(4-20)是否成立。

3. 动态参数的估算

1) 有发射极电容 C_E

如图 4-17(a)所示，发射极电容 C_E 与 R_E 并联，电容对交流等效为导线，画出图 4-17(a)电路的微变等效电路如图 4-18(a)、(b)所示。由微变等效电路可求得动态参数。

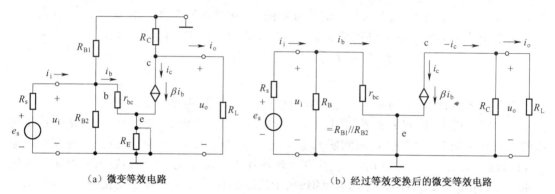

（a）微变等效电路　　　　　　　　　　（b）经过等效变换后的微变等效电路

图 4-18　图 4-17(a)电路的微变等效电路

图 4-18(b)与图 4-15(c)是相同的微变等效电路，因此动态参数计算公式相同，即

$$A_u = -\beta (R_C /\!/ R_L) / r_{be} = -\beta R'_L / r_{be} \tag{4-26}$$

$$r_i = R_B /\!/ r_{be} = (R_{B1} /\!/ R_{B2}) /\!/ r_{be} \tag{4-27}$$

$$r_o = R_C \tag{4-28}$$

但是，在计算中有两点要注意：

(1)图 4-18(b)中由一般为几十千欧的两个电阻 R_{B1}、R_{B2} 并联而得的 $R_B(=R_{B1} /\!/ R_{B2})$ 没有图 4-15(c)中一般为几百千欧的 R_B 大，因此 $r_i = R_B /\!/ r_{be} = (R_{B1} /\!/ R_{B2}) /\!/ r_{be}$ 一般不能近似等于 r_{be}。

(2)图 4-15(c)是图 4-5 所示的**固定偏置共发射极放大电路**的微变等效电路，$I_{BQ} = (U_{CC} - U_{BEQ}) / R_B$ 与 β 无关，由式(4-14)计算的 r_{be} 也与 β 无关，故电压放大倍数 $A_u = -\beta R'_L / r_{be}$ 与 β 成正比关系；图 4-18(b)是图 4-17(a)所示**分压式偏置共发射极放大电路**的微变等效电路，满足 $I_2 \gg I_{BQ}$ 或 $R_E \gg (R_{B1} /\!/ R_{B2}) / (1 + \beta)$ 时，$I_{EQ} = (U_{BB} - U_{BEQ}) / R_E$ 与 β 无关，由式(4-14)计算的 r_{be} 与 β 相关，故电压放大倍数 $A_u = -\beta R'_L / r_{be}$ 与 β 成正比的关系不再成立。

2) 没有发射极电容 C_E

将图 4-17(a)所示电路的发射极电容去掉，如图 4-19(a)所示。画出图 4-19(a)所示电路的微变等效电路，如图 4-19(b)所示，图 4-19(c)所示电路是对图 4-19(b)所示电路变换后的电路。

根据图 4-19(b)或图 4-19(c)所示电路，可求得电压放大倍数、输入电阻、输出电阻等动态参数。

(1)电压放大倍数：

$$A_u = \frac{u_o}{u_i} = -\frac{-\beta i_b (R_C /\!/ R_L)}{i_b r_{be} + (1 + \beta) i_b R_E} = -\frac{\beta R'_L}{r_{be} + (1 + \beta) R_E} \tag{4-29}$$

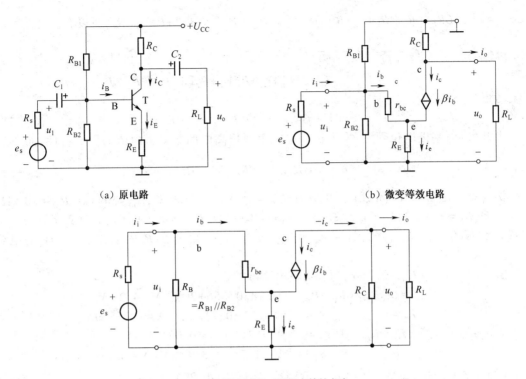

（a）原电路　　　　　　　　　　　　　　（b）微变等效电路

（c）经过等效变换后的微变等效电路

图 4-19　无 C_E 的分压式静态工作点稳定的放大电路

（2）输入电阻：

$$r_i = \frac{u_i}{i_i} = \frac{u_i}{\dfrac{u_i}{R_{B1}} + \dfrac{u_i}{R_{B2}} + \dfrac{u_i}{r_{be} + (1+\beta)R_E}} = R_{B1} /\!/ R_{B2} /\!/ [r_{be} + (1+\beta)R_E] \qquad (4\text{-}30)$$

（3）输出电阻：

根据图 4-20，有 $r_o = \dfrac{u_t}{i_t} = R_C /\!/ \dfrac{u_t}{i_c} = R_C /\!/ r_o'$，其中 $r_o' = \dfrac{u_t}{i_c}$。

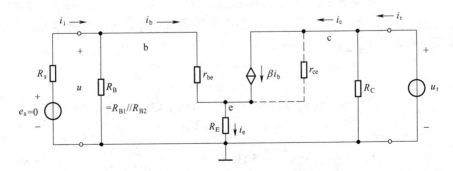

图 4-20　求图 4-19(a)电路输出电阻的电路

由 $[(R_s /\!/ R_B) + r_{be}]i_b + (i_c + i_b)R_E = 0$，有 $i_b = -R_E i_c / (R_s /\!/ R_B + r_{be} + R_E)$

代入表达式 $u_t = (i_c - \beta i_b)r_{ce} + (i_b + i_c)R_E$ 有

$u_t = i_c [1 + \beta R_E / (R_s /\!/ R_B + r_{be} + R_E)] r_{ce} + [1 - R_E / (R_s /\!/ R_B + r_{be} + R_E)] i_c R_E$，所以有

$$r'_o = \frac{u_t}{i_c} = \{ r_{ce} + R_E + [R_E / (R_s /\!/ R_B + r_{be} + R_E)] (\beta r_{ce} - R_E) \}$$

$$= r_{ce} [1 + \beta R_E / (R_s /\!/ R_B + r_{be} + R_E)] + R_E [1 - R_E / (R_s /\!/ R_B + r_{be} + R_E)]$$

考虑 $r_{ce} \gg R_E$ 有

$$r'_o \approx r_{ce} [1 + \beta R_E / (R_s /\!/ R_B + r_{be} + R_E)] \tag{4-31}$$

由此可见，基极电位固定，发射极有电阻可以提高电路集电极电流的恒流特性，而

$$r_o = \frac{u_t}{i_t} = R_C /\!/ \frac{u_t}{i_c} = R_C /\!/ r'_o \approx R_C \tag{4-32}$$

例 4-2　在图 4-19(a)所示电路中，$U_{CC} = 16$ V，$R_s = 500$ Ω，$R_{B1} = 56$ kΩ，$R_{B2} = 20$ kΩ，$R_E = 2$ kΩ，$R_C = 3.3$ kΩ，$R_L = 6.2$ kΩ，$\beta = 80$，$r_{ce} = 100$ kΩ，$U_{BEQ} = 0.7$ V，C_1、C_2 对交流短路。试求：(1)估算 I_{CQ}、I_{BQ}、U_{CEQ}；(2)计算 A_u、r_i、$A_{us} = u_o / e_s$、r_o；(3)若在 R_E 两端并联 50 μF 的电容 C_E，重复求解(1)、(2)。

解　(1)设 $I_2 \gg I_{BQ}$，按式(4-21)~式(4-24)求解：

$$U_{BQ} \approx U_{CC} R_{B2} / (R_{B1} + R_{B2}) = [16 \times 20 / (56 + 20)] \text{ V} = 4.21 \text{ V}$$

$$I_{CQ} \approx I_{EQ} = (U_{BQ} - U_{BEQ}) / R_E = [(4.21 - 0.7) / 2] \text{ mA} = 1.755 \text{ mA}$$

$$I_{BQ} = I_{EQ} / (\beta + 1) = (1.755 / 81) \text{ mA} = 0.021\ 7 \text{ mA}$$

$$U_{CEQ} \approx U_{CC} - I_{CQ} (R_C + R_E) = [16 - 1.755 \times (3.3 + 2)] \text{ V} = 6.7 \text{ V}$$

(2)按式(4-14)计算 r_{be}(取 $r_{bb'} = 200$ Ω)，再按式(4-29)、式(4-30)、式(4-32)分别计算 A_u、r_i、r_o。

$$r_{be} = r_{bb'} + (1 + \beta) 26(\text{mV}) / I_{EQ}(\text{mA}) = [200 + (1 + 80) \times 26 / 1.755] \text{ Ω} = 1.4 \text{ kΩ}$$

$$A_u = \frac{u_o}{u_i} = -\frac{\beta R'_L}{r_{be} + (1 + \beta) R_E} = -\frac{80 \times (3.3 /\!/ 6.2)}{1.4 + (1 + 80) \times 2} = -1.054\ 435$$

$$r_i = R_{B1} /\!/ R_{B2} /\!/ [r_{be} + (1 + \beta) R_E] = \{56 /\!/ 20 /\!/ [1.4 + (1 + 80) \times 2]\} \text{ kΩ} = 13.52 \text{ kΩ}$$

$$r_o = R_C = 3.3 \text{ kΩ}$$

$$A_{us} = \frac{u_o}{u_s} = \frac{u_o}{u_i} \cdot \frac{u_i}{u_s} = A_u \cdot \frac{r_i i_i}{(R_s + r_i) i_i} = -1.054\ 435 \times \frac{13.52}{500 \times 10^{-3} + 13.52} = -1.016\ 83$$

(3)由于电容有**隔离直流、传送交流**的作用，因此，在 R_E 两端并联 50 μF 的电容 C_E 后，对于 I_{CQ}、I_{BQ}、U_{CEQ} 的值没有影响，但对动态会产生影响，即 C_E 对交流有旁路作用，其微变等效电路如图 4-18 所示。A_u、r_i、$A_{us} = u_o / u_s$、r_o 计算如下：

$$A_u = \frac{u_o}{u_i} = -\frac{\beta R'_L}{r_{be}} = -\frac{80 \times (3.3 /\!/ 6.2)}{1.4} = -123.07$$

$$r_i = R_{B1} /\!/ R_{B2} /\!/ r_{be} = (56 /\!/ 20 /\!/ 1.4) \text{ kΩ} = 1.278\ 54 \text{ kΩ}$$

$$r_o = R_C = 3.3 \text{ kΩ}$$

$$A_{us} = \frac{u_o}{u_i} \cdot \frac{u_i}{u_s} = A_u \cdot \frac{r_i i_i}{(R_s + r_i) i_i} = -123.07 \times \frac{1.278\ 54}{500 \times 10^{-3} + 1.278\ 54} = -88.47$$

练习与思考

4.3.1　在放大电路中，静态工作点不稳定对放大电路的工作有何影响？

4.3.2 对如图 4-17(a) 所示分压式偏置放大电路而言,为什么只要满足 $I_2 \gg I_{BQ}$ 和发射极有电阻两个条件,静态工作点就能得以基本稳定?

4.3.3 对如图 4-17(a) 所示分压式偏置放大电路而言,当更换晶体管时,对放大电路的静态值有无影响? 试说明之。

4.3.4 若要调节如图 4-17(a) 所示分压式偏置放大电路静态工作点,调节哪个元件的参数比较方便?

4.3.5 在如图 4-17(a) 所示分压式偏置放大电路中,若出现以下情况 R_{B1} 断路、R_{B2} 断路,对放大电路的工作会带来什么影响。

4.4 共集电极放大电路和共基极放大电路

根据输入和输出回路公共端的不同,放大电路有共发射极、共集电极和共基极三种基本组态。前面所讲的图 4-15 所示放大电路,发射极通过导线对交流而言接"⊥";图 4-17 所示的放大电路,通过发射极 C_E 对交流而言接"⊥",因此发射极成为输入、输出回路的共同端,故称为共发射极放大电路。本节将讨论集电极作为输入、输出回路的公共端的共集电极放大电路和基极作为输入、输出回路的公共端的共基极放大电路。

4.4.1 共集电极放大电路

1. 电路的组成

图 4-21(a) 所示是共集电极放大电路的原理图。图中直流电源 U_{CC} 使晶体管发射结正偏,U_{CC} 与 R_B、R_E 共同确定合适的基极静态电流 I_{BQ};U_{CC} 也使晶体管集电结反偏,并提供集电极电流和发射极电流回路。画出断开两条电容支路后的直流通路如图 4-21(b) 所示,直流电源 U_{CC} 的正端接集电极,负端接"⊥";画出交流通路、微变等效电路如图 4-21(c)、(d) 所示,可见,**集电极是输入、输出回路的共同端**,所以是共集电极电路。交流信号 u_i 输入时,产生动态的基极电流 i_b,驮载在基极静态电流 I_{BQ} 之上,通过晶体管得到放大了的发射极电流 i_E,其交流分量 i_e 在发射极交流总电阻 $R'_L = R_E \parallel R_L$ 上产生的交流电压即为输出电压 u_o。由于在各种基本放大电路中只有这种电路的输出电压是由发射极获得的,所以共集电极放大电路又称**射极输出器**。

2. 静态分析

在图 4-21(b) 所示直流通路中,电阻 R_E 对于静态工作点的自动调节(负反馈)作用,使 Q 点基本稳定。列直流通路的输入回路 KVL 方程 $U_{CC} = I_{BQ}R_B + U_{BEQ} + (1+\beta)I_{BQ}R_E$,便得到基极静态电流 I_{BQ}、集电极静态电流 I_{CQ} 和管压降 U_{CEQ} 为

$$I_{BQ} = \frac{U_{CC} - U_{BEQ}}{R_B + (1+\beta)R_E} \tag{4-33}$$

$$I_{CQ} = \beta I_{BQ} \tag{4-34}$$

$$U_{CEQ} = U_{CC} - I_{EQ}R_E \tag{4-35}$$

式中,发射极静态电流 $I_{EQ} = I_{CQ} + I_{BQ} = (1+\beta)I_{BQ} \approx I_{CQ}$。

3. 动态分析

根据电压放大倍数 A_u、输入电阻 r_i 的定义,由图 4-21(d) 可分别得到 A_u、r_i 表达式为

$$A_u = \frac{u_o}{u_i} = \frac{(1+\beta)i_b(R_E /\!/ R_L)}{i_b r_{be} + (1+\beta)i_b(R_E /\!/ R_L)} = \frac{(1+\beta)R'_L}{r_{be} + (1+\beta)R'_L} \qquad (4-36)$$

式(4-36)中，$R'_L = R_E /\!/ R_L$，通常$(1+\beta)R'_L \gg r_{be}$，故放大倍数小于1而接近1，并且输出电压与输入电压同相，具有跟随作用，又称**电压跟随器**。

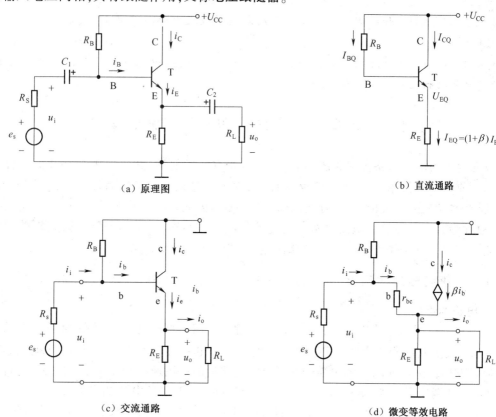

（a）原理图　　　　　　　　　　　　（b）直流通路

（c）交流通路　　　　　　　　　　　（d）微变等效电路

图4-21　共集电极放大电路

$$r_i = \frac{u_i}{i_i} = R_B /\!/ \frac{u_i}{i_b} = R_B /\!/ \frac{i_b r_{be} + (1+\beta)i_b R'_L}{i_b} = R_B /\!/ [r_{be} + (1+\beta)R'_L] \qquad (4-37)$$

可见，共集电极放大电路的输入电阻很高，并且与负载电阻或后一级的输入电阻有关。

计算r_o的电路如图4-22所示。

$$r_o = \frac{u_t}{i_t} \bigg|_{\substack{e_s=0 \\ R_L=0}} = R_E /\!/ \frac{u_t}{-(1+\beta)i_b} = R_E /\!/$$

$$\frac{-i_b(r_{be} + R_s /\!/ R_B)}{-(1+\beta)i_b}，\text{所以}r_o\text{的表达式为}$$

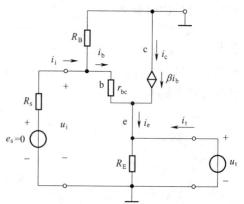

$$r_o = R_E /\!/ \frac{r_{be} + R_s /\!/ R_B}{1+\beta} \qquad (4-38)$$

可见，共集电极放大电路的输出电阻很

图4-22　求共集电极放大电路r_o的电路

小,一般只有几十欧。输出电阻与信号源内阻 R_s 有关或前一级的输出电阻有关。

4.4.2　共集电极放大电路的主要特点及应用

1. 共集电极放大电路的主要特点

输入电阻大;输出电阻小;电压放大倍数小于 1 而接近 1;输出电压与输入电压同相;虽然没有电压放大,却有电流和功率放大作用。

2. 共集电极放大电路的应用

因其输入电阻很高,使信号源的端电压衰减很少,即信号源内阻的影响小,所以可作多级放大器的输入级,如某些测量电压的电子仪器中,输入级采用共集电极放大电路,可使输入到仪器的电压基本等于被测电压,减小了误差,提高了精度;因其输出电阻很低,可获得稳定的输出电压,提高了放大器的带负载能力,所以可作多级放大器的输出级;利用输入电阻大、输出电阻小的特点,可作阻抗变换用,在两级放大器间起缓冲作用。

4.4.3　共基极放大电路

图 4-23(a)是共基极放大电路的原理图,图 4-23(b)、(c)、(d)分别是它的直流通路、交流通路、微变等效电路。由交流通路可见,基极是输入、输出回路的公共端,所以是共基极放大电路。

1. 静态分析

图 4-23(b)是图 4-23(a)所示共基极放大电路的直流通路。它与基极分压射极偏置电路的直流通路一样,因此,Q 点的求法相同,用式(4-22)~式(4-24)求解即可。

2. 动态分析

根据电压放大倍数 A_u、输入电阻 r_i 的定义,由图 4-23(d)可分别得到 A_u、r_i 表达式:

$$A_u = \frac{u_o}{u_i} = \frac{-\beta i_b(R_C /\!/ R_L)}{-i_b r_{be}} = \frac{\beta R_L'}{r_{be}} \tag{4-39}$$

式中,$R_L' = R_C /\!/ R_L$,式(4-39)说明共基极放大电路的电压放大倍数与共射极放大电路的电压放大倍数在数值上相等,但是没有负号,表明输出电压与输入电压同相。

$$r_i = \frac{u_i}{i_i} = R_E /\!/ \frac{-i_b r_{be}}{-i_b(1+\beta)} = R_E /\!/ \frac{r_{be}}{(1+\beta)} \tag{4-40}$$

由图 4-23(d),令 $u_s = 0$,求负载两端看进去的等效电阻,即输出电阻为

$$r_o = \frac{u_o}{-i_o}\bigg|_{e_s=0} = R_C \tag{4-41}$$

例 4-3　在图 4-23(a)中,$U_{CC} = 12$ V,$R_{B1} = 5$ kΩ,$R_{B2} = 1.5$ kΩ,$R_E = 2$ kΩ,$R_C = 5.1$ kΩ,$R_L = 5.1$ kΩ,$\beta = 50$。试求:(1)估算 I_{CQ}、I_{BQ}、U_{CEQ};(2)计算 A_u、r_i、r_o。

解　(1)根据式(4-22)~式(4-24)可得

$$I_{CQ} \approx I_{EQ} = \frac{1}{R_E}\left(\frac{R_{B2}U_{CC}}{R_{B1}+R_{B2}} - U_{BE}\right) = \frac{1}{2}\left(\frac{1.5 \times 12}{5+1.5} - 0.7\right) \text{ mA} = 1.03 \text{ mA}$$

$$I_{BQ} = \frac{1}{\beta}I_{CQ} = \frac{1}{50} \times 1.03 \text{ mA} \approx 0.02 \text{ mA}$$

$$U_{CEQ} \approx U_{CC} - I_{CQ}(R_C + R_E) = [12 - 1.03 \times (5.1 + 2)] \text{ V} = 4.69 \text{ V}$$

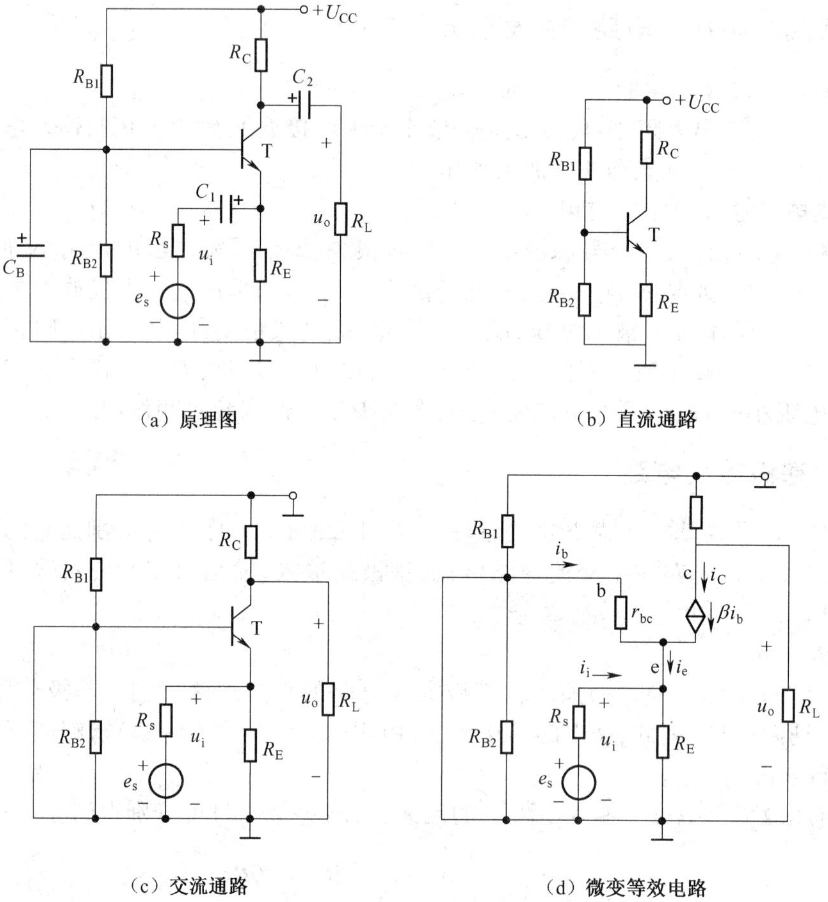

（a）原理图　　　　　　　　　　（b）直流通路

（c）交流通路　　　　　　　　　（d）微变等效电路

图 4-23　共基极放大电路

（2）根据式（4-39）~ 式（4-41）可计算 A_u、R_i、R_o。

$$r_{be} = r_{bb'} + (1 + \beta)\frac{26(\text{mV})}{I_{EQ}(\text{mA})} = \left[200 + (1 + 50) \times \frac{26}{1.03}\right] \Omega = 1.49 \text{ k}\Omega$$

$$A_u = \frac{\beta R'_L}{r_{be}} = \frac{50 \times (5.1 /\!/ 5.1)}{1.49} = 85.6$$

$$r_o = R_C = 5.1 \text{ k}\Omega$$

$$r_i = R_E /\!/ \frac{r_{be}}{1 + \beta} = 2 /\!/ \frac{1.49}{1 + 50} \text{ k}\Omega = 0.029 \text{ k}\Omega$$

练习与思考

4.4.1　共集电极放大电路又称射极输出器，它的主要特点是什么？主要用于什么地方？为什么？

4.4.2　为什么可以称射极输出器为电压跟随器？

4.4.3　晶体管放大电路有哪几种组态？判断放大电路组态的基本方法是什么？

4.4.4　三种组态放大电路各有什么特点？

4.5　组合放大电路

多数的实际应用中,单个晶体管组成的放大电路往往不能满足特定的增益、输入电阻、输出电阻等要求,为此,常把三种组态中的两种进行适当的组合,以便发挥各自的优点,获得更好的性能。这种电路称为**组合放大电路**,如共集-共射放大电路、共射-共基放大电路、共集-共基放大电路、共集-共集放大电路等。

4.5.1　共射-共基放大电路

图 4-24(a)是共射-共基放大电路的原理图,其中 T_1 是共射组态,T_2 是共基组态。由于两管是串联,故又称**串接放大电路**。图 4-24(b)、(c)是图 4-24(a)的交流通路。

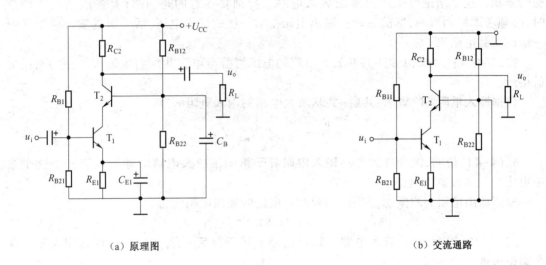

（a）原理图　　　　　　　　　　　　　　　（b）交流通路

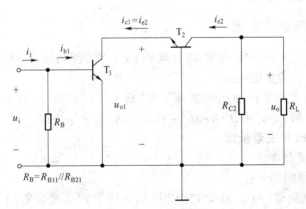

（c）等效处理后的交流通路

图 4-24　共射-共基放大电路

由图 4-24(b)、(c)所示的交流通路可见,第一级输出电压就是第二级输入电压,即 $u_{o1} = u_{i2}$,由此可推导出电压增益的表达式为

$$A_u = \frac{u_o}{u_i} = \frac{u_{o1}}{u_i} \cdot \frac{u_o}{u_{i2}} = A_{u1}A_{u2} \tag{4-42}$$

式中,$A_{u1} = -\frac{\beta_1 R'_{L1}}{r_{be1}} = -\frac{\beta_1 r_{be2}/(1+\beta_2)}{r_{be1}}$,$A_{u2} = \frac{\beta_1 R'_{L2}}{r_{be2}} = \frac{\beta_2(R_{C2} \ // \ R_L)}{r_{be2}}$。

所以,$A_u = -\frac{\beta_1 r_{be2}}{r_{be1}(1+\beta_2)} \cdot \frac{\beta_2(R_{C2} \ // \ R_L)}{r_{be2}}$,因为 $\beta_2 \gg 1$,因此

$$A_u = -\frac{\beta_1(R_{C2} \ // \ R_L)}{r_{be1}} \tag{4-43}$$

式(4-42)说明,组合放大电路**总的电压增益等于组成它的各级单管放大电路电压增益的乘积**。这个结论可推广至多级放大电路。特别要注意的是,在计算各级的电压增益时,必须考虑级间影响,即前一级的输出电压是后一级的输入电压,后一级的输入电阻是前一级的负载电阻 R_L。

由式(4-43)可知,共射-共基放大电路的电压增益与单管共发射极放大电路的电压增益接近。

根据输入电阻 r_i 的概念,共射-共基放大电路的输入电阻 r_i 为

$$r_i = \frac{u_i}{i_i} = R_{B11} \ // \ R_{B12} \ // \ r_{be1} \tag{4-44}$$

式(4-44)说明,组合放大电路**输入电阻等于第一级放大电路的输入电阻** r_{i1}。这个结论可推广至多级放大电路。

根据输出电阻 r_o 的概念,共射-共基放大电路的输出电阻 r_o 为

$$r_o \approx R_{C2} \tag{4-45}$$

式(4-45)说明,组合放大电路的**输出电阻** r_o **等于最后一级(输出级)的输出电阻**。这个结论可推广至多级放大电路。

4.5.2　共集-共集放大电路

图 4-25(a)是共集-共集组合放大电路的原理图,其中 T_1 和 T_2 管组成复合管。图 4-25(b)、(c)是它的交流通路。

对图 4-25 所示电路进行动态性能分析时,首先要了解由 T_1 与 T_2 组成的复合管的特性,求得它的相关参数,然后用式(4-36)~式(4-38)求 A_u、r_i 和 r_o。

1. 复合管的组成及主要参数

1)复合管的组成及类型

复合管的组成原则如下:

(1)同一种导电类型(NPN 型或 PNP 型)的晶体管构成复合管时,**应将前一只晶体管的发射极接至后一只晶体管的基极**;不同导电类型(NPN 型与 PNP 型)的晶体管构成复合管时,**应将前一只晶体管的集电极接至后一只晶体管的基极**,以实现两次电流放大作用。

(2)必须保证两只晶体管均工作在放大状态。图 4-26 是按上述原则构成的复合管原理图。其中图 4-26(a)和图 4-26(b)为同类型的两只晶体管组成的复合管,而图 4-26(c)和图 4-26(d)为不同类型的两只晶体管组成的复合管。

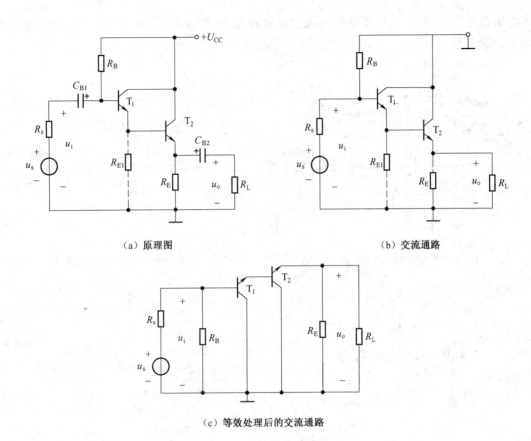

（a）原理图　　　　　　　　　　　（b）交流通路

（c）等效处理后的交流通路

图 4-25　共集-共集放大电路

由复合管图中所标电流的实际方向可以确定复合管的类型,即两管复合后可等效为一只与前级相同类型的晶体管。

2）复合管的主要参数

（1）电流放大系数 β。以图 4-26（a）为例,由图可知,复合管的集电极电流为

$$i_c = i_{c1} + i_{c2} = \beta_1 i_{b1} + \beta_2 i_{b2} = \beta_1 i_b + \beta_2 (1 + \beta_1) i_b$$

所以,复合管的电流放大系数 $\beta = \beta_1 + \beta_2 + \beta_1 \beta_2$,一般有 $\beta_1 \gg 1$、$\beta_2 \gg 1$、$\beta_1 \beta_2 \gg \beta_1 + \beta_2$ 所以

$$\beta \approx \beta_1 \beta_2 \tag{4-46}$$

即复合管的电流放大系数近似等于各组成管电流放大系数的乘积。这个结论同样适用于其他类型的复合管。

（2）输入电阻 r_{be}。由图 4-26（a）、（b）可见,对于同类型的两只晶体管构成的复合管而言,其输入电阻为

$$r_{be} = r_{be1} + (1 + \beta_1) r_{be2} \tag{4-47}$$

由图 4-26（c）、（d）可见,对于不同类型的两只晶体管构成的复合管而言,其输入电阻为

$$r_{be} = r_{be1} \tag{4-48}$$

式（4-47）、式（4-48）说明,复合管的**输入电阻与 T_1、T_2 的接法有关**。

综上所述,复合管具有很高的电流放大系数;若用同类型的晶体管构成复合管时,其输

入电阻会增加。因此,与单管共集电极放大电路相比,图 4-26 所示共集-共集放大电路的动态性能更好。

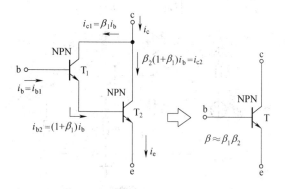

（a）NPN型与NPN型晶体管组成的复合管

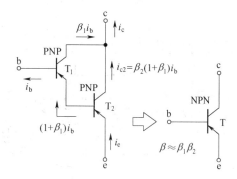

（b）PNP型与PNP型晶体管组成的复合管

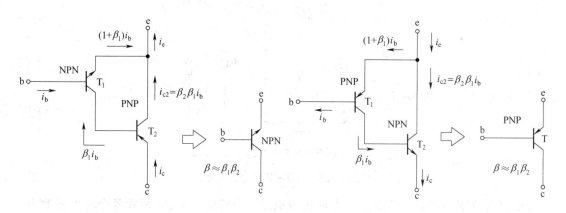

（c）NPN型与PNP型晶体管组成的复合管　　　　　（d）PNP型与NPN型晶体管组成的复合管

图 4-26　复合管原理图

2. 共集-共集放大电路的 A_u、r_i 和 r_o

$$A_u = \frac{u_o}{u_i} = \frac{(1+\beta)R'_L}{r_{be}+(1+\beta)R'_L} \tag{4-49}$$

式中, $\beta \approx \beta_1 \beta_2$; $r_{be} = r_{be1} + (1+\beta_1)r_{be2}$; $R'_L = R_E \mathbin{/\mkern-5mu/} R_L$。

$$r_i = R_B \mathbin{/\mkern-5mu/} [r_{be}+(1+\beta)R'_L] \tag{4-50}$$

$$r_o = R_E \mathbin{/\mkern-5mu/} \frac{r_{be}+R_s \mathbin{/\mkern-5mu/} R_B}{1+\beta} \tag{4-51}$$

上述表达式表明,由于采用了复合管,使共集-共集放大电路比单管共集电极放大电路的电压跟随特性更好,即 A_u 更接近于1,输入电阻 r_i 更高,而输出电阻 r_o 更小。

值得注意的是,在图 4-25(a)中,由于 T_1、T_2 两管的工作电流不同,即有 $I_{C2} \gg I_{C1}$, T_1 管的工作电流小,因而 β_1 较低。为了克服这一缺点,可在 T_1 管的射极与公共端之间加接一只数十千欧以上的电阻 R_{E1},如图 4-25(a)中的虚线所示,以调整 T_1 管的静态工作点 Q,改善其性能。在集成电路中常用电流源代替电阻 R_{E1}。

例 4-4　共射-共基电路如图 4-27 所示,已知两只晶体管的 $\beta = 100$, $U_{BEQ} = 0.7$ V, $r_{ce} =$

∞ , 其他参数如图 4-27 所示。（1）当 $R_1+R_2+R_3=$ 100 kΩ, $U_{CEQ1}=U_{CEQ2}=4$ V, $I_{CQ2}=0.5$ mA 时, 求 R_E、R_1、R_2 和 R_3 的值。（2）求电路总电压增益 A_u 输入电阻 r_i 和输出电阻 r_o。

解 （1）求 R_C、R_1、R_2 和 R_3 的值：

由图 4-27 可知, $I_{EQ1} \approx I_{CQ1} \approx I_{EQ2} \approx I_{CQ2} \approx 0.5$ mA 。因晶体管的 $\beta=100$, 两管基极静态电流很小, 计算时可忽略。$U_{EQ1}=I_{EQ2}R_E \approx 1.5 \times 0.5$ V $=0.25$ V。

$$U_{BQ1}=U_{BEQ1}+U_{EQ1}=(0.7+0.25) \text{ V}=0.95 \text{ V}$$
$$U_{CQ2}=U_{EQ1}+U_{CEQ1}+U_{CEQ2}=(0.25+4+4) \text{ V}=8.25 \text{ V}$$
$$U_{BQ2}=U_{EQ1}+U_{CEQ1}+U_{BEQ2}=(0.25+4+0.7) \text{ V}=4.95 \text{ V}$$
$$R_C=\frac{U_{CC}-U_{CQ2}}{I_{CQ2}}=\frac{12-8.25}{0.5} \text{ k}\Omega=7.5 \text{ k}\Omega$$

忽略基极静态电流时, 可以认为流过 R_1、R_2 和 R_3 的直流电流相等, 为 $U_{CC}/(R_1+R_2+R_3)$, 于是求得

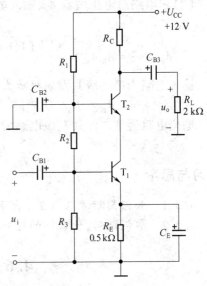

图 4-27 例 4-4 电路图

$$R_3=\frac{U_{BQ1}}{U_{CC}/(R_1+R_2+R_3)}=\frac{0.95}{12/100} \text{ k}\Omega=7.9 \text{ k}\Omega$$

$$R_2=\frac{U_{BQ2}-U_{BQ1}}{U_{CC}/(R_1+R_2+R_3)}=\frac{4.95-0.95}{12/100} \text{ k}\Omega \approx 33.3 \text{ k}\Omega$$

$$R_1=\frac{U_{CC}-U_{BQ2}}{U_{CC}/(R_1+R_2+R_3)}=\frac{12-4.95}{12/100} \text{ k}\Omega \approx 58.8 \text{ k}\Omega$$

图 4-28 是图 4-27 所示电路的交流通路。晶体管的输入电阻为

$$r_{be1}=r_{be2}+r_{bb}+(1+\beta)\frac{26(\text{mV})}{I_{CQ}(\text{mA})}\left[200+(1+100)\times\frac{26}{0.5}\right]\Omega \approx 5.45 \text{ k}\Omega$$

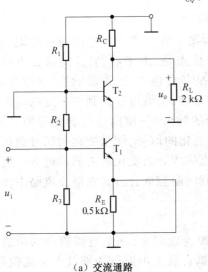

（a）交流通路

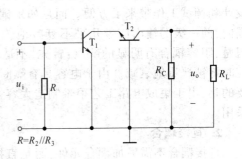

（b）等效处理后的交流通路

图 4-28 图 4-27 的交流通路

（2）求电路总电压增益 A_u、输入电阻 r_i 和输出电阻 r_o。

$$A_u = \frac{u_o}{u_i} = A_{u1}A_{u2} = -\frac{\beta_1 \frac{r_{be2}}{(1+\beta_2)}}{r_{be1}} \cdot \frac{\beta_2(R_C /\!/ R_L)}{r_{be2}} \approx -\frac{\beta_1(R_C /\!/ R_L)}{r_{be1}} = -29$$

输入电阻为第一级共发射极放大电路的输入电阻：

$$r_i = (R_2 /\!/ R_3) /\!/ r_{be1} = [(33.3 /\!/ 7.9) /\!/ 5.45] \text{ k}\Omega \approx 2.94 \text{ k}\Omega$$

输出电阻为第二级共基极电路的输出电阻：

$$r_o = R_C = 7.5 \text{ k}\Omega$$

练习与思考

4.5.1　如何判断两只连在一起的晶体管是否可作为复合管？

4.5.2　举例说明，什么样的连接能够作为复合管？什么样的连接不能作为复合管？

4.6　多级放大电路

一般情况下，单管放大电路的电压放大倍数只能达到几十倍，放大电路的其他技术指标也难以达到实际工作中提出的要求，因此，在实际的电子设备中，大都采用各种各样的多级放大电路。本节主要介绍多级放大电路的耦合方式与动态指标的分析方法。

4.6.1　多级放大电路的耦合方式

多级放大电路中，级间的连接方式称为**耦合方式**，对耦合方式的基本要求是：信号的损失要尽可能小，各级放大电路都有合适的静态工作点。

放大电路的级间耦合方式有**阻容耦合**、**直接耦合**、**变压器耦合**等几种。变压器耦合是用变压器作为耦合元件，由于变压器体积大，高频特性差，目前很少采用，故这里不作介绍。

1. 阻容耦合

图 4-29 所示为两级放大电路。由图可见，电路的第一级与第二级之间通过电阻和电容连接，故称为阻容耦合放大电路。阻容耦合的主要优点是，由于前、后级间通过电容连接，故前、后级间的直流通路是断开的，因此各级 Q 点是各自独立、互不影响的，这给分析、设计和调试工作带来了方便。而且如果耦合电容的值足够大，就可以做到在一定的频率范围内，前一级的输出信号几乎不衰减地传送到后一级的输入端，使信号得到充分的利用。但是，阻容耦合有明显的缺点：首先，不适合传送缓慢变化的信号，缓慢变化的信号通过电容时将被严重地衰减。由于电容具有隔断直流作用，直流成分的变化不能通过电容。更重要的是，由于集成电路工艺很难制造大容量的电容，因此，阻容耦合方式在集成电路中无法采用。

2. 直接耦合

直接耦合不需另加耦合元件，而是直接将前后两级连接起来，一个直接耦合的两级放大电路（R_{C1} 和 R_{B3} 也可以合并）如图 4-30 所示。直接耦合放大电路既能够放大交流信号，又能够放大缓慢变化的信号和直流信号。更重要的是，直接耦合方式便于集成化，因此，实际的集成运算放大电路，通常都是直接耦合多级放大电路。但是，直接耦合存在各级 **Q 点**

相互影响的缺点。若简单地直接将前后级连接起来,有时并不能正常工作,须采取适当措施来保证前后级各自有合适的 Q 点。直接耦合放大电路最突出的缺点,就是存在**零点漂移**问题。零点漂移是指当输入信号为零时,输出电压缓慢地发生不规则变化的现象。产生零点漂移的主要原因是放大器件的参数受温度的影响而发生波动,导致放大电路的 Q 点不稳定,而前、后级又采用直接耦合方式,使 Q 点的缓慢变化逐级传递和放大。因此,一般来说,直接耦合放大电路的级数越多,则零点漂移越严重。显然,控制多级直接耦合放大电路零点漂移的关键在于控制第一级的零点漂移。在集成运算放大电路输入级中,采用差分放大电路的结构有效地抑制了零点漂移。

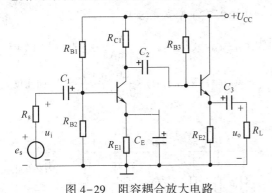

图 4-29　阻容耦合放大电路

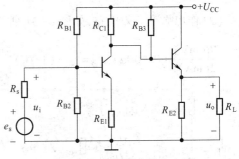

图 4-30　直接耦合放大电路

4.6.2　多级放大电路的动态指标分析

将各级的微变等效电路级联,可得多级放大电路的微变等效电路,它用于动态指标分析。

1. 电压放大倍数 A_u

多级放大电路的电压放大倍数 A_u 等于各级电压放大倍数 A_{u1}、A_{u2} 的乘积,当为两级时,有

$$A_u = A_{u1}A_{u2} \tag{4-52}$$

A_{u1} 和 A_{u2} 的计算公式按该级放大电路的具体情况而定,但要注意后级的输入电阻 r_{i2} 就是前级的负载电阻 R_{L1},前级的输出电阻 r_{o1} 就是后级的信号源内阻 R_{s2},即

$$R_{L1} = r_{i2} \tag{4-53}$$

$$R_{s2} = r_{o1} \tag{4-54}$$

2. 输入电阻 r_i

多级放大电路的输入电阻 r_i,就是第一级的输入电阻 r_{i1},即

$$r_i = r_{i1} \tag{4-55}$$

3. 输出电阻 r_o

多级放大电路的输出电阻 r_o,就是最后一级的输出电阻 r_{o2},即

$$r_o = r_{o2} \tag{4-56}$$

例 4-5　在图 4-29 所示的两级阻容耦合放大电路中,已知 $U_{CC} = 12$ V,$R_{B1} = 30$ kΩ,$R_{B2} = 10$ kΩ,$R_{C1} = 2$ kΩ,$R_{E1} = 1.2$ kΩ,$R_{B3} = 300$ kΩ,$R_{E2} = 10$ kΩ,$R_L = 3$ kΩ,晶体管的 $U_{BEQ1} = U_{EBQ2} = 0.6$ V,$r_{bb'} = 300$ Ω,$\beta_1 = \beta_2 = 50$。试求:(1)各级的静态工作点;(2)作出微变等效电路;(3)求电压放大倍数 A_u、输入电阻 r_i、输出电阻 r_o。

解 (1)各级的静态工作点：

第一级：$U_{BQ1} \approx U_{CC} R_{B2}/(R_{B1}+R_{B2}) = [12 \times 10/(30+10)]$ V $= 3$ V

$$I_{CQ1} \approx I_{EQ1} = (U_{BQ1} - U_{BEQ1})/R_{E1} = [(3-0.6)/1.2] \text{ mA} = 2 \text{ mA}$$

$$I_{BQ1} = I_{CQ1}/\beta_1 = (2/50) \text{ mA} = 0.040 \text{ mA}$$

$$U_{CEQ1} \approx U_{CC} - I_{CQ1}(R_{C1}+R_{E1}) = [12 - 2 \times (2+1.2)] \text{ V} = 5.6 \text{ V}$$

第二级：$I_{BQ2} = \dfrac{U_{CC}-U_{BEQ2}}{R_{B3}+(1+\beta_2)R_{E2}} = \dfrac{12-0.6}{300+(1+50)\times 10}$ mA $= 0.014$ mA

$$I_{EQ2} = (1+\beta_2)I_{BQ2} = (1+50)\times 0.014 \text{ mA} = 0.72 \text{ mA}$$

$$U_{CEQ2} = U_{CC} - R_{E2}I_{EQ2} = (12 - 10 \times 0.72) \text{ V} = 4.8 \text{ V}$$

（2）作出微变等效电路，如图 4-31 所示，图中 $r_{be1} = r_{bb'} + (1+\beta_1)\dfrac{26(\text{mV})}{I_{EQ1}(\text{mA})} = 300(\Omega) + (1+$

$50) \times \dfrac{26(\text{mV})}{2(\text{mA})} = 0.96$ kΩ，$r_{be2} = r_{bb'} + (1+\beta_2)\dfrac{26(\text{mV})}{I_{EQ2}(\text{mA})} = 300(\Omega) + (1+50) \times \dfrac{26(\text{mV})}{0.72(\text{mA})} = 2.14$ kΩ。

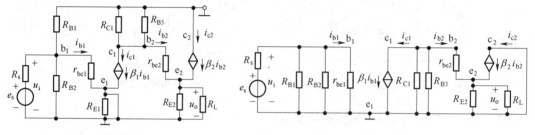

（a）微变等效电路　　　　　　　（b）经过等效变换后的微变等效电路

图 4-31　图 4-29 电路的微变等效电路

（3）求电压放大倍数 A_u、输入电阻 r_i、输出电阻 r_o：

$$r_{i2} = R_{B3} \text{ // } [r_{be2}+(1+\beta_2)(R_{E2} \text{ // } R_L)] = \{300 \text{ // } [2.14+51\times(3 \text{ // } 10)]\} \text{ k}\Omega = 85.61 \text{ k}\Omega$$

$R'_{L1} = R_{C1} \text{ // } r_{i2} = (2 \text{ // } 85.61) \text{ k}\Omega = 1.95 \text{ k}\Omega$，$A_{u1} = -\beta_1 R'_{L1}/r_{be1} = -50 \times 1.95/0.96 = -101.6$

$$A_{u2} = \frac{(1+\beta_2)R'_{L2}}{r_{be2}+(1+\beta_2)R'_{L2}} \approx 1，所以，A_u = A_{u1} \times A_{u2} = -101.6 \times 1 = -101.6$$

$$r_i = R_{B1} \text{ // } R_{B2} \text{ // } r_{be1} = (30 \text{ // } 10 \text{ // } 0.96) \text{ k}\Omega = 0.851 \text{ k}\Omega$$

$$r_o = R_{E2} \text{ // } \frac{R_{C1} \text{ // } R_{B3} + r_{be2}}{1+\beta_2} = \left(10 \text{ // } \frac{2 \text{ // } 300 + 2.14}{1+50}\right) \text{ k}\Omega = 0.080\,27 \text{ k}\Omega = 80.27 \text{ }\Omega$$

例 4-6　在图 4-32 所示的由 NPN 型和 PNP 型晶体管组成的双电源直接耦合放大电路中，已知 $U_{CC} = U_{EE} = 18$ V，$R_{C1} = 5.6$ kΩ，$R_{C2} = 4.7$ kΩ，$R_{E1} = 0.2$ kΩ，$R_L = 4.7$ kΩ，$R_{E2} =$ 1.2 kΩ 晶体管的 $U_{BEQ1} = U_{BEQ2} = 0.7$ V，$r_{bb'} = 300$ Ω，$\beta_1 = 50$，$\beta_2 = 30$。假设输入信号为零时，输出电压为零。试求：(1)静态工作点；(2)电压放大倍数 A_u、输入电阻 r_i、输出电阻 r_o。

解　(1)因为假设输入信号为零时，输出电压为零，所以

$$I_{CQ2} = \frac{0-(-U_{EE})}{R_{C2}} = \frac{0-(-18)}{4.7} \text{ mA} = 3.83 \text{ mA}$$

则 $I_{BQ2} = \dfrac{I_{CQ2}}{\beta_2} = \dfrac{3.83}{30}$ mA ≈ 0.13 mA

$$I_{EQ2} = I_{CQ2} + I_{BQ2} = (3.83+0.13) \text{ mA} = 3.96 \text{ mA}$$

$$U_{EQ2} = U_{CC} - I_{EQ2}R_{E2} = （18 - 3.96 \times 1.2）V = 13.2\ V$$

$$U_{CEQ2} = U_{CQ2} - U_{EQ2} = （0 - 13.2）V = -13.2\ V$$

$$U_{CQ1} = U_{EQ2} - U_{EBQ2} = （13.2 - 0.7）V = 12.5\ V$$

$$I_{R_{C1}} = （U_{CC} - U_{CQ1}）/R_{C1} = [（18 - 12.5）/5.6]\ mA = 0.98\ mA$$

$$I_{CQ1} = I_{BQ2} + I_{R_{C1}} = （0.13 + 0.98）mA = 1.11\ mA$$

$$I_{BQ1} = I_{CQ1}/\beta_1 = （1.11/50）mA = 0.022\ mA$$

$$I_{EQ1} = I_{CQ1} + I_{BQ1} = （1.11 + 0.022）mA = 1.13\ mA$$

$$U_{CEQ1} = U_{CQ1} + U_{EE} - I_{EQ2}R_{E1} = （12.5 + 18 - 1.13）V = 19.37\ V$$

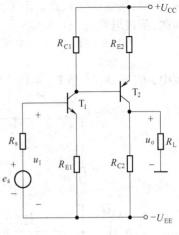

图 4-32　例 4-6 电路图

（2）电压放大倍数 A_u、输入电阻 r_i、输出电阻 r_o：

$$r_{be1} = r_{bb'} + （1 + \beta_1） \times 26/I_{EQ1} = [300 + （1 + 50） \times 26/1.13]\ \Omega$$
$$= 1\ 473\ \Omega = 1.47\ k\Omega$$

$$r_{be2} = r_{bb'} + （1 + \beta_2） \times 26/I_{EQ2} = [300 + （1 + 30） \times 26/3.96]\ \Omega$$
$$= 504\ \Omega = 0.504\ k\Omega$$

$$r_{i2} = r_{be2} + （1 + \beta_2）R_{E2} = [0.504 + （1 + 30） \times 1.2]\ k\Omega = 37.7\ k\Omega$$

$$A_{u1} = -\frac{\beta_1（R_{C1}\ /\!/\ r_{i2}）}{r_{be1} + （1 + \beta_1）R_{E1}} = -\frac{50 \times （5.6\ /\!/\ 37.3）}{1.47 + 51 \times 0.2} = -20.9$$

$$A_{u2} = -\frac{\beta_2（R_{C2}\ /\!/\ R_L）}{r_{be2} + （1 + \beta_2）R_{E2}} = -\frac{30 \times （4.7\ /\!/\ 4.7）}{0.504 + 31 \times 1.2} = -1.87$$

$$A_u = A_{u1}A_{u2} = -20.9 \times （-1.87） = 39.1$$

$$r_i = r_{be1} + （1 + \beta_1）R_{E1} = （1.47 + 51 \times 0.2）k\Omega = 11.7\ k\Omega, r_o = R_{C2} = 4.7\ k\Omega$$

练习与思考

4.6.1　直接耦合放大电路是否只能放大直流信号而不能放大交流信号？

4.6.2　为什么阻容耦合放大电路不强调零点漂移问题？

4.6.3　阻容耦合电压放大电路的静态工作点如何计算？A_u、r_i 和 r_o 如何计算？

4.7　场效应管放大电路

场效应管也是组成放大电路常用的放大元件。它的源极 s、漏极 d、栅极 g 分别与晶体管的发射极 e、集电极 c、基极 b 相对应，两种放大元件组成的放大电路，所采用的分析方法基本一致。从实用出发，本节介绍增强型 N 沟道 MOS（NMOS）管组成的放大电路。

4.7.1　共源极放大电路

1. 直流偏置及静态工作点的计算

1）简单的共源极放大电路

图 4-33（a）是 NMOS 简单的共源极放大电路。它的直流通路如图 4-33（b）所示。由直流通路可知，栅-源直流电压 U_{GSQ} 是由 R_{g1}、R_{g2} 组成的分压偏置电路提供的。因此有

$$U_{GSQ} = \frac{R_{g2}U_{DD}}{R_{g1} + R_{g2}} \tag{4-57}$$

设增强型 NMOS 场效应管的开启电压为 U_T，若 $U_{GS} > U_T$，则增强型 NMOS 场效应管导

通;否则,场效应管截止。当 $U_{GS}>U_T$, $U_{GD}=U_{GS}-U_{DS}<U_T$ 即 $U_{DS}>U_{GS}-U_T$ 时,NMOS 管工作于饱和区,漏极电流为

$$I_D = K_n (U_{GS} - U_T)^2 = I_{DO}\left(\frac{U_{GS}}{U_T} - 1\right)^2 \tag{4-58}$$

式中, $I_{DO} = K_n U_T^2$ 是 $U_{GS}=2U_T$ 时的 I_D; K_n 为电导常数,单位是 mA/V^2。

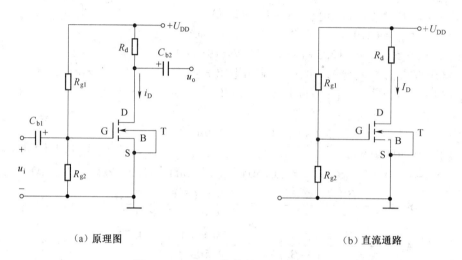

（a）原理图　　　　　　　　　　　　　　（b）直流通路

图 4-33　NMOS 简单共源极放大电路

漏-源直流电压 U_{DSQ} 为

$$U_{DSQ} = U_{DD} - I_{DQ}R_d \tag{4-59}$$

增强型 NMOS 场效应管静态(直流)计算的步骤:

(1)首先计算 U_{GS},若 $U_{GS}>U_T$,则增强型 NMOS 场效应管导通,否则场效应管截止。

(2)若场效应管导通,则假设 NMOS 管工作于饱和区,则漏极电流为

$$I_D = K_n (U_{GS} - U_T)^2 = I_{DO}\left(\frac{U_{GS}}{U_T} - 1\right)^2$$

用此 I_D 计算 U_{DS},应该满足 $U_{DS}>U_{GS}-U_T$,否则 NMOS 管不工作于饱和区(恒流区或放大区),而是工作于可变电阻区。可变电阻区 $U_{DS}<U_{GS}-U_T$,漏极电流为 $I_D = 2K_n (U_{GS}-U_T) U_{DS}$。

例 4-7　设图 4-33(a)中 $R_{g1}=60\ k\Omega$, $R_{g2}=40\ k\Omega$, $R_d=15\ k\Omega$, $U_{DD}=5\ V$, $U_T=1\ V$, $K_n=0.2\ mA/V^2$,试计算电路的静态漏极电流 I_{DQ} 和漏-源电压 U_{DSQ}。

解　$U_{GSQ} = \dfrac{R_{g2}U_{DD}}{R_{g1} + R_{g2}} = \dfrac{40 \times 5}{60 + 40}\ V = 2\ V$,因为 $U_{GS} > U_T$,所以场效应管导通。假设工作在饱和区,则 $I_{DQ}=K_n(U_{GS}-U_T)^2=0.2\times(2-1)^2\ mA=0.2\ mA$, $U_{DSQ}=U_{DD}-I_{DQ}R_d=(5-0.2\times 15)\ V=4.7\ V$。

因为 $U_{DS}>U_{GS}-U_T$,所以场效应管工作在饱和区的假设成立,所以上述计算结果即为所求。

2)带源极电阻的 NMOS 共源极放大电路

带源极电阻的 NMOS 共源极放大电路如图 4-34(a)所示。此时它的直流通路如图 4-34(b)所示。由直流通路可知

$$U_{GSQ} = R_{g2}(U_{DD} + U_{SS})/(R_{g1} + R_{g2}) - I_{DQ}R \tag{4-60}$$

饱和区时,NMOS 静态漏极电流为

$$I_{DQ} = K_n (U_{GSQ} - U_T)^2 = I_{DO} (U_{GSQ}/U_T - 1)^2 \qquad (4-61)$$

漏-源电压为

$$U_{DSQ} = U_{DD} + U_{SS} - I_{DQ}(R_d + R) \qquad (4-62)$$

需要验证是否满足 $U_{DS} > U_{GS} - U_T$。

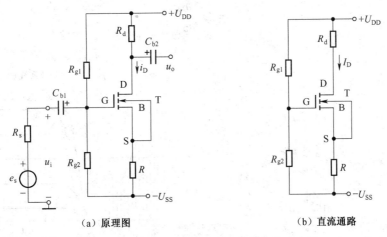

（a）原理图　　　　　　　　　　（b）直流通路

图 4-34　带源极电阻的 NMOS 共源极放大电路

3）由电流源提供偏置的 NMOS 共源极放大电路

电流源偏置的 NMOS 共源极放大电路如图 4-35 所示。

静态时,$u_I = 0$,$U_{GQ} = 0$,$I_{DQ} = I$。

饱和区时,NMOS 静态漏极电流为

$$I_{DQ} = K_n (U_{GSQ} - U_T)^2 = I_{DO}\left(\frac{U_{GSQ}}{U_T} - 1\right)^2$$

$$U_{SQ} = U_{GQ} - U_{GSQ}$$

2. 图解分析

图 4-36 是图解分析用的共源极放大电路。为了使得 NMOS 在饱和区工作,图中 U_{GG} 足够大以满足 $U_{GSQ} = U_{GG} > U_T$。图解分析如图 4-37 所示,直流负载线 $U_{DS} = U_{DD} - I_D R_d$ 与对应于 $U_{GSQ} = U_{GG}$ 的那条 NMOS 管输出特性曲线 $i_D = f(u_{DS})|_{u_{GS}=U_{GG}}$ 的交点就是静态工作点 Q,相应坐标为 (U_{DSQ}, I_{DQ})。

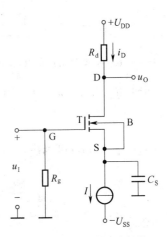

图 4-35　电流源偏置的
NMOS 共源极放大电路

当 $u_i \neq 0$ 时,$u_{GS} = U_{GG} + u_i = U_{GSQ} + u_{gs}$,则相应地要产生 $i_D(= I_{DQ} + i_d)$ 和 $u_{DS}(= U_{DSQ} + u_{ds})$ 变化量。如图 4-37 中阴影线所示。注意:一般情况下应该用交流负载线求 i_D 和 u_{DS},这里负载开路,交流负载线与直流负载线相同。通常 $u_{ds} \gg u_{gs}$,实现了电压放大。

3. 微变等效电路分析法

1）场效应管的微变等效电路

场效应管漏极电流可以表达为 $i_D = f(u_{GS}, u_{DS})$,i_D 在 Q 点的全微分表达式为

$$di_D = \frac{\partial i_D}{\partial u_{GS}}\bigg|_{U_{DSQ}} du_{GS} + \frac{\partial i_D}{\partial u_{DS}}\bigg|_{U_{GSQ}} du_{DS} \tag{4-63}$$

现分别定义场效应管的跨导 g_m、漏–源之间的等效电阻 r_{ds} 为

$$g_m = \frac{\partial i_D}{\partial u_{GS}}\bigg|_{U_{DSQ}} \tag{4-64}$$

$$r_{ds} = 1 / \frac{\partial i_D}{\partial u_{DS}}\bigg|_{U_{GSQ}} \tag{4-65}$$

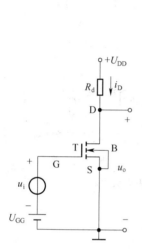

图 4-36　图解分析用的共源极放大电路

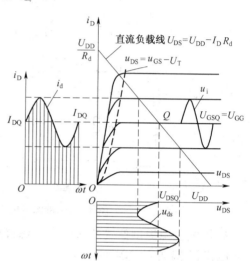

图 4-37　图 4-36 电路的图解分析

同时 di_D、du_{GS}、du_{DS} 分别用在静态工作点 Q 基础上的变化量 i_d、u_{gs}、u_{ds} 表示,则

$$i_d = g_m u_{gs} + \frac{1}{r_{ds}} u_{ds} \tag{4-66}$$

根据式(4-66)可画出场效应管的微变等效电路,如图 4-38 所示。

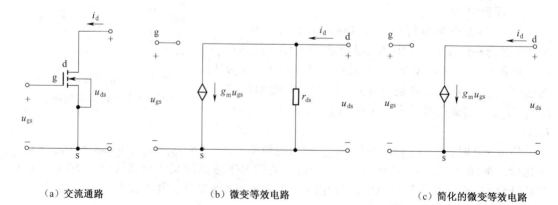

（a）交流通路　　　　　　　　（b）微变等效电路　　　　　　　（c）简化的微变等效电路

图 4-38　共源极 NMOS 场效应管的微变等效电路

在场效应管的微变等效电路中,g_m、r_{ds} 可以根据式(4-64)、式(4-65)在场效应管的特性曲线上通过作图的方法求取。其中 g_m 也可根据 NMOS 管工作于饱和区的漏极电流表达

式 $i_D = K_n(u_{GS} - U_T)^2 = I_{DO}(u_{GS}/U_T - 1)^2$（式中 $I_{DO} = K_n U_T^2$ 是 $u_{GS} = 2U_T$ 时的 i_D 求得，即

$$g_m = \frac{\mathrm{d}i_D}{\mathrm{d}u_{GS}} = \frac{2I_{DO}}{U_T}\left(\frac{u_{GS}}{U_T} - 1\right) = \frac{2}{U_T}\sqrt{I_{DO}i_D} = 2\sqrt{K_n i_D} = 2K_n(u_{GS} - U_T)$$

在 Q 点求导数，则可得

$$g_m = \frac{2I_{DO}}{U_T}\left(\frac{U_{GSQ}}{U_T} - 1\right) = \frac{2}{U_T}\sqrt{I_{DO}I_{DQ}} = 2\sqrt{K_n I_{DQ}} = 2K_n(U_{GSQ} - U_T) \tag{4-67}$$

由式（4-67）可见，Q 越高，即 I_{DQ} 或 U_{GSQ} 越大，跨导 g_m 数值就越大。一般 g_m 为 0.1~20 mS。

漏-源之间的等效电阻 r_{ds} 可由下式计算，即

$$r_{ds} = \frac{1}{\lambda I_{DQ}} \tag{4-68}$$

式中，$\lambda \approx \dfrac{0.1}{L}$ 为沟道长度调制参数（单位为 1/V），这里沟道长度 L 的单位为 μm；r_{ds} 通常为几十千欧至几百千欧，当负载电阻 R_d 满足 $R_d \ll r_{ds}$ 时，可认为图 4-38(b) 所示微变等效电路中的 r_{ds} 开路，从而得到简化的微变等效电路，如图 4-38(c) 所示。

2）用微变等效电路法分析场效应管放大电路

现以图 4-39(a) 所示的典型分压-自偏压共源放大电路为例，用微变等效电路法分析放大电路的动态性能指标，具体如下：

(1) 画放大电路的微变等效电路。首先，按照场效应管的 g、s 间开路并标上电压 u_{gs}，d、s 间用一个受 u_{gs} 控制的受控电流源并联 r_{ds} 等效代替的画法，画出场效应管的微变等效电路。一般负载电阻 R_d 满足 $R_d \ll r_{ds}$，可认为 r_{ds} 开路，从而得到场效应管的简化微变等效电路。

然后，按照交流通路的画法（如直流电压源及电路中的耦合电容对于交流信号视为短路），分别画出与场效应管的 g、s、d 三个电极相连支路的交流通路，标出各电压及电流的假定正方向，得到放大电路的微变等效电路，如图 4-39(b) 所示。

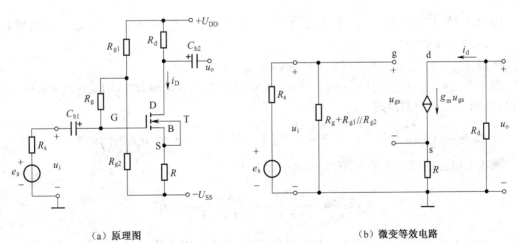

(a) 原理图　　　　　　　　　　　　　　(b) 微变等效电路

图 4-39　典型分压-自偏压共源放大电路

(2) 估算 g_m 及 r_{ds}。求得静态值 I_{DQ} 或 U_{GSQ}，按式（4-67）、式（4-68）分别计算 g_m、r_{ds}，并

且要验证 R_d 满足的条件 $R_d \ll r_{ds}$ 成立。否则,微变等效电路中须考虑 r_{ds} 的存在。

（3）求电压放大倍数 A_u:

$$A_u = \frac{u_o}{u_i} = \frac{-g_m u_{gs} R_d}{u_{gs} + g_m u_{gs} R} = -\frac{g_m R_d}{1 + g_m R} \qquad (4-69)$$

式中,负号表示共源极放大电路输出电压与输入电压相位相反。

显然,用式(4-69)表示开路,即 $R_L = \infty$ 时电压放大倍数。如果输出端接上负载 R_L,则应该以 $R_L' = R_d \mathbin{/\mkern-5mu/} R_L$ 代替式(4-69)中的 R_d 进行电压放大倍数的计算。如果源极电阻 R 并联有旁路电容 C_s,则电压放大倍数会提高,即

$$A_u = -g_m R_L' \qquad (4-70)$$

（4）求输入电阻 r_i:

$$r_i = \frac{u_i}{i_i} = R_g + R_{g1} \mathbin{/\mkern-5mu/} R_{g2} \qquad (4-71)$$

（5）求输出电阻 r_o。图 4-39 所示放大电路输出电阻的求取电路如图 4-40 所示。由图 4-40 可知,共发射极放大电路输出电阻为

$$r_o = u_t / i_t \Big|_{\substack{e_s=0 \\ R_L=\infty}} = R_d \qquad (4-72)$$

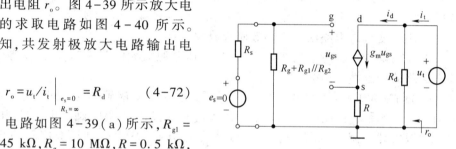

图 4-40　求图 4-39 放大电路输出电阻的电路

例 4-8　电路如图 4-39(a)所示, $R_{g1} = 155 \text{ k}\Omega$, $R_{g2} = 45 \text{ k}\Omega$, $R_g = 10 \text{ M}\Omega$, $R = 0.5 \text{ k}\Omega$, $R_s = 4 \text{ k}\Omega$, $R_d = 10 \text{ k}\Omega$, $U_{DD} = 5 \text{ V}$, $-U_{SS} = -5 \text{ V}$, $U_T = 1 \text{ V}$, $K_n = 0.5 \text{ mA/V}^2$, $\lambda = 0$。试计算电路的电压放大倍数 A_{uo}、输入电阻 r_i、输出电阻 r_o。

解　$U_{GSQ} = R_{g2}(U_{DD} + U_{SS})/(R_{g1} + R_{g2}) - I_{DQ} R = 45 \times (5+5)/(155+45) - 0.5 I_{DQ} = 2.25 - 0.5 I_{DQ}$。

饱和区时,NMOS 静态漏极电流为 $I_{DQ} = K_n (U_{GSQ} - U_T)^2 = 0.5 (U_{GSQ} - 1)^2$ 所以, $U_{GSQ} = 2.25 - 0.25 (U_{GSQ} - 1)^2$。

解得: $U_{GS} = 2 \text{ V}$, $I_{DQ} = 0.5 \times (2-1)^2 \text{ mA} = 0.5 \text{ mA}$。

由于 $U_{DSQ} = U_{DD} + U_{SS} - I_{DQ}(R_d + R) = [5 + 5 - 0.5 \times (10 + 0.5)] \text{ V} = 4.75 \text{ V} > U_{GSQ} - U_T = 1 \text{ V}$。所以,饱和区工作的假设成立。

而 $g_m = 2K_n(U_{GSQ} - U_T) = [2 \times 0.5 \times (2 - 1)] \text{ mS} = 1 \text{ mS}$, $r_{ds} = \dfrac{1}{\lambda I_{DQ}} = \infty$

画放大电路的微变等效电路,如图 4-33(b)所示。

$$A_{uo} = \frac{u_o'}{u_i} = -\frac{g_m R_d}{1 + g_m R} = -\frac{1 \times 10}{1 + 1 \times 0.5} = -6.67$$

$$r_i = R_g + R_{g1} \mathbin{/\mkern-5mu/} R_{g2} = (10 + 0.155 \mathbin{/\mkern-5mu/} 0.045) \text{ M}\Omega = 10.035 \text{ M}\Omega, \quad r_o = R_d = 10 \text{ k}\Omega$$

$$A_{us} = A_u \frac{r_i}{r_i + R_s} = -6.67 \times \frac{10.035}{10.035 + 0.004} = -\frac{1 \times 10}{1 + 1 \times 0.5} = -6.667$$

4.7.2　共漏极放大电路

共漏极放大电路又称**源极输出器或源极跟随器**,具有与射极输出器类似的特点,如输入电阻高、输出电阻低、电压放大倍数小于 1 而接近于 1 等,所以应用比较广泛。

下面以图 4-41(a)所示的源极输出器的典型电路为例,分析动态性能指标,具体如下:

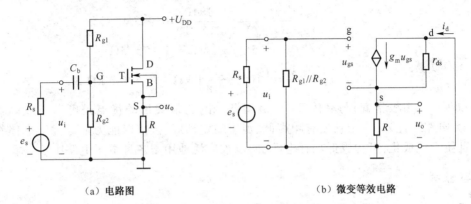

(a) 电路图　　　　　　　　　　(b) 微变等效电路

图 4-41　共漏极放大电路

1. 画放大电路的微变等效电路

图 4-41(a)的微变等效电路如图 4-41(b)所示。

2. 估算 g_m 及 r_{ds}

先求得静态值 I_{DQ} 或 U_{GSQ},再按式(4-67)、式(4-68)分别计算 g_m、r_{ds},并且要验证 R_d 满足的条件 $R_d \ll r_{ds}$ 成立。否则,微变等效电路中须考虑 r_{ds} 的存在。

3. 求电压放大倍数 A_u

$$A_u = \frac{u_o}{u_i} = \frac{g_m u_{gs}(R /\!/ R_{ds})}{u_{gs} + g_m u_{gs}(R /\!/ r_{ds})} = \frac{g_m(R /\!/ r_{ds})}{1 + g_m(R /\!/ r_{ds})} \tag{4-73}$$

显然,接上负载电阻 R_L 时,应该以 $R'_L = R /\!/ R_L$ 代替式(4-73)中的 R 进行电压放大倍数的计算。

4. 求输入电阻 r_i

由图 4-41(b)可知,共漏极放大电路输入电阻为

$$r_i = \frac{u_i}{i_i} = R_{g1} /\!/ R_{g2} \tag{4-74}$$

5. 求输出电阻 r_o

图 4-41 所示放大电路输出电阻的求取电路如图 4-42 所示。由图 4-42 可知,输出电阻为 $r_o = u_t/i_t \big|_{\substack{e_s=0 \\ R_L=\infty}} = R /\!/ r_{ds}$

$/\!/ \left(\dfrac{u_t}{-g_m u_{gs}} \Big|_{\substack{e_s=0 \\ R_L=\infty}} \right) = R /\!/ r_{ds} /\!/ \left[\dfrac{u_t}{-g_m(-u_t)} \right]$,

即

$$r_o = R /\!/ r_{ds} /\!/ \frac{1}{g_m} \tag{4-75}$$

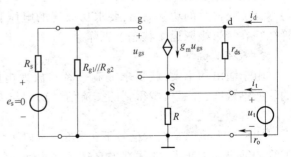

图 4-42　求图 4-41 放大电路输出电阻的电路

用场效应管组成的放大电路有三种基本组态,即共源极、共漏极和共栅极,但由于共栅极放大电路在实际工作中不常使用,故此处不作讨论。

例 4-9　电路如图 4-41(a)所示,$R_{g1} = 5\ M\Omega$,$R_{g2} = 3\ M\Omega$,$R_g = 10\ M\Omega$,$R = 10\ k\Omega$,$U_{DD} = 24\ V$,Q 点处 $g_m = 1.8\ mA$,$r_{ds} = \infty$。试计算电路的电压放大倍数 A_{uo}、输入电阻 r_i、输出电阻 r_o。

解　由式(4-73)、式(4-74)及式(4-75)可得

$$A_u = \frac{g_m(R \mathbin{/\mkern-5mu/} r_{ds})}{1 + g_m(R \mathbin{/\mkern-5mu/} r_{ds})} = \frac{1.8 \times 10}{1 + 1.8 \times 10} = 0.947\ 4$$

$$R_i = R_{g1} \mathbin{/\mkern-5mu/} R_{g2} = (5 \mathbin{/\mkern-5mu/} 3)\ M\Omega = 1.875\ M\Omega$$

$$r_o = R \mathbin{/\mkern-5mu/} r_{ds} \mathbin{/\mkern-5mu/} \frac{1}{g_m} = \left(10 \mathbin{/\mkern-5mu/} \frac{1}{1.8}\right)\ k\Omega = 0.526\ 3\ k\Omega$$

场效应管(单极型管)与晶体管(双极型管)相比,**最突出的优点**是可以组成高输入电阻的放大电路。此外,由于它还有噪声低、温度稳定性好、抗辐射能力强等优于晶体管的优点,而且便于集成化,可构成低功耗电路,所以被广泛地用于各种电子电路中。

练习与思考

4.7.1　什么场合下采用场效应管放大电路?

4.7.2　试比较共发射极放大电路和共源极放大电路、共集电极放大电路和共漏极放大电路的异同处。

4.8　互补对称功率放大电路

多级放大电路的末级或末前级一般是功率放大级。它是以输出较大功率为目的的放大电路。在同时输出较大的电压和电流的条件下,主要要求获得一定的不失真(或失真较小)输出功率。总之,要求有足够大的输出功率。这样的放大电路统称为**功率放大电路**。

4.8.1　功率放大电路的一般问题

1. 功率放大电路的特点及主要研究对象

功率放大电路主要要求获得一定的不失真(或失真较小)的输出功率,通常是在大信号下工作的,因此,功率放大电路包含着一系列电压放大电路中没有出现过的特殊问题。

1)要求输出功率尽可能大

为了获得大的功率输出,要求功放管的电压和电流都有足够大的输出幅度,因此功放管往往在接近极限运用状态下工作。

2)效率要高

由于输出功率大,就要求提高效率。放大电路输出给负载的功率是由直流电源提供的。所谓效率,就是负载得到的交流信号功率与直流电源提供的直流功率之比。

3)非线性失真要小

功率放大电路是在大信号下工作的,所以不可避免地会产生非线性失真,而且同一功放管的输出功率越大,非线性失真往往越严重,这就使输出功率和非线性失真成为一对主要矛盾。但是,在不同的场合下,对非线性失真的要求不同,因此,所谓功率放大电路的**最**

大输出功率,是指在正弦输入信号下,输出波形不超过**规定的非线性失真指标**时,放大电路的最大输出电压与最大输出电流有效值的乘积。

效率、失真、输出功率这三者之间有影响,首先讨论效率的问题。

2. 功率放大电路提高效率的途径

从前面的讨论中可知,在电压放大电路中,在输入信号整个周期内 $i_C>0$,这种工作方式称为**甲类**放大。**甲类**放大的典型工作状态如图 4-43(a)所示。甲类放大电路中,i_C 的直流分量 $I_{C(AC)}$ 等于静态电流 I_{CQ},因此,电源供给的功率 $P_U=U_{CC}I_{C(AC)}$ 恒等于 $U_{CC}I_{CQ}$。当无输入信号时,电源供给的功率 P_U 全部被晶体管和电阻所吸收,并转换为热量的形式耗散出去。当有输入信号时,其中一部分转换为负载得到的交流信号功率。信号越大,负载得到的交流信号功率就越多。可以证明,即使在理想情况下只能达到 50%。

怎样才能提高放大电路的效率呢?从甲类放大电路中知道,静态电流是造成管耗的主要因素。如果把静态工作点 Q 向下移动,使信号等于零时电源供给的功率减少甚至为零,信号增大时电源供给的功率也随之增大。这样,电源供给功率及管耗都随着输出功率的大小而变,从而改变了甲类放大时效率低的问题。利用图 4-43(b)、(c)所示工作情况就可以实现上述设想。图 4-43(b)中,在大于输入信号半个周期内 $i_C>0$;图 4-43(c)中,只在半个周期内 $i_C>0$,它们分别称为**甲乙类**和**乙类**放大。甲乙类和乙类放大主要用于功率放大电路中。

甲乙类和乙类放大,虽然减少了静态功耗,提高了效率,但都出现了严重的波形失真。因此,既要保持静态时管耗小,又要使失真不太严重,这就要在电路结构上采取措施。

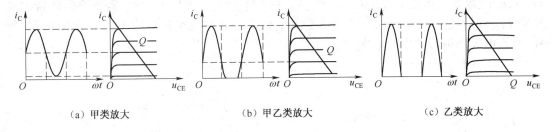

(a) 甲类放大　　　　　(b) 甲乙类放大　　　　　(c) 乙类放大

图 4-43　Q 点下移对放大电路工作状态的影响

4.8.2　乙类双电源互补对称功率放大电路

1. 电路组成

工作在乙类的放大电路,虽然管耗小,有利于提高效率,但存在严重的失真,使输入信号的半个波形被削掉了。如果两个晶体管都工作在乙类放大状态,但一个在正半周工作,而另一个在负半周工作,并且使这两个输出波形都能加到负载上从而在负载上得到一个完整的波形,就能解决效率与失真的矛盾。

怎样实现上述设想呢?下面来研究图 4-44(a)所示的互补对称电路。T_1 和 T_2 分别为NPN 型和 PNP 型,两管的基极和发射极相互连接在一起,信号从基极输入,从发射极输出,R_L 为负载。这个电路可以看成是由图 4-44(b)、(c)两个射极输出器的组合。考虑到发射结正偏才导电,因此当信号处于正半周时,T_2 截止,T_1 承担放大任务,电流通过负载 R_L;当信号处于负半周时,T_1 截止,T_2 承担放大任务,电流通过负载 R_L。这样,图 4-44(a)所示互补对称电路实现了静态时两管不导电;而有信号时,T_1 和 T_2 轮流导电,组成**推挽式**电路。由于两管互补对方的不足,工作性能对称,所以这种电路通常称为**互补对称电路**。

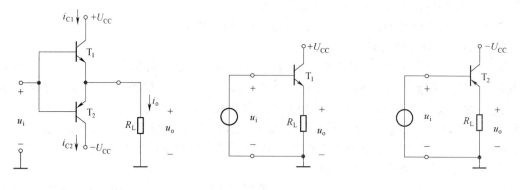

（a）互补对称电路　　　　　　（b）NPN型管组成的射极输出器　　　　（c）PNP型管组成的射极输出器

图 4-44　两射极输出器组成的互补对称电路

2. 分析计算

图 4-45(a)表示图 4-44(a)电路在 u_i 为正半周期时 T_1 的工作情况。图中假定,只要 $u_{BE}>0$, T_1 就开始导电,则在一周期内, T_1 导电时间约为半周期。图 4-44(a)中 T_2 的工作情况和 T_1 相似,只是在信号的负半周导电。为了便于分析,将 T_2 的特性曲线倒置在 T_1 的右下方,并令二者在 Q 点,即 $u_{CE}=U_{CC}$ 处重合,形成 T_1 和 T_2 的合成曲线,如图 4-45(b)所示。这时负载线过 U_{CC} 点形成一条斜率为 $-1/R_L$ 的直线。显然,允许的 i_o 最大变化范围为 $(-I_{cm}$,$+I_{cm})$, u_o 的最大变化范围为 $(-U_{cem},+U_{cem})$,其中 $U_{cem}=I_{cm}R_L=U_{CC}-U_{CES}$ 。若忽略晶体管饱和压降 U_{CES} ,则 $U_{cem}=I_{cm}R_L\approx U_{CC}$ 。由以上分析,不难求出乙类互补对称电路的输出功率、管耗、直流电源供给的功率和效率。

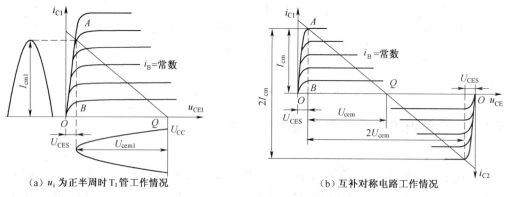

（a）u_i 为正半周时 T_1 管工作情况　　　　　　（b）互补对称电路工作情况

图 4-45　互补对称电路图解分析

1）输出功率

输出功率用输出电压有效值 U_o 和输出电流有效值 I_o 的乘积来表示。设输出电压幅值为 U_{om} ,则

$$P_o = U_o I_o = \frac{U_{om}}{\sqrt{2}} \cdot \frac{U_{om}}{\sqrt{2} R_L} = \frac{1}{2} \cdot \frac{U_{om}^2}{R_L} \tag{4-76}$$

图 4-44 中的 T_1、T_2 可以看成工作在射极输出器状态, $A_u\approx 1$ 。当输入信号足够大,使 $U_{im}=U_{om}=U_{CC}-U_{CES}\approx U_{CC}$ 和 $I_{om}=I_{cm}$ 时,可获得最大输出功率

$$P_{om} = \frac{1}{2} \cdot \frac{U_{om}^2}{R_L} = \frac{1}{2} \cdot \frac{U_{cem}^2}{R_L} \approx \frac{1}{2} \cdot \frac{U_{CC}^2}{R_L} \tag{4-77}$$

I_{cm} 和 U_{cem} 可分别用图 4-45(b) 中的 AB 和 BQ 表示,因此,$\triangle ABQ$ 的面积就代表了电路输出功率的大小,$\triangle ABQ$ 的面积越大,输出功率 P_o 也越大。必须注意,对应于图 4-45(b) 的负载线 AQ,其功率三角形面积最大,非线性失真不明显,这是一种较理想的工作状态,但可惜的是,负载 R_L 是固定的,不能随意改变,因而很难达到这种理想情况,除非采用变压器耦合,将实际负载 R_L 变换成所期望的值,以实现阻抗匹配。

2) 管耗 P_T

考虑到 T_1 和 T_2 在一个信号周期内各导电约 $180°$,且通过两管的电流和两管两端的电压 u_{CE} 在数值上都分别相等(只是在时间上错开了半个周期)。因此,为求出总管耗,只需先求出单管的损耗。设输出电压为 $u_o = U_{om} \sin \omega t$,则 T_1 的管耗为

$$P_{T1} = \frac{1}{2\pi} \int_0^\pi (U_{CC} - u_o) \frac{u_o}{R_L} \mathrm{d}(\omega t) = \frac{1}{R_L}\left(\frac{U_{CC} U_{om}}{\pi} - \frac{U_{om}^2}{4}\right) \tag{4-78}$$

而两管的管耗为

$$P_T = P_{T1} + P_{T2} = \frac{2}{R_L}\left(\frac{U_{CC} U_{om}}{\pi} - \frac{U_{om}^2}{4}\right) \tag{4-79}$$

3) 直流电源供给的功率 P_U

直流电源供给的功率包括负载得到的信号功率和 T_1、T_2 消耗的功率两部分。

当 $u_i = 0$ 时,$P_U = 0$;当 $u_i \neq 0$,由式(4-76)和式(4-79)得

$$P_U = P_o + P_T = \frac{2 U_{CC} U_{om}}{\pi R_L} \tag{4-80}$$

当输出电压幅值达到最大,即 $U_{om} \approx U_{CC}$ 时,可得电源供给的最大功率为

$$P_{Um} = \frac{2}{\pi} \cdot \frac{U_{CC}^2}{R_L} \tag{4-81}$$

4) 效率 η

一般情况下效率为

$$\eta = \frac{P_o}{P_U} = \frac{\pi}{4} \cdot \frac{U_{om}}{U_{CC}} \tag{4-82}$$

当 $U_{om} \approx U_{CC}$ 时,则

$$\eta = \frac{P_o}{P_U} = \frac{\pi}{4} \approx 0.785 \tag{4-83}$$

这个结论是假定互补对称电路工作在乙类、负载电阻为理想值,忽略晶体管的饱和压降 U_{CES} 和输入信号足够大($U_{im} \approx U_{om} \approx U_{CC}$)情况下得到的,实际效率比这个数值要低些。

3. 功放管的选择

1) 最大管耗和最大输出功率的关系

工作在乙类的基本互补对称电路,在静态时,晶体管几乎不取电流,管耗接近于零,因此,当输入信号较小时,输出功率较小,管耗也小,这是容易理解的。但能否认为,当输入信号越大,输出功率也越大,管耗就越大呢? 答案是否定的。那么,最大管耗在什么情况下发生呢? 由式(4-78)可知,管耗 P_{T1} 是输出电压幅值 U_{om} 的函数,因此,可以用求极值的方法来求解。由式(4-78)有

$$\frac{\mathrm{d}P_{\mathrm{T1}}}{\mathrm{d}U_{\mathrm{om}}} = \frac{1}{R_{\mathrm{L}}}\left(\frac{U_{\mathrm{CC}}}{\pi} - \frac{U_{\mathrm{om}}}{2}\right)$$

令 $\dfrac{\mathrm{d}P_{\mathrm{T1}}}{\mathrm{d}U_{\mathrm{om}}} = 0$，则 $\dfrac{U_{\mathrm{CC}}}{\pi} - \dfrac{U_{\mathrm{om}}}{2} = 0$，故

$$U_{\mathrm{om}} = 2U_{\mathrm{CC}}/\pi \tag{4-84}$$

式（4-84）表明，当 $U_{\mathrm{om}} = \dfrac{2}{\pi}U_{\mathrm{CC}} \approx 0.6U_{\mathrm{CC}}$ 时具有最大管耗，所以

$$P_{\mathrm{T1m}} = \frac{1}{R_{\mathrm{L}}}\left[\frac{2}{\pi}\cdot\frac{U_{\mathrm{CC}}^2}{\pi} - \frac{\left(\dfrac{2U_{\mathrm{CC}}}{\pi}\right)^2}{4}\right] = \frac{1}{\pi^2}\cdot\frac{U_{\mathrm{CC}}^2}{R_{\mathrm{L}}} \tag{4-85}$$

考虑到最大输出功率 $P_{\mathrm{om}} = U_{\mathrm{CC}}^2/2R_{\mathrm{L}}$，则每管的最大管耗和电路的最大输出功率具有如下的关系：

$$P_{\mathrm{T1m}} = \frac{1}{\pi^2}\cdot\frac{U_{\mathrm{CC}}^2}{R_{\mathrm{L}}} \approx 0.2P_{\mathrm{om}} \tag{4-86}$$

式（4-86）常用来作为乙类互补对称电路选择功放管的依据，它表明，如果要求输出功率为 10 W，则只要用两个额定管耗大于 2 W 的晶体管就可以了。

考虑到 P_{o}、P_{U} 和 P_{T1} 都是 U_{om} 的函数，如用 $U_{\mathrm{om}}/U_{\mathrm{CC}}$ 表示的自变量作为横坐标，纵坐标分别用相对值 $P_{\mathrm{o}}\left/\left(\dfrac{U_{\mathrm{CC}}^2}{2R_{\mathrm{L}}}\right)\right.$、$P_{\mathrm{U}}\left/\left(\dfrac{U_{\mathrm{CC}}^2}{2R_{\mathrm{L}}}\right)\right.$ 和 $P_{\mathrm{T1}}\left/\left(\dfrac{U_{\mathrm{CC}}^2}{2R_{\mathrm{L}}}\right)\right.$，即 $P\left/\left(\dfrac{U_{\mathrm{CC}}^2}{2R_{\mathrm{L}}}\right)\right.$ 表示，则 P_{o}、P_{U} 和 P_{T1} 与 $U_{\mathrm{om}}/U_{\mathrm{CC}}$ 的关系曲线如图 4-46 所示。图 4-46 也进一步说明，P_{o} 和 P_{T1} 与 $U_{\mathrm{om}}/U_{\mathrm{CC}}$ 不是线性关系，且 $P_{\mathrm{U}} = P_{\mathrm{o}} + 2P_{\mathrm{T1}}$。

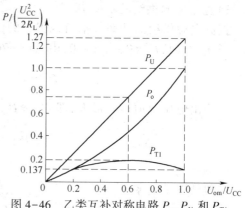

图 4-46　乙类互补对称电路 P_{o}、P_{U} 和 P_{T1} 与 $U_{\mathrm{om}}/U_{\mathrm{CC}}$ 变化的关系曲线

2）功放管的选择

由以上分析可知，若想得到最大输出功率，功放管的参数必须满足下列条件：

（1）每只功放管最大允许管耗 P_{CM} 必须大于 $0.2P_{\mathrm{om}}$。

（2）考虑到在 T_2 导通期间，当 $-u_{\mathrm{CE2}} \approx 0$ 时，u_{CE1} 具有最大值，且等于 $2U_{\mathrm{CC}}$。因此，应选用 $|U_{\mathrm{(BR)CEO}}| > 2U_{\mathrm{CC}}$ 功放管。

（3）通过功放管的最大集电极电流为 $U_{\mathrm{CC}}/R_{\mathrm{L}}$，所选功放管的 I_{CM} 一般不宜低于此值。

例 4-10　功放电路如图 4-44（a）所示，设 $U_{\mathrm{CC}} = 12$ V，$R_{\mathrm{L}} = 8$ Ω，功放管的极限参数为 $I_{\mathrm{CM}} = 2$ A，$|U_{\mathrm{(BR)CEO}}| = 30$ V，$P_{\mathrm{CM}} = 5$ W。试求：（1）最大输出功率 P_{om} 值，并检验所给功放管是否能安全工作？（2）放大电路在 $\eta = 0.6$ 时的输出功率 P_{o}。

解　（1）求 P_{om}，并检验功放管的安全工作情况，由式（4-77）可求出

$$P_{\mathrm{om}} = \frac{1}{2}\cdot\frac{U_{\mathrm{CC}}^2}{R_{\mathrm{L}}} = \frac{(12)^2}{2\times8}\ \mathrm{W} = 9\ \mathrm{W}$$

通过功放管的最大集电极电流，功放管 c、e 极间的最大压降和它的最大管耗为

$$i_{Cm} = \frac{U_{CC}}{R_L} = \frac{12}{8} \text{ A} = 1.5 \text{ A}$$

$$u_{CEm} = 2U_{CC} = 24 \text{ V}$$

$$P_{T1m} \approx 0.2 P_{om} = 0.2 \times 9 \text{ W} = 1.8 \text{ W}$$

所求 i_{Cm}、u_{CEm} 和 P_{T1m} 分别小于极限参数 I_{CM}、$|U_{(BR)CEO}|$ 和 P_{CM}，故功放管能安全工作。

（2）求 $\eta = 0.6$ 时的 P_o 值。将 $\eta = 0.6$、$U_{CC} = 12$ V 代入式（4-82），可得

$$\eta = \frac{P_o}{P_U} = \frac{\pi}{4} \cdot \frac{U_{om}}{U_{CC}} = \frac{\pi}{4} \times \frac{U_{om}}{12 \text{ V}} = 0.6$$

解得 $U_{om} = 9.2$ V，将 U_{om} 代入式（4-76）可得

$$P_o = \frac{1}{2} \cdot \frac{U_{om}^2}{R_L} = \frac{1}{2} \cdot \frac{(9.2)^2}{8} \text{ W} = 5.3 \text{ W}$$

4.8.3 甲乙类互补对称功率放大电路

前面讨论了由两个射极输出器组成的乙类互补对称电路，如图 4-47（a）所示，实际上这种电路并不能使输出波形很好地反映输入的变化。由于没有直流偏置，功放管的 i_B 必须在发射结正向电压大于死区电压（NPN 型硅管约为 0.6 V）时才有显著变化。当输入信号 u_i 低于这个数值时，T_1 和 T_2 都截止，i_{C1} 和 i_{C2} 基本为零，负载 R_L 上无电流通过，出现一段死区，如图 4-47（b）所示。这种现象称为**交越失真**。

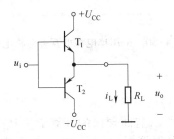
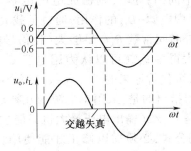

（a）电路 （b）交越失真的波形

图 4-47 乙类双电源互补对称电路

1. 甲乙类双电源互补对称功率放大电路

图 4-48 所示的偏置电路是克服交越失真的一种方法。由图可见，T_3 组成前置放大级，T_1 和 T_2 组成互补输出级。静态时，在 D_1、D_2 上产生的压降为 T_1、T_2 提供了一个适当的偏压，使之处于微导通状态。由于电路对称，静态时 $i_{C1} = i_{C2}$，$i_o = 0$，$u_o = 0$。有信号时，因电路工作在甲乙类，即使 u_i 很小（D_1 和 D_2 的交流电阻也小），基本上也可线性地进行放大。

上述偏置方法的缺点是，其偏置电压不易调整。为了满足偏置电压可以调整的需要，可以采用如图 4-49 所示的 u_{BE} 扩大偏置电路。在图 4-49 中，流入 T_4 的基极电流远小于流过 R_1、R_2 的电流，由图可求出 $U_{CE4} = U_{BE4}(1 + R_1/R_2)$。因此，利用 T_4 管的 U_{BE4} 基本固定（硅管为 0.6~0.7 V），适当调节 R_1、R_2 的比值就可改变 T_1、T_2 的偏压值。

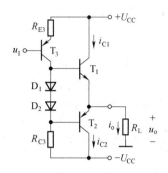

图 4-48 用二极管偏置的互补对称电路

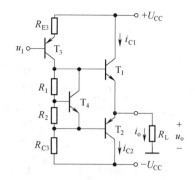

图 4-49 用 u_{BE} 扩大电路偏置的互补对称电路

2. 甲乙类单电源互补对称功率放大电路

在图 4-48 的基础上,令 $-U_{CC} = 0$,并在输出端与负载 R_L 之间加接一大电容 C,就得到图 4-50 所示的单电源互补对称电路。由图可见,在输入信号 $u_i = 0$ 时,由于电路对称,$i_{C1} = i_{C2}$,$i_o = 0$,$u_o = 0$,从而使 K 点电位 $U_K = U_C = U_{CC}/2$。这里,U_C 是指电容 C 两端的电压。

当有信号 u_i 时,在 u_i 信号的负半周,T_1 导电,有电流通过负载 R_L,同时向 C 充电;在 u_i 信号的正半周,T_2 导电,则已充电的电容 C 起着图 4-48 中电源 $-U_{CC}$ 的作用,通过负载 R_L 放电。只要选择时间常数 $R_L C$ 足够大(比信号的最长周期还大得多),就可以认为用电容 C 和一个电源 U_{CC} 可代替原来的 $+U_{CC}$ 和 $-U_{CC}$ 两个电源的作用。

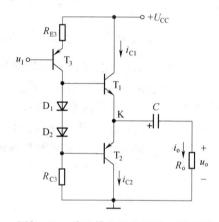

图 4-50 采用单电源的互补对称电路

值得指出的是,采用单电源的互补对称电路,由于每个晶体管的工作电压不是原来的 U_{CC},而是 $U_{CC}/2$(输出电压最大也只能达到约 $U_{CC}/2$),所以前面导出的计算 P_{om}、P_{T1}、P_T、P_U 和 P_{Tm} 的公式,必须加以修正才能使用。修正的方法也很简单,只要以 $U_{CC}/2$ 代替原来的式(4-77)~式(4-79)、式(4-80)、式(4-86)中的 U_{CC} 即可。

练习与思考

4.8.1 在甲类、乙类和甲乙类放大电路中,放大管的导通角分别等于多少?

4.8.2 在甲类、乙类和甲乙类放大电路中,哪一类放大电路效率最高?

4.8.3 有人说:"在功率放大电路中,输出功率最大时,功放管的功率损耗也最大"。你认为对吗?设输入信号为正弦波,工作在甲类的功率放大输出级和工作在乙类的互补对称功率输出级,管耗最大各发生在什么工作情况?

4.8.4 乙类互补对称功率放大电路的效率在理想情况下可达到多少?

4.8.5 采用双电源互补对称电路,如果要求最大输出功率为 5 W,则每只功放管的最大允许管耗 P_{CM} 至少应大于多少?

4.8.6 设放大电路的输入信号为正弦波,问在什么情况下,电路的输出出现饱和及截止失真?在什么情况下出现交越失真?用波形示意图说明这两种失真的区别。

小　结

本章是学习后面各章的基础,因此是学习的重点之一。主要内容如下:

1. 放大的概念

在电子电路中,放大的对象是变化量,常用的测试信号是正弦波。放大的本质是在输入信号的作用下,通过有源元件(晶体管或场效应管)对直流电源的能量进行控制和转换,使负载从电源中获得的输出信号能量比信号源向放大电路提供的能量大得多,因此放大的特征是功率放大,表现为输出电压大于输入电压或输出电流大于输入电流,或者二者兼而有之。放大的前提是不失真,如果电路输出波形产生失真就谈不上放大了。

2. 放大电路的主要性能指标

(1)电压放大倍数 A_u:输出电压与输入电压的变化量之比定义为电压放大倍数或电压增益,当输入一个正弦测试电压时,也可以用输出电压与输入电压的正弦相量之比来表示。

(2)输入电阻 r_i:从输入端看,放大电路等效为一个纯电阻,这个等效电阻定义为放大电路的输入电阻。它的大小反映了放大电路从信号源取电流的大小。输入电阻越大,放大电路从信号源索取的电流越小。

(3)输出电阻 r_o:从输出端看,放大电路可以等效为信号电压源,其中等效信号电压源的内电阻定义为放大电路的输出电阻,它的大小反映了放大电路带负载的能力。输出电阻越小,放大电路的输出电压越稳定,说明放大电路带负载的能力越强。

(4)下限、上限频率 f_L、f_H 和通频带 BW:均为频率响应参数,反映电路对信号频率的适应能力。

(5)非线性失真系数 γ:当输入单一频率的正弦波信号时,输出波形中除了基波成分外,还有一定数量的谐波。谐波总量与基波成分之比定义为非线性失真系数。

3. 放大电路的组成原则

(1)放大电路的核心元件是有源元件,即晶体管或场效应管。

(2)正确的直流电源电压数值、极性与其他电路参数应保证晶体管工作在放大区、场效应管工作在饱和区(恒流区),即建立起合适的静态工作点,保证电路能够基本不失真地放大信号。

(3)输入信号应能够有效地作用于有源元件的输入回路,即有源元件晶体管的 b-e 回路,场效应管的 g-s 回路;输出信号能够作用于负载上。

4. 放大电路的分析方法

(1)静态分析就是求解静态工作点 Q,在输入信号为零时,求解晶体管和场效应管的各电极电流与极间的电压就是求解 Q 点。可用估算法或图解法求解 Q 点。

(2)动态分析就是求解各动态参数和分析输出。通常,利用微变等效电路计算小信号作用时的 A_u、r_i、r_o,利用图解法分析最大不失真输出 U_{om} 和失真情况。

放大电路的分析应按"先静态、后动态"的原则,只有静态工作点合适,动态分析才有意义;Q 点不但影响电路输出是否失真,而且与动态参数密切相关,稳定 Q 点非常必要。

5. 晶体管基本放大电路和场效应管基本放大电路

(1)晶体管基本放大电路有共射、共集、共基三种接法。共射放大电路既能放大电流又能放大电压,输入电阻居三种接法之中,输出电阻较大,适合于一般放大。共集放大电路只放大电流不放大电压,因输入电阻高而常作为多级放大电路的输入级,因输出电阻低而常作为多级放大电路的输出级,因电压放大倍数接近1而用于电压信号的跟随。共基放大电路只放大电压不放大电流,输入电阻小,高频特性好,适用于宽频带放大电路。

（2）场效应管基本放大电路的共源、共漏接法,与晶体管基本放大电路的共射、共集接法相对应,但比晶体管电路的输入电阻高、噪声系数低、温度稳定性好、抗辐射能力强。适用于作电压放大电路的输入级。

6. 组合放大电路

在基本放大电路不能满足性能要求时,可将两种接法组合的方式构成放大电路,把两种接法的优点集中于一个电路。放大管采用复合管的结构可提高等效晶体管的电流放大能力。

7. 多级放大电路

（1）多级放大电路的耦合方式有阻容耦合、变压器耦合、直接耦合等。阻容耦合放大电路利用了电容"隔离直流,通过交流"的特性,但是低频特性差,不便于集成化,故仅在非用分立元件不可的情况下才采用。变压器耦合放大电路低频特性差,但能够实现阻抗变换,常用作调谐放大电路或输出功率很大的功率放大电路。直接耦合放大电路存在零点漂移问题,但其低频特性好,能够放大变化缓慢的信号,便于集成化,因而得到越来越广泛的应用。

（2）多级放大电路的电压放大倍数等于组成它的各级电路电压放大倍数之积。其输入电阻是第一级的输入电阻,输出电阻是末级的输出电阻。在求解某一级的电压放大倍数时应将后级输入电阻作为前级的负载电阻。

8. 功率放大电路

（1）对功率放大电路的主要要求首先是能够向负载提供足够的输出功率,同时具有较高的效率。其次,功放管通常工作在大信号状态,应尽量设法减小输出波形的非线性失真,而且应注意功放管的各项极限参数不要超过规定值,以保证安全。最后,对功率放大电路进行分析时,一般不能采用微变等效电路法,而常常采用图解法。

（2）乙类双电源互补对称功率放大电路:

①与甲类功率放大电路相比,乙类双电源互补对称功率放大电路的主要优点是效率高,在理想情况下,其最大效率约为 78.5%。为保证晶体管安全工作,双电源互补对称功率放大电路工作在乙类时,器件的极限参数必须满足: $P_{CM} > P_{T1} > 0.2P_{om}$, $|U_{(BR)CEO}| > 2U_{CC}$, $I_{CM} > U_{CC}/R_L$。

②由于功率晶体管输入特性存在死区电压,工作在乙类的互补对称功率放大电路将出现交越失真,克服交越失真的方法是采用甲乙类（接近乙类）互补对称功率放大电路。通常可利用二极管或 U_{BE} 扩大电路进行偏置。

（3）计算单电源甲乙类互补对称功率放大电路的输出功率、效率、管耗和电源供给的功率,可借用双电源互补对称功率放大电路的计算公式,但要用 $U_{CC}/2$ 代替原公式中的 U_{CC}。

学完本章后,希望读者能够达到以下要求:

（1）掌握基本概念和定义:放大、静态工作点、饱和失真与截止失真、直流通路与交流通路,直流负载线与交流负载线、微变等效电路、电压放大倍数、输入电阻和输出电阻、最大不失真电压、静态工作点的稳定。

（2）掌握组成放大电路的原则和各种基本放大电路的工作原理及特点;能够根据需求选择电路的类型。

（3）掌握放大电路的分析方法；能够正确估算基本放大电路的静态工作点和动态参数 A_u、r_i 和 r_o；正确分析电路的输出波形和产生截止失真、饱和失真的原因。

（4）了解稳定静态工作点的必要性及稳定方法。

（5）掌握各种耦合方式的优缺点；能够正确估算多级放大电路的 A_u、r_i 和 r_o。

（6）了解功率放大电路的特点以及功率放大电路的类型；掌握乙类双电源互补对称功率放大电路和甲乙类互补对称功率放大电路的工作原理，最大输出功率和效率的分析方法。

习　题

A　选　择　题

4-1　在固定式偏置电路中，若偏置电阻 R_B 的值增大了，则静态工作点 Q 将（　　）。

　　A. 上移　　　　　　B. 下移　　　　　　C. 不动　　　　　　D. 上下来回移动

4-2　在图 4-5 中，若将 R_B 减小，则集电极电流 I_C、集电极电位 U_C 分别（　　）。

　　A. 减小、增大　　B. 减小、减小　　C. 增大、增大　　D. 增大、减小

4-3　在图 4-5 中，晶体管原处于放大状态，若将 R_B 调到零，则晶体管（　　）。

　　A. 处于饱和状态　　　　　　　　　B. 仍处于放大状态

　　C. 被烧毁

4-4　图 4-9 中，交流分量 u_o 与 u_i、u_o 与 i_c、i_b 与 i_c 的相位关系分别是（　　）。

　　A. 同相、反相、反相　　　　　　　B. 反相、同相、反相

　　C. 反相、反相、同相　　　　　　　D. 反相、同相、同相

4-5　在共发射极放大电路中，（　　）是正确的。

　　A. $r_{be} = U_{BE}/i_B$　　　B. $r_{be} = u_{be}/i_b$　　　C. $r_{be} = U_{BE}/I_B$

4-6　在图 4-17a 所示的分压式偏置放大电路中，通常偏置电阻 R_{B1}（　　）R_{B2}。

　　A. >　　　　　　　　B. <　　　　　　　　C. =

4-7　图 4-17（a）所示电路中，若只将交流旁路电容 C_E，则电压放大倍数 $|A_u|$（　　）。

　　A. 减少　　　　　　B. 增大　　　　　　C. 不变

4-8　射极输出器（　　）。

　　A. 有电流放大作用，也有电压放大作用

　　B. 有电流放大作用，没有电压放大作用

　　C. 没有电流放大作用，也没有电压放大作用

4-9　共集电极电路适合作多级放大电路的输出级，是因为它的（　　）。

　　A. 电压放大倍数近似 1　　　　　　B. r_i 很大

　　C. r_o 很小

4-10　在甲类工作状态的功率放大电路中，在不失真的条件下增大输入信号，则电源供给的功率、管耗依次（　　）。

　　A. 增大、减小　　B. 减小、不变　　C. 不变、减小　　D. 不变、增大

4-11　在共发射极放大电路中，若测得输入电压有效值 $U_i = 5$ mV 时，当未带上负载时输出电压有效值 $U_o' = 1$ V，则带上负载 $R_L = R_C$ 时，输出电压有效值 $U_o =$（　　）。

　　A. 1　　　　　　B. 0.5　　　　　　C. -1　　　　　　D. -0.5

4-12　由 NPN 型晶体管构成的共射放大器,在非线性失真中,饱和失真又称(　　)。

　　A. 顶部失真　　　　B. 底部失真　　　　C. 双向失真

4-13　由 NPN 型晶体管构成的基本共射放大电路,输入是正弦信号,若从示波器显示的输出信号波形发现底部(负半周)削波失真,则该放大电路产生了(　　)失真。

　　A. 放大　　　　　　B. 饱和　　　　　　C. 截止

4-14　由 NPN 型管构成的基本共射放大电路,输入是正弦信号,若从示波器显示的输出信号波形发现顶部(正半周)削波失真,则该放大电路产生了(　　)失真。

　　A. 放大　　　　　　B. 饱和　　　　　　C. 截止

4-15　由 NPN 型管构成的基本共射放大电路,输入是正弦信号,若从示波器显示的输出信号波形发现底部削波失真,这是由于静态工作点电流 I_C(　　)造成的。

　　A. 过小　　　　　　B. 过大　　　　　　C. 不能确定

4-16　由 NPN 型管构成的基本共射放大电路,输入是正弦信号,若从示波器显示的输出信号波形发现顶部削波失真,这是由于静态工作点电流 I_C(　　)造成的。

　　A. 过小　　　　　　B. 过大　　　　　　C. 不能确定

4-17　为了提高交流放大电路的输入电阻,应选用(　　)电路作为输入级。

　　A. 功率放大器　　　　　　　　　B. 共发射极放大电路

　　C. 射极输出器

4-18　某放大电路在负载开路时的输出电压为 4 V,接入 3 kΩ 的负载电阻后,输出电压降为 3 V。这说明该放大器的输出电阻为(　　)。

　　A. 0.5 kΩ　　　　B. 1 kΩ　　　　C. 2 kΩ　　　　D. 3 kΩ

4-19　在分压式偏置放大电路中,去掉旁路电容 C_E,下列说法正确的是(　　)。

　　A. 输出电阻不变　　　　　　　　B. 静态工作点改变

　　C. 电压放大倍数增大　　　　　　D. 输入电阻减小

4-20　在基本放大电路中,交流参数 r_i 较大,下列说法正确的是(　　)。

　　A. 从信号源取用较大电流,增加了信号源的负担

　　B. 实际加在放大电路的输入电压较大,从而增大输出电压

　　C. 会降低前级放大电路的电压放大倍数

4-21　引起晶体管放大电路产生非线性失真的原因是(　　)。

　　A. 静态工作点不合适或输入信号幅值过大

　　B. $β$ 值过小

　　C. 直流电源 U_{CC} 值过高

4-22　提高基本放大电路的 U_{CC} 值,其他电路参数不变,则直流负载线的斜率(　　)。

　　A. 减小　　　　　　B. 增大　　　　　　C. 不变

4-23　采用分压式偏置放大电路,下列说法正确的是(　　)。

　　A. 起到稳定静态工作点的作用　　　B. 带负载能力增强

　　C. 提高了电压放大倍数

B　基　本　题

4-24　试判断如图 4-66 所示各电路能否放大交流电压信号? 为什么?

4-25　电路如图 4-67 所示。已知 $U_{CC}=12$ V,$R_B=100$ kΩ,$R_W=400$ kΩ,$R_C=4$ kΩ,$β=34.5$,当滑动变阻器的触点在中间位置时求静态值并画出直流负载线。(设 $U_{BE}=0$ V)

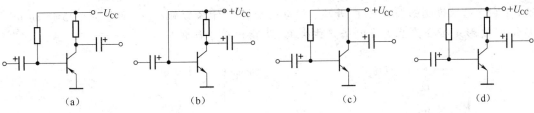

图 4-66 题 4-24 图

4-26 电路如图 4-68 所示。R_s、R_E、R_{B1}、R_{B2}、R_C、R_L、U_{CC} 均已知。试求:I_{CQ}、I_{BQ}、U_{CEQ}。

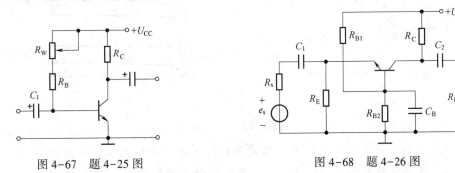

图 4-67 题 4-25 图   图 4-68 题 4-26 图

4-27 已知如图 4-69 所示电路中晶体管均为硅管且 $\beta = 50$,试估算静态值 I_{BQ}、I_{CQ}、U_{CEQ}。

4-28 电路如图 4-70 所示,已知 $U_{CC} = 12$ V,$R_C = 4$ kΩ,$R_L = 4$ kΩ,$R_B = 300$ kΩ,$\beta = 34.5$。试求:(1)放大电路的静态值;(2)空载时的电压放大倍数 A_{uo};(3)放大倍数、输入电阻、输出电阻。

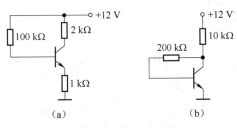

图 4-69 题 4-27 图

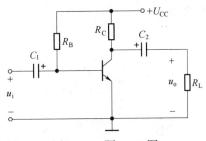

图 4-70 题 4-28 图

4-29 实验时,用示波器测得由 NPN 型管组成的共射放大电路的输出波形如图 4-71 所示。(1)说明它们各属于什么性质的失真?(2)怎样调节电路参数才能消除失真?

4-30 在图 4-72(a)所示放大电路中,$R_L = 6$ kΩ,U_{BEQ} 忽略不计。(1)画出该电路图的直流通路、微变等效电路;(2)已知该电路工作时的直流负载线和交流负载线如图 4-72(b)所示,计算电路中参数 R_B、R_{C1}、R_{C2}、U_{CC} 和 β 的取值;(3)计算电路的电压放大倍数 A_u;(4)计算电路的输入电阻 r_i、输出电

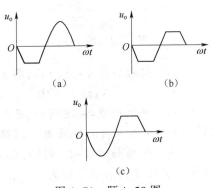

图 4-71 题 4-29 图

阻 r_o；（5）定性说明若将电容 C_3 开路，对电路会产生什么影响？（6）如果 $u_i = 25\sin\omega t$ mV，那么 u_o 波形是否会产生失真？若产生失真，请指出属于何种失真。

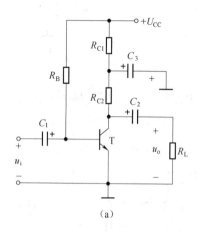

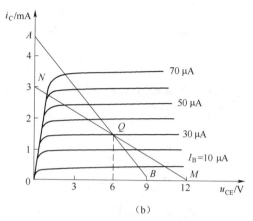

（a）

（b）

图 4-72 题 4-30 图

4-31 已知某放大电路的输出电阻为 3 kΩ，输出端开路电压的有效值 $U_o = 3$ V，试问该放大电路接有负载电阻 $R_L = 6$ kΩ 时，输出电压将下降到多少？

4-32 如图 4-73 所示电路中，已知 $U_{CC} = 12$ V，$R_B = 300$ kΩ，$R_C = 2$ kΩ，$R_E = 2$ kΩ，晶体管的 $\beta = 50$。试画出该放大电路的微变等效电路，分别计算由集电极输出和由发射极输出时的电压放大倍数，求出 $U_i = 1$ V 时的 U_{o1} 和 U_{o2}。

4-33 电路如图 4-74 所示，晶体管的 $\beta = 50$，$U_{BE} = 0.7$ V。试求：（1）电路的静态工作点；（2）电路的电压放大倍数 A_u；（3）空载时的电压放大倍数 A_{uo}；（4）放大电路的输入电阻和输出电阻。

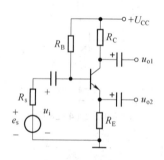

图 4-73 题 4-32 图

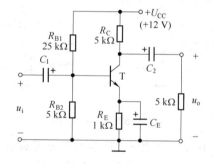

图 4-74 题 4-33 图

4-34 电路如图 4-75 所示，晶体管的 $\beta = 60$，$U_{BE} = 0.7$ V。试求：（1）电路的静态工作点；（2）A_u、r_i 和 r_o；（3）设 $E_s = 10$ mV（有效值），U_i、U_o 分别为多少？

4-35 电路如图 4-76 所示，已知 $U_{CC} = 6$ V，$\beta = 30$，$R_B = 100$ kΩ，$R_C = 2$ kΩ。试求：（1）电路的静态工作点；（2）画出直流通路；（3）画出微变等效电路。

4-36 电路如图 4-77 所示，已知 $U_{CC} = 6$ V，$\beta = 49$，$R_E = 2$ kΩ，$R_B = 100$ kΩ，取 $U_{BE} = 0.6$ V。试求：（1）各静态值 I_{BQ}、I_{CQ} 和 U_{CEQ}；（2）画出直流通路；（3）画出微变等效电路。

4-37 在图 4-78 所示的射极输出器电路中，已知 $U_{CC} = 12$ V，$R_{B1} = 40$ kΩ，$R_{B2} =$

$20\ \text{k}\Omega, R_E = 1\ \text{k}\Omega, \beta = 50, U_{BEQ} = 0.7\ \text{V}$。试求：(1) 电路的静态工作点；(2) 动态参数 A_u、r_i 和 r_o。

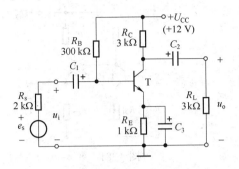

图 4-75　题 4-34 图

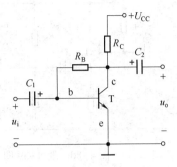

图 4-76　题 4-35 图

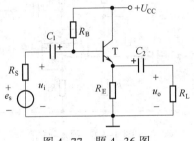

图 4-77　题 4-36 图

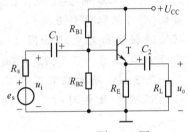

图 4-78　题 4-37 图

4-38　如图 4-79 所示两级交流放大电路，已知 $U_{CC} = 12\ \text{V}$，$R_{B1} = 30\ \text{k}\Omega$，$R_{B2} = 15\ \text{k}\Omega$，$R_{B3} = 20\ \text{k}\Omega$，$R_{B4} = 10\ \text{k}\Omega$，$R_{C1} = 3\ \text{k}\Omega$，$R_{C2} = 2.5\ \text{k}\Omega$，$R_{E1} = 3\ \text{k}\Omega$，$R_{E2} = 2\ \text{k}\Omega$，$R_L = 5\ \text{k}\Omega$，晶体管的 $\beta_1 = \beta_2 = 40$，$r_{be1} = 1.4\ \text{k}\Omega$，$r_{be2} = 1\ \text{k}\Omega$。(1) 画出放大电路的微变等效电路；(2) 求各级电压放大倍数和总电压放大倍数。

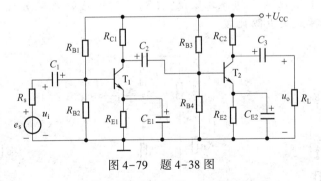

图 4-79　题 4-38 图

4-39　在图 4-80 所示两级放大电路中，$\beta_1 = 40$，$\beta_2 = 50$，$U_{BEQ1} = U_{BEQ2} = 0.7\ \text{V}$，$U_{CC} = 12\ \text{V}$，$R_{B1} = 56\ \text{k}\Omega$，$R_{B2} = 40\ \text{k}\Omega$，$R_{B3} = 10\ \text{k}\Omega$，$R_{E1} = 5.6\ \text{k}\Omega$，$R_{E2} = 1.5\ \text{k}\Omega$，$R_C = 3\ \text{k}\Omega$，$R_L = 5\ \text{k}\Omega$。试求：(1) 前、后两级放大电路的静态工作点；(2) 放大器的总电压放大倍数 A_u、输入电阻 r_i 和输出电阻 r_o。

4-40　在图 4-81 所示的直接耦合放大电路中，已知：输入信号为零时输出电压为零，$U_{CC} = U_{EE} = 18\ \text{V}$，$R_{C1} = 6\ \text{k}\Omega$，$R_{C2} = 4\ \text{k}\Omega$，$R_{E1} = 0.2\ \text{k}\Omega$，$R_L = 6\ \text{k}\Omega$，$R_{E2} = 1.2\ \text{k}\Omega$，晶体管的 $U_{BEQ1} = U_{BEQ2}$

0.7 V, $r_{bb'} = 200\ \Omega$, $\beta_1 = 60$, $\beta_2 = 50$。试求: (1)电路的静态工作点; (2) A_u、r_i 和 r_o。

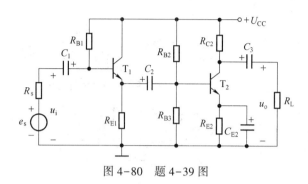

图 4-80 题 4-39 图

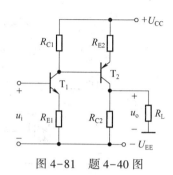

图 4-81 题 4-40 图

4-41 电路如图 4-82 所示。(1)若输出电压波形底部失真,则可采取哪些措施? 若输出电压波形顶部失真,则可采取哪些措施? (2)若想增大电压放大倍数,则可采取哪些措施?

4-42 源极输出器电路如图 4-83 所示,设场效应管的开启电压 $U_T = 3$ V, $I_{DO} = 8$mA, $R_s = 3$ kΩ。静态时 $I_{DQ} = 2.5$ mA, 场效应管工作在恒流区。(1)画出电路的微变等效电路; (2)求动态参数 A_u、r_i 和 r_o。

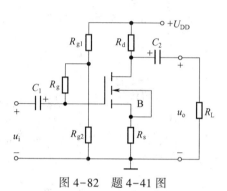

图 4-82 题 4-41 图

4-43 电路如图 4-84 所示。已知 $R_{g1} = 300$ kΩ, $R_{g2} = 100$ kΩ, $R_{g3} = 2$ MΩ, $R_d = 10$ kΩ, $R_1 = 2$ kΩ, $R_2 = 10$ kΩ, $U_{DD} = 20$ V, $g_m = 1$ mS, $r_{ds} \gg R_D$。(1)画出电路的小信号模型; (2)求电压增益 A_u; (3)求放大器的输入电阻 r_i。

4-44 在图 4-85 所示电路中,设功放管的 $\beta = 100$, $U_{BE} = 0.7$ V, $U_{CES} = 0.5$ V, $I_{CEO} = 0$, 电容 C 对交流可视为短路,输入信号 u_i 为正弦波。(1)计算电路可能达到的最大不失真输出功率 P_{om}; (2)此时 R_B 应调节到什么数值? (3)此时电路的效率 η 为多少? 试与工作在乙类的互补对称功率放大电路比较。

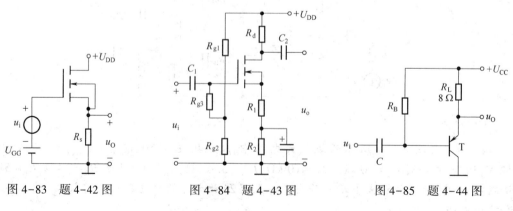

图 4-83 题 4-42 图   图 4-84 题 4-43 图   图 4-85 题 4-44 图

4-45 一双电源互补对称电路如图 4-86 所示,已知 $U_{CC} = 12$ V, $R_L = 16$ Ω, u_i 为正弦波。试求: (1)功放管饱和压降 U_{CES} 忽略不计的条件下,负载上可能得到的最大输出功率

P_{om}；（2）每个晶体管允许的管耗 P_{CM} 至少应为多少？（3）每个晶体管的耐压 $|U_{(BR)CEO}|$ 应大于多少？

4-46　在图 4-86 所示电路中，设 u_i 为正弦波，$R_L = 8\ \Omega$，要求最大输出功率 $P_{om} = 9\ \text{W}$。在晶体管的饱和压降 U_{CES} 可以忽略不计的条件下。试求：（1）正、负电源 U_{CC} 的最小值；（2）根据所求 U_{CC} 最小值，计算相应的 I_{CM}、$|U_{(BR)CEO}|$ 的最小值；（3）输出功率最大（$P_{om} = 9\ \text{W}$）时，电源供给的功率 P_U；（4）每个晶体管允许的管耗 P_{CM} 的最小值；（5）当输出功率最大（$P_{om} = 9\ \text{W}$）时，输入电压的有效值。

4-47　设电路如图 4-86 所示，晶体管在输入信号 u_i 作用下，在一周期内 T_1 和 T_2 轮流导电约 180°，电源电压 $U_{CC} = 20\ \text{V}$，负载 $R_L = 8\ \Omega$。试求：（1）在输入信号 $u_i = 10\ \text{V}$（有效值）时，电路的输出功率、管耗、直流电源供给的功率和效率；（2）当输入信号 u_i 的幅值为 $U_{im} = U_{CC} = 20\ \text{V}$ 时，电路的输出功率、管耗、直流电源供给的功率和效率。

4-48　一单电源互补对称功率放大电路如图 4-87 所示，设 u_i 为正弦波，$R_L = 8\ \Omega$，晶体管的饱和压降 U_{CES} 可以忽略不计。试求：最大不失真输出功率 P_{om}（不考虑交越失真）为 9 W 时，电源电压 U_{CC} 至少应为多大？

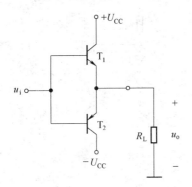

图 4-86　题 4-45~题 4-47 图

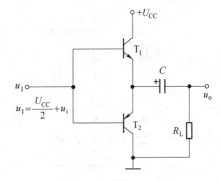

图 4-87　题 4-48 图

4-49　在图 4-88 所示的单电源互补对称功率放大电路中，设 $U_{CC} = 12\ \text{V}$，$R_L = 8\ \Omega$，C 的电容量很大，u_i 为正弦波，在忽略晶体管饱和压降 U_{CES} 情况下。试求：该电路最大输出功率 P_{om}。

4-50　一单电源互补对称功率放大电路如图 4-88 所示。设 T_1、T_2 的特性完全对称，u_i 为正弦波，$U_{CC} = 12\ \text{V}$，$R_L = 8\ \Omega$。（1）静态时，电容 C_2 两端电压应是多少？调整哪个电阻能满足这一要求？（2）动态时，若输出电压 u_o 出现交越失真，应调整哪个电阻？如何调整？（3）若 $R_1 = R_3 = 1.1\ \text{k}\Omega$，$T_1$ 和 T_2 的 $\beta = 40$，$|U_{BE}| = 0.7\ \text{V}$，$P_{CM} = 400\ \text{mW}$，假设 D_1、D_2、R_2 中任意一个开路，将会产生什么后果？

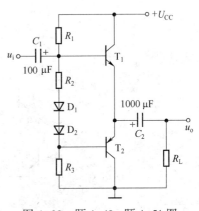

图 4-88　题 4-49~题 4-51 图

4-51　在图 4-88 所示的单电源互补对称功率放大电路中，已知 $U_{CC} = 35\ \text{V}$，$R_L = 35\ \Omega$，流过负载电阻的电流为 $i_o = 0.45\cos \omega t$。试求：（1）负载上所能得到的功率 P_o；（2）电源供给的功率 P_U。

C 拓　宽　题

4-52　在图 4-89 所示的放大电路中，已知 $U_{CC}=24$ V，$R_{B1}=33$ kΩ，$R_{B2}=10$ kΩ，$R_C=3.3$ kΩ，$R_E=1.5$ kΩ，$R_L=5.1$ kΩ，$\beta=66$。(1)试估算静态工作点，若换上一只 $\beta=100$ 的晶体管，放大器能否工作在正常状态；(2)画出微变等效电路；(3)求放大倍数、输入电阻、输出电阻；(4)求开路时的电压放大倍数 A_u；(5)若 $R_s=1$ kΩ，求对源信号的放大倍数 A_{us}；(6)若将图 4-89 中的发射极交流旁路电容 C_E 除去，试问静态工作点有无变化并求放大倍数、输入电阻、输出电阻，并说明发射极电阻 R_E 对电压放大倍数的影响。

4-53　一双电源互补对称电路如图 4-90 所示(图中未画出 T_3 的偏置电路)，设输入电压 u_i 为正弦波，电源电压 $U_{CC}=24$ V，$R_L=16$ Ω，由 T_3 管组成的放大电路的电压放大倍数 $\Delta u_{C3}/\Delta u_{B3}=-16$，射极输出器的电压增益为 1，试计算当输入电压有效值 $U_i=1$ V 时，电路的输出功率 P_o、电源供给的功率 P_U、两管的管耗 P_T 及效率 η。

4-54　某集成电路的输出级如图 4-91 所示，试说明：(1) R_1、R_2 和 T_3 组成什么电路？在电路中起何作用；(2)恒流源 I 在电路中起何作用；(3)电路中引入了 D_1、D_2 作为过载保护，试说明其理由。

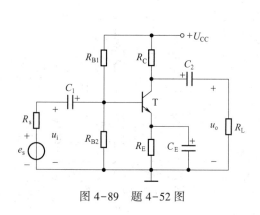

图 4-89　题 4-52 图

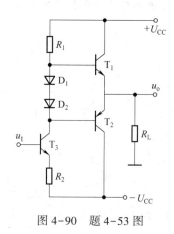

图 4-90　题 4-53 图

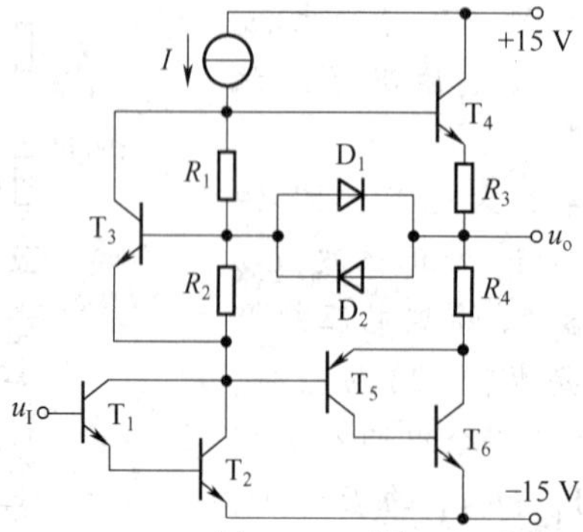

图 4-91　题 4-54 图

第 5 章　集成运算放大器及其信号运算

【内容提要】

本章首先介绍集成运算放大器的结构特点、基本组成部分和主要技术指标并且建立理想运算放大器的概念；接着介绍放大电路中的负反馈；然后主要讨论运算放大器对各种模拟信号的运算电路，包括比例、加法、减法、积分、微分、对数、反对数、乘法和除法等运算电路；最后讨论集成运算放大器使用中的几个具体问题。

5.1　集成运算放大器简介

5.1.1　集成运算放大器的结构特点

集成运算放大器简称集成运放，它是一种直接耦合的多级放大电路。和分立元件电路相比，集成运放在电路的选择及构成形式上又要受到集成工艺条件的严格制约，因此，集成运放在电路设计上具有许多特点。

1. 利用对称结构改善电路性能

由集成工艺制造的元器件其参数误差较大，但同类元器件都经历相同的工艺流程，所以它们的参数一致性好。另外，元器件都制作在基本等温的同一芯片上，所以温度的匹配性也好。因此，在集成运放的电路设计中，应尽可能使电路性能取决于元器件参数的比值，而不依赖于元器件参数本身，以保证电路参数的准确及性能稳定。

2. 尽可能用有源器件代替无源元件

集成电路中制作的电阻、电容，其数值和精度与它所占用的芯片面积成比例，数值越大，精度越高，则占用芯片面积就越大。相反，制作晶体管不仅方便，而且占用芯片面积也小。所以在集成运放电路中，一方面应避免使用大电阻和电容，另一方面应尽可能用晶体管去代替电阻、电容。

3. 级间采用直接耦合方式

目前，采用集成电路工艺还不能制作大电容和电感。因此，集成运放电路中各级间的耦合只能采用直接耦合方式。

5.1.2　集成运放的基本组成部分

集成运放一般由输入级，中间放大级，输出级和偏置电路四部分组成，如图 5-1 所示。

图 5-1　集成运放基本组成部分

1. 输入级

集成运放的输入级对于它的许多指标诸如输入电阻、共模输入电压、差模输入电压和共模抑制比等,起着决定性的作用。因此,输入级是提高集成运放质量的关键。为了充分利用集成电路内部元件参数匹配好、易于补偿的优点,输入级大都采用差分放大电路(即差放电路)的形式。差放电路在性能方面有许多优点。下面讨论射极耦合差放电路。

1) 射极耦合差放电路结构

选用两只特性完全相同的晶体管 T_1 和 T_2,可构成如图 5-2 所示的射极耦合差放电路。电路参数对称,即 $R_{C1} = R_{C2} = R_C$。电源 $+U_{CC}$ 和 $-U_{EE}$ 供电。由于该电路具有两个输入端和两个输出端,因而称为双端输出电路。

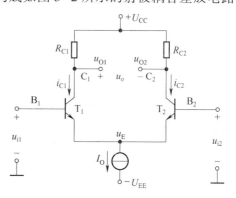

图 5-2　射极耦合差放电路

2) 工作原理

(1) 静态分析。$u_{i1} = u_{i2} = 0$ 时,由于电路完全对称,$R_{C1} = R_{C2} = R_C$,$U_{BE1} = U_{BE2} = 0.7$ V,这时 $I_{C1} = I_{C2} = I_C$,$i_{C1} = i_{C2} = I_C = I_0/2$,$R_{C1}I_{C1} = R_{C2}I_{C2} = R_CI_C$,$U_{CE1} = U_{CE2} = U_{CC} - I_CR_C + 0.7$ V,$u_o = u_{o1} - u_{o2} = 0$。即输入信号电压为零时,输出信号电压 u_o 也为零。

(2) 动态分析:

① 在电路的两个输入端各加一个大小相等、极性相反的信号电压,即 $u_{i1} = -u_{i2} = u_{id}/2$,这种输入方式称为**差模输入**。在差模输入信号作用下,当一管的电流增加时,另一管电流必然会减小,所以差模输出信号电压 $u_{od} = u_{o1} - u_{o2} \neq 0$,即在两输出端间有信号电压输出。输入电压 u_{i1} 和 u_{i2} 之差称为差模输入电压 $u_{id} = u_{i1} - u_{i2}$。在差模输入方式下,差模输入电压 $u_{id} = u_{i1} - u_{i2} = 2u_{i1} = -2u_{i2}$。

② 当在电路的两个输入端各加一个大小相等、极性相同的信号电压,即 $u_{i1} = u_{i2} = u_{ic}$,这种输入方式称为**共模输入**。在差放电路中,无论是温度变化,还是电源电压的波动都会引起两管集电极电流以及相应的集电极电压相同的变化,其效果相当于在两个输入端加入了共模信号 u_{ic}。两输出端输出的共模电压相同,即 $u_{oc1} = u_{oc2} = u_{oc}$。双端输出时的输出电压 $u_o = u_{oc1} - u_{oc2} = 0$。

③ 当在电路的两个输入端任意加上输入电压 u_{i1} 和 u_{i2},则两个输入电压 u_{i1}、u_{i2} 可以分解为差模信号分量 $u_{id}/2$、$-u_{id}/2$ 与共模信号 u_{ic} 分量的叠加,$u_{i1} = u_{id}/2 + u_{ic}$,$u_{i2} = -u_{id}/2 + u_{ic}$,其中 $u_{ic} = (u_{i1} + u_{i2})/2$,$u_{id} = u_{i1} - u_{i2}$。由叠加定理可得,这时输出电压 u_{o1} 和 u_{o2} 为差模信号分量 $u_{od}/2$、$-u_{od}/2$ 与共模信号 u_{oc} 分量的叠加,即 $u_{o1} = u_{od}/2 + u_{oc}$,$u_{o2} = -u_{od}/2 + u_{oc}$。在双端输出时,$u_o = u_{o1} - u_{o2} = (U_{C1} + u_{o1}) - (U_{C2} + u_{o2}) = u_{o1} - u_{o2} = u_{od}$,即双端输出差放电路只放大差模信号,而抑制共模信号。根据这一原理,差放电路可用来抑制温度等外界因素的变化对电路性能的影响。因此,它常用来作为多级直接耦合放大器的输入级,抑制共模信号。

3) 主要技术指标的计算

(1) 差模电压放大倍数 A_{ud}

① 双端输入、双端输出的差模电压放大倍数。在图 5-2 所示电路中,若输入为差分方式,即 $u_{i1} = -u_{i2} = u_{id}/2$,则一管的电流增加时另一管电流减小。在电路完全对称时,i_{C1} 的增加量等于 i_{C2} 的减少量,使流过电流源的电流 I_0 无变化,故交流通路如图 5-3(a)所示。由图可知,T_1、T_2 构成对称的共射电路,$u_{be1} = -u_{be2} = (u_{i1} - u_{i2})/2 = u_{id}/2$,所以 $u_e = u_{i1} - u_{be1} =$

0 V。为便于分析,可画出对差模信号的半边小信号等效电路,如图 5-3(b)所示。当从两管集电极作双端输出,未接 R_L 时其差模电压放大倍数与单管共射放大电路的电压放大倍数相同,即

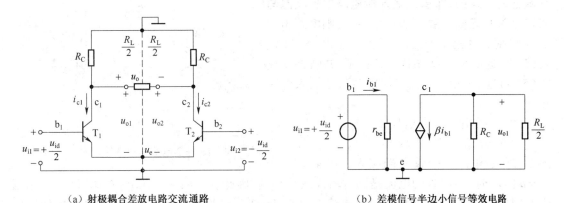

(a) 射极耦合差放电路交流通路　　　　　　　(b) 差模信号半边小信号等效电路

图 5-3　图 5-2 电路在差模输入时的交流等效电路

$$A_{ud} = \frac{u_o}{u_{id}} = \frac{u_{o1} - u_{o2}}{u_{i1} - u_{i2}} = \frac{2u_{o1}}{2u_{i1}} = -\frac{\beta R_C}{r_{be}} \tag{5-1}$$

当集电极 C_1、C_2 两点间接入负载电阻 R_L 时

$$A'_{ud} = -\frac{\beta R'_L}{r_{be}} \tag{5-2}$$

式中,$R'_L = R_C \ /\!/ \ \dfrac{R_L}{2}$。这是因为输入差模信号时,$C_1$ 和 C_2 点的电位向相反的方向变化,一边电位增量为正,另一边电位增量为负,并且大小相等,可见负载电阻 R_L 的中点是交流地电位,所以在差分输入的半边小信号等效电路中,负载电阻是 $R_L/2$。

综上分析可知,在电路完全对称、双端输入、双端输出的情况下,当 $R_L = \infty$ 时,图 5-2 所示电路与单边电路的电压放大倍数相等。可见该电路是用成倍的元器件以换取抑制共模信号的能力。

②双端输入、单端输出的差模电压放大倍数。输出电压取自其中一管的集电极,则称为**单端输出**。当 $R_L = \infty$ 时电压放大倍数是双端输出时的一半,从 T_1、T_2 集电极分别输出有

$$A_{ud1} = \frac{u_{o1}}{u_{id}} = \frac{1}{2} A_{ud} = -\frac{\beta R_C}{2r_{be}} \tag{5-3}$$

$$A_{ud2} = \frac{u_{o2}}{u_{id}} = -\frac{1}{2} A_{ud} = +\frac{\beta R_C}{2r_{be}} \tag{5-4}$$

此接法实现将双端输入信号转换为单端输出信号,集成运放的中间级有时采用此接法。

③单端输入的差模电压放大倍数。实际系统有时要求放大电路的输入电路有一端接地。这时可在图 5-2 所示的电路中,令 $u_{i1} = u_{id}$,$u_{i2} = 0$ 就可实现。这种输入方式称为**单端输入**(或不对称输入)。图 5-4 表示单端输入时的交流通路。图中,r_o 为实际电流源的动态内阻,其值很大,满足 $r_o \gg r_e$(发射结动态电阻)的条件,可认为 r_o 支路开路,输入信

号电压 u_{id} 近似地分在两管的输入回路上,体现了发射极耦合的作用。将图 5-4 与图 5-3(a)比较可知,**两电路中作用于发射结上的信号分量基本上是一致的,即单端输入时电路工作状态与双端输入时近似一致。**如 r_o 足够大,则电路由双端输出时,差模电压放大倍数与式(5-1)、式(5-2)近似一致;单端输出时,则与式(5-3)、式(5-4)近似一致;其他指标也与双端输入电路相同。

（2）共模电压放大倍数 A_{uc}:

①双端输出的共模电压放大倍数。当图 5-2 所示电路两个输入端接入共模输入电压

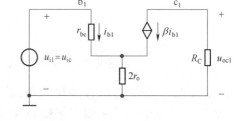

图 5-4　图 5-2 电路在单端输入时的交流通路

$u_{i1} = u_{i2} = u_{ic}$ 时,因两管的电流是同时增加或减小的,因此有 $u_e = i_e r_o = 2i_{e1} r_o$,对每管而言,相当于发射极接了 $2r_o$ 的电阻,其交流通路如图 5-5(a)、(b)所示。当从两管集电极输出时,由于电路的对称性,其输出电压 $u_{oc} = u_{oc1} - u_{oc2} \approx 0$,其双端输出的共模电压放大倍数为

$$A_{uc} = \frac{u_{oc}}{u_{ic}} = \frac{u_{oc1} - u_{oc2}}{u_{ic}} \approx 0 \qquad (5-5)$$

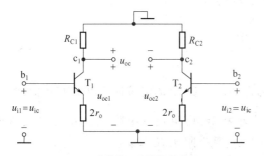

（a）共模输入时的交流通路　　　　　　（b）共模输入半边小信号等效电路

图 5-5　图 5-2 电路在共模输入时的交流等效电路

实际上,要达到电路完全对称是不可能的,但即使这样,这种电路抑制共模信号的能力还是很强的。共模信号就是伴随输入信号一起加入的干扰信号,即对两边输入相同或接近相同的干扰信号,因此,**共模电压放大倍数越小,说明放大电路的性能越好。**

②单端输出的共模电压放大倍数。单端输出的共模电压放大倍数表示两个集电极任一端对地的共模输出电压与共模信号电压之比,由图 5-5(b)可得

$$A_{uc1} = \frac{u_{oc1}}{u_{ic}} = \frac{u_{oc2}}{u_{ic}} = \frac{-\beta R_C}{r_{be} + (1+\beta) 2r_o} \qquad (5-6)$$

一般情况下,$2(1+\beta) r_{be} \gg r_{be},\beta \gg 1$,故式(5-6)可简化为

$$A_{uc1} \approx -\frac{R_c}{2r_o} \qquad (5-7)$$

由式(5-7)可以看出,r_o 越大,A_{uc1} 就越小,这说明该差放电路抑制共模信号的能力越强。

（3）共模抑制比 K_{CMR}。常用**共模抑制比**作为一项技术指标来衡量差放电路抑制共模

信号的能力,其定义为放大电路差模信号的电压放大倍数 A_{ud} 与共模信号的电压放大倍数 A_{uc} 之比的绝对值,即

$$K_{\mathrm{CMR}} = \left| \frac{A_{ud}}{A_{uc}} \right| \tag{5-8}$$

可见,差模电压放大倍数越大、共模电压放大倍数越小,则差放电路抑制共模信号的能力越强、性能越好,故希望 K_{CMR} 值越大越好。共模抑制比有时也用分贝(dB)数来表示,即

$$K_{\mathrm{CMR}} = 20\lg \left| \frac{A_{ud}}{A_{uc}} \right| \tag{5-9}$$

式中,K_{CMR} 单位为 dB。

若差放电路完全对称,如果双端输出,则共模电压放大倍数 $A_{uc} = 0$,其 K_{CMR} 将是一个很大的值,理想情况下为无穷大。如从单端输出,则根据式(5-3)和式(5-6)可得 K_{CMR1} 为

$$K_{\mathrm{CMR1}} = \left| \frac{A_{ud1}}{A_{uc1}} \right| = \frac{r_{be} + 2(1 + \beta) r_o}{2r_{be}} \approx \frac{\beta r_o}{r_{be}} \tag{5-10}$$

式(5-10)表明:电流源的 r_o 越大,差放电路抑制共模信号的能力就越强。

关于输入电阻和输出电阻的计算,可按通常的方法处理,读者可自行分析。

综上分析可知,差放电路有两种输入方式和两种输出方式,组合后便有四种典型电路。现将它们的电路图、技术指标和用途归纳为表 5-1,以便于对照比较。

表 5-1　射极耦合差分放大电路四种接法的性能比较

输出方式	双 端 输 出	单 端 输 出
基本原理电路图	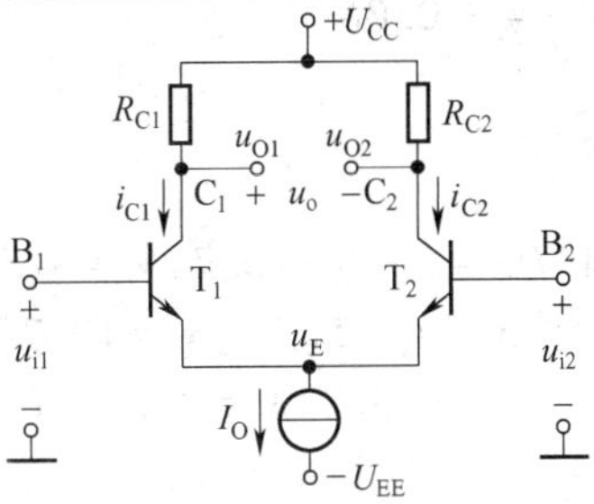	
输入方式	双端 $u_{i1} = -u_{i2} = u_{id}/2$,单端 $u_{i1} = u_{id}$,$u_{i2} = 0$	双端 $u_{i1} = -u_{i2} = u_{id}/2$;单端 $u_{i1} = u_{id}$,$u_{i2} = 0$
典型电路形式	双端输入-双端输出,单端输入-双端输出	双端输入-单端输出,单端输入-单端输出
差模电压放大倍数 A_{ud}	$A_{ud} = \dfrac{u_o}{u_{id}} = -\dfrac{\beta R_C}{r_{be}}$	$A_{ud} = \dfrac{u_{O1}}{u_{id}} = -\dfrac{u_{O2}}{u_{id}} = -\dfrac{\beta R_C}{2r_{be}}$
共模电压放大倍数 A_{uc}	$A_{uc} \to 0$	$A_{uc1} \approx -\dfrac{R_C}{2r_o}$
共模抑制比 K_{CMR}	$K_{\mathrm{CMR}} \to \infty$	$K_{\mathrm{CMR}} \approx \dfrac{\beta r_o}{r_{be}}$
差模输入电阻	$r_{id} = 2r_{be}$	
共模输入电阻	$r_{ic} = [r_{be} + (1 + \beta) 2r_o]/2$	
输出电阻	$r_o = 2R_C$	$r_o = R_C$
用途	双端输入-双端输出: (1)用于输入、输出不需要一端接地时。 (2)常用于多级直接耦合放大电路的输入级和中间级。 单端输入-双端输出: 将单端输入转换为双端输出,常用于多级直接耦合放大电路的输入级	双端输入-单端输出: 将双端输入转换为单端输出,常用于多级直接耦合放大电路的输入级和中间级。 单端输入-单端输出: 用在放大电路输入、输出都需要一端接地电路中

图中电路标注:$+U_{CC}$,R_{C1},R_{C2},u_{O1},u_{O2},i_{C1},i_{C2},C_1,$+ u_o -$,C_2,B_1,T_1,T_2,B_2,u_{i1},u_E,u_{i2},I_O,$-U_{EE}$

例 5-1 电路如图 5-2 所示，设 T_1、T_2 的 $\beta = 200$，$U_{BE} = 0.7$ V，$r_{bb'} = 200$ Ω，$I_0 = 1$ mA，$R_{C1} = R_{C2} = R_C = 10$ kΩ，$-U_{CC} = +10$ V，$-U_{EE} = -10$ V。试求：(1)电路的静态工作点；(2)双端输入、双端输出的差模电压放大倍数 A_{ud}、差模输入电阻 r_{id}、输出电阻 r_o；(3)当电流源的 $r_o = 83$ kΩ 时，单端输出时 A_{ud1}、A_{uc1} 和 K_{CMR1} 的值；(4)当电流源 I_0 不变，差模输入电压 $u_{id} = 0$，共模输入电压 $u_{ic} = -5$ V 或 $+5$ V 时的 U_{CE} 值各为多少？

解 (1)静态工作点及 r_{be}：

$$I_C = I_{C1} = I_{C2} = I_0/2 = (1/2)\,mA = 0.5\,mA$$

$$U_{C1} = U_{C2} = U_{CC} - I_C R_C = (10 - 0.5 \times 10)\,V = 5\,V$$

因为 $u_{i1} = u_{i2} = 0$，$U_E = -U_{BE} = -0.7$ V

所以，$U_{CE1} = U_{CE2} = U_C - U_E = [5 - (-0.7)]\,V = 5.7\,V$

$$r_{be} = r_{bb'} + (1 + \beta) \times \frac{26}{I_E} \approx \left[200 + (1 + 200) \times \frac{26}{0.5}\right]\Omega = 10\,700\,\Omega = 10.7\,k\Omega$$

(2)双端输入、双端输出时 A_{ud}、r_{id} 和 r_o：

$$A_{ud} = -\beta R_C/r_{be} = -200 \times 10/10.7 = -187$$

$$r_{id} = 2r_{be} = 21.4\,k\Omega$$

$$r_o = 2R_C = 20\,k\Omega$$

(3)单端输出时，A_{ud}、r_{id} 和 r_o：

$$A_{ud1} = A_{ud}/2 = -93.5$$

$$A_{uc1} = -\frac{R_C}{2r_o} = -\frac{10}{2 \times 83} = -0.06$$

$$K_{CMR1} = \left|\frac{A_{ud1}}{A_{uc1}}\right| = 1\,558$$

(4)当 $u_{ic} = -5$ V 时，$U_E = (-5 - 0.7)\,V = -5.7$ V，$I_{C1} = 0.5$ mA，$U_{C1} = 5$ V，所以 $U_{CE} = U_{CE1} = U_{C1} - U_E = [5 - (-5.7)]\,V = 10.7\,V$。

当 $u_{ic} = +5$ V 时，$U_E = (5 - 0.7)\,V = 4.3$ V，$U_{C1} = 5$ V，所以 $U_{CE} = U_{CE1} = U_{C1} - U_E = (5 - 4.3)\,V = 0.7\,V$。

由上分析可知，当共模电压 u_{ic} 变化时，电流源 I_0 和 I_{C1}、I_{C2} 不变，但 U_{CE} 变了，这意味着工作点变了。当 $u_{ic} = 5$ V 时，T_1、T_2 进入饱和区，这说明对输入的共模电压要限制在一定范围内，才能保证 T_1 和 T_2 工作在线性放大区。

2. 中间放大级

中间放大级简称"中间级"，其主要任务是提供足够大的电压放大倍数。因此，不仅要求中间级本身具有较高的电压增益，为了减少对前级的影响，还应具有较高的输入电阻。尤其当输入级采用有源负载时，输入电阻问题更为重要，否则将使输入级的电压放大倍数大为下降，失去了有源负载的优点。另外，中间级还应向输出级提供较大的驱动电流，并能根据需要实现单端输入至双端输出或双端输入至单端输出的转换。为了提高电压放大倍数，集成运放的中间级经常利用晶体管作为有源负载，中间级的放大管有时采用复合管的结构形式。

3. 输出级

集成运放输出级的主要作用是提供足够的输出功率以满足负载的需要，同时还应具有较低的输出电阻以增强带负载能力。另外，也希望输出级有较高的输入电阻，以免影响前级的电压放大倍数。集成运放的输出级基本上都采用各种形式的互补对称电路。为避免产生交越失真,通常采用甲乙类互补对称电路。

4. 偏置电路

偏置电路用于设置集成运放的各级放大电路的静态工作点。集成运放采用恒流源电路为各级提供合适的集电极(或发射极、漏极)静态工作电流,从而确定了合适的静态工作点。

在应用集成运放时需要知道它的几个引脚的用途和主要参数,至于它的内部结构如何一般是无关紧要的。图 5-6 以 LM741 为例来表示集成运放的引脚及连接示意图。图 5-6 所示 LM741 是双列直插式封装的 LM741CN 或 LM741EN 集成运算放大器,共有 8 个引脚,如图 5-6(a)所示。其中引脚 2 和引脚 3 分别为反相输入端和同相输入端,引脚 6 为输出端,引脚 7、引脚 4 分别接正、负直流电源,引脚 1、引脚 5 之间接调零电位器,引脚 8 为空。各引脚与外电路的连接示意图如图 5-6(b)所示。

图 5-6　LM741 引脚及连接示意图

5.1.3　集成运放的主要参数

集成运放的性能可用一些参数来描述。为了合理地选择和使用集成运放,必须了解各主要参数的意义。

1. 最大输出电压 U_{OPP}

能使输出电压与输入电压保持不失真关系的最大输出电压,称为集成运放的最大输出电压。LM741 集成运放的最大输出电压约为 ± 13 V。

2. 开环电压放大倍数 A_{uo}

开环电压放大倍数是指集成运放工作在线性区,在标称电源电压下接规定的负载,无负反馈情况下的差模电压放大倍数。一般集成运放的 A_{uo} 为 $80\sim140$ dB。

3. 输入失调电压 U_{IO}

一个理想的集成运放,当输入电压为零时,输出电压也应为零(不加调零装置)。但实际上,它的差分输入级很难做到完全对称,由于某种原因(如温度变化)使输入级的静态工作点稍有偏移,输入级的输出电压发生微小的变化。这种缓慢的微小变化会逐级放大,使集成运放输出端产生较大的输出电压(常称为漂移),所以通常在输入电压为零时,存在一定的输出电压。在室温(25 ℃)及标准电源电压下,输入电压为零时,为了使集成运放的输出电压为零,在输入端加的补偿电压称为**失调电压** U_{IO}。U_{IO} 值越小越好,一般为几毫伏。

4. 输入失调电流 I_{IO}

在晶体管集成运放中,输入失调是指当输入电压为零时流入放大器两输入端的静态基极电流之差,即 $I_{IO} = |I_{B1} - I_{B2}|$,其值越小越好,一般为零点几微安。

5. 输入偏置电流 I_B

输入信号为零时,两个输入端静态基极电流的平均值,称为输入偏置电流,即 $I_B = (I_{B1} +$

I_{B2})/2。其值越小越好，一般为零点几微安。

6. 最大共模输入电压 U_{icmax}

U_{icmax} 是指输入级能正常放大差模信号情况下，允许输入的最大共模输入电压。超过 U_{icmax} 值，它的共模抑制比将显著下降。

以上介绍了集成运放的几个主要参数，其他参数(如差模输入电阻、差模输出电阻、温度漂移、共模抑制比、静态功耗等)的意义是可以理解的，就不一一说明了。

总之，集成运放具有开环电压放大倍数高、输入电阻高(几兆欧以上)、输出电阻低(几百欧)、漂移小、可靠性高、体积小的主要特点，所以它已成为一种通用器件，广泛灵活地应用于各个技术领域中。

5.1.4 理想运算放大器及其分析依据

分析运算放大器时，可将它看成一个理想运算放大器，理想化的条件主要是：开环电压放大倍数 $A_{uo} \to \infty$；差模输入电阻 $r_{id} \to \infty$；开环输出电阻 $r_o \to 0$；共模抑制比 $K_{CMR} \to \infty$。这些指标是实际运算放大器不可能达到的，但在实际分析运算放大器电路时，根据实际情况，采用理想化指标来分析，可简化分析过程，得到的结果与实际测量的结果之间误差不大，所以在实际分析运算放大器电路时都把运算放大器当成理想运算放大器来分析。图 5-7 所示是理想运算放大器的图形符号。它有两个输入端和一个输出端。

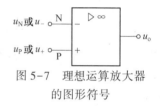

图 5-7 理想运算放大器的图形符号

反相输入端 N 标上"−"号，同相输入端 P 标上"+"号。它们对"地"的电压(即各端的电位)分别用 u_-(或 u_N)、u_+(或 u_P)表示，输出端对"地"的电压用 u_o 表示。三角形表示信号从左向右传输的方向，"∞"表示开环电压放大倍数的理想化条件。

表示输出电压与输入电压之间关系的特性曲线称为**传输特性**。如图 5-8 所示，运算放大器的传输特性可分为线性区和非线性区。运算放大器可工作在线性区，也可工作在非线性区，但分析方法不一样。

1. 工作在线性区

当运算放大器工作在线性区时，输出信号 u_o 与输入差值信号($u_+ - u_-$)是线性关系，即

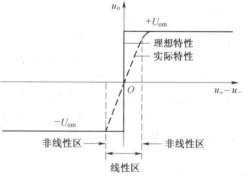

图 5-8 运算放大器的传输特性

$$u_o = A_{uo}(u_+ - u_-) \qquad (5-11)$$

由于运算放大器的 A_{uo} 很高，即使输入毫伏级以下的信号，也足以使得输出电压饱和，其饱和值 $+U_{om}$ 或 $-U_{om}$ 达到接近正电源电压或负电源电压值。另外，由于干扰，使工作难以稳定。所以，要使运算放大器工作在线性区，通常外接负反馈电路。

工作在线性区时，分析依据有两条：

(1)由于运算放大器的开环电压放大倍数 $A_{uo} \to \infty$，而 u_o 为有限值，因而两输入端之间的电压 $u_+ - u_- = u_o/A_{uo} = 0$，即

$$u_+ = u_- \qquad (5-12)$$

从式(5-12)看到，运算放大器的两输入端好像是短路的，但并不是真正的短路，因而

称为"**虚短**"。

如果反相输入端有输入时,同相输入端接"地",即 $u_+ = 0$。由式(5-12)可知,$u_- = 0$,这说明反相输入端是一个不接"地"的"地"电位端,通常称为"**虚地**"。

(2)由于运算放大器的差模输入电阻 $r_{id} \rightarrow \infty$,因而流入两个输入端的电流为 0,即

$$i_+ = i_- = 0 \tag{5-13}$$

式中,i_+(或 i_P)、i_-(或 i_N)分别为运算放大器的同相输入端、反相输入端的输入电流。

从式(5-13)看到,运算放大器的两输入端又好像是断路的,但并不是真正的断路,因而称为"**虚断**"。

"虚短"和"虚断"是运算放大器工作在线性区时的两个重要结论,常作为分析运算放大器应用电路的出发点,必须牢牢掌握。

2. 工作在非线性区

如图 5-8 所示,在非线性工作区,运算放大器的输入信号超出了线性放大的范围,输出电压不再随输入电压线性变化,而是达到饱和,输出电压为正向饱和压降 $+U_{om}$(正向最大输出电压)或负向饱和压降 $-U_{om}$(负向最大输出电压)。

(1)输出电压的值只有两种饱和值:当 $u_+ > u_-$ 时,$u_o = +U_{om}$;当 $u_+ < u_-$ 时,$u_o = -U_{om}$。在 $u_+ = u_-$ 时,发生状态的转换。

(2)运算放大器的输入电流等于零,即仍满足"虚断"条件:$i_+ = i_- = 0$,为使运算放大器工作在非线性区,一般使运算放大器工作在开环状态,也可外加正反馈。

练习与思考

5.1.1　什么是差模信号? 什么是共模信号?

5.1.2　从输入和输出关系来看,差分放大电路有几种连接方式? 试比较它们的性能指标。

5.1.3　对于实际的集成运算放大器,当差模输入信号为零时,其输出电压为零吗? 为什么?

5.1.4　将集成运算放大器的参数理想化,其条件是什么?

5.1.5　集成运算放大器的电压传输特性由哪两部分组成? 它们各有什么特点?

5.2　放大电路中的负反馈

5.2.1　反馈的基本概念

凡是将放大电路(或某个系统)输出回路信号(电压或电流)的一部分或全部通过某种电路(反馈网络)引回到输入回路,以影响输入信号(电压或电流)的过程,称为**反馈**。反馈体现了输出信号对输入信号的反作用。

判断一个放大电路中是否存在反馈,应该看该电路的输出回路与输入回路之间是否存在反馈网络,即反馈通路。若没有反馈网络,则不能形成反馈,这种情况称为**开环**。若有反馈网络,则能形成反馈,称这种状态为**闭环**。

反馈放大电路可用图 5-9 所示的框图来表示。图中 A 表示基本放大电路的开环放大倍数,F 表示反馈网络的反馈系数。图中用 x

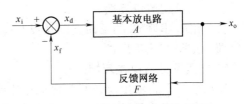

图 5-9　所馈放大电路的方框图

表示信号,它既可以是电压,也可以是电流。信号的传输方向如图 5-9 中箭头所示,x_i、x_o 和 x_f 分别为输入、输出和反馈信号。x_f 和 x_i 在输入端比较(符号 ⊗ 表示比较环节),得出净输入信号 x_d。若引入的反馈信号使净输入信号减少,则为**负反馈**;若使净输入信号增大,则为**正反馈**。

5.2.2 反馈类型的判别

1. 交流反馈与直流反馈

在反馈放大电路中,反馈通路的反馈元件只能传递直流信号的反馈,称为**直流反馈**;而反馈元件只能传递交流信号的反馈称为**交流反馈**。显然,直流反馈的反馈通路中存在隔离交流信号的反馈元件,而交流反馈的反馈通路中存在隔离直流信号的反馈元件。

2. 串联反馈与并联反馈及其净输入信号

在反馈放大电路中,反馈元件支路与输入支路在输入回路中的同一个节点上相连接的反馈称为**并联反馈**;而不在同一个节点上相连接的反馈,称为**串联反馈**。并联反馈的净输入信号是电流信号,串联反馈的净输入信号是电压信号。并联反馈电路的输入支路电流信号 i_i 与反馈元件支路电流信号 i_f 和净输入电流 i_d 受同一个节点的 KCL 约束,即 $i_d = i_i - i_f$;串联反馈电路的输入支路加在输入端的电压 u_i 与反馈支路作用在输入回路反馈端的电压 u_f 和净输入电压 u_d 受输入回路的 KVL 约束,即 $u_d = u_i - u_f$。

由单个晶体管放大电路作为输入级的反馈电路,净输入电流信号是基极电流信号,有时可能是发射极电流信号,而净输入电压信号是基极与发射极之间的电压信号。例如,在图 5-10(a)所示电路中,R_f 与 C_f 构成的放大电路反馈支路引入交流并联反馈,净输入电流信号 $i_d = i_{b1} = i_i' - i_f$,$i_i'$ 是扣除 R_{B1} 上电流后的输入电流。在图 5-10(b)所示电路中,R_f 与 C_f 构成的放大电路反馈支路引入交流串联反馈,净输入电压信号 $u_d = u_{be1} = u_i - u_f$。

3. 同相输出端、反相输出端

R_f 串联 C_f 的反馈支路与输出回路中相连的点对地电压信号,若与输入电压 u_i 是同相关系,则该相连的点称为输出回路中的同相输出端;若与 u_i 是反相关系,则称为反相输出端。同相输出端、反相输出端可以采用瞬时极性法进行判别。具体做法是:先假设输入信号 u_i 在某一瞬时变化的极性为正(相对于信号的公共“⊥”地端而言),用“(+)”标出,然后根据各种基本放大电路的输出信号与输入信号间的相位关系,从输入到输出逐级标出放大电路中各有关点的电位变化的瞬时极性,最后确定反馈支路与输出回路中相连的点对地电压信号的瞬时极性,如果是(+),则输出回路中连接反馈支路的点是同相输出端,否则是反相输出端。

4. 反馈极性

反馈极性不仅与反馈是串联反馈或是并联反馈有关,而且还与是从同相输出端引入或是从反相输出端引入有关。根据**负反馈**使净输入信号减少,**正反馈**使净输入信号增大,有以下结论:

(1)由 R_f 串联 C_f 的反馈支路从同相输出端引入并联反馈一定是交流正反馈,引入串联反馈一定是交流负反馈。

(2)由 R_f 串联 C_f 的反馈支路从反相输出端引入并联反馈一定是交流负反馈,引入串联反馈一定是交流正反馈。

5. 电压反馈与电流反馈

反馈信号取自输出电压并与之成正比的称为**电压反馈**,反馈信号取自输出电流并与之成正比的称为**电流反馈**。电压反馈和电流反馈常用负载短路的方法来判断:将负载短路

（未接负载时输出对地短路），反馈量为零的是电压反馈，反馈量不为零的是电流反馈。显然，在输出回路中，反馈通道若连在负载上的输出电压端，则引入的反馈是电压反馈；若不是连在输出电压端，引入的反馈是电流反馈。

例如，图 5-10(a) 所示电路中，R_f 和 C_f 构成放大电路的反馈通路，引入的是电压并联交流反馈。设输入电压 u_i 的瞬时极性为正（输入电流信号 i_i 和 T_1 的基极电流信号 i_{be1} 也为正），经 T_1 反相放大，T_1 集电极电位变化量为负，由 T_2 再次反相放大，T_2 集电极电位变化量为正，则反馈信号 i_f 为负，说明 i_f 实际方向与参考方向相反，i_f 实际方向是流入 T_1 的基极而使 T_1 的基极电流信号 i_{be1} 即放大电路的净输入电流信号比没有反馈信号 i_f 时增加了，所以由 R_f 和 C_f 引入的反馈是正反馈。因此 R_f 和 C_f 引入的反馈类型的全称是电压并联交流正反馈。

图 5-10(a) 所示电路中的反馈之所以是正反馈，因为这是从同相输出端（T_2 集电极）通过 R_f 串联 C_f 的反馈通路引入到输入回路的并联反馈。显然，从反相输出端[比如图 5-10(a) 电路中 T_2 基极]通过反馈通路引入到输入回路的并联反馈，则是并联负反馈。

图 5-10(b) 所示电路中，R_f 和 C_f 构成放大电路的反馈通路，此反馈通路引入的是交流电压反馈。由于反馈支路与输入支路在输入回路中的不同点上相连接，故为串联反馈。输入信号 u_i 的瞬时极性为正（T_1 的基-射极电压信号 u_{be1} 也为正），经 T_1 反相放大，T_1 集电极电位变化量为负，又 T_2 再次反相放大，T_2 集电极电位变化量为正，则反馈电压信号 u_f 为正，使 T_1 的基-射极电压信号 u_{be1} 即放大电路的净输入电压信号比没有反馈电压信号 u_f 时减少了，所以由 R_f 和 C_f 引入的反馈是负反馈。因此 R_f 和 C_f 引入的反馈类型的全称是电压串联交流负反馈。

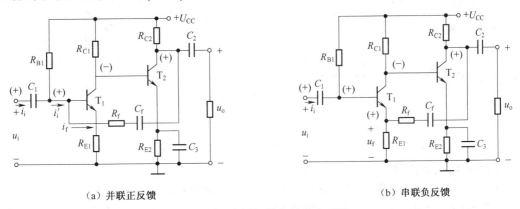

（a）并联正反馈　　　　　　　　　　（b）串联负反馈

图 5-10　从同相输出端引入反馈

图 5-10(b) 所示电路中的反馈之所以是负反馈，因为这是从同相输出端（T_2 集电极）通过 R_f 串联 C_f 的反馈通路引入到输入回路的串联反馈。显然，如果从反相输出端[比如图 5-10(b) 电路中 T_2 基极]通过反馈通路引入到输入回路的串联反馈，则是串联正反馈。

5.2.3　运算放大器电路中的负反馈

1. 并联电压负反馈

在图 5-11(a) 中，设某一瞬时输入电压 u_i 为正，则反相输入端电位的瞬时极性为正[用"（+）"表示]，输出端电位的瞬时极性为负[用"（-）"表示]。各电流的实际方向如图，净输入电流（差值电流）$i_d = i_i - i_f$，即 i_f 削弱了净输入电流，故为**负反馈**。反馈电流 $i_f = (u_- - u_o)/R_f = -u_o/R_f$ 取自输出电压 u_o 并与之成正比，故为电压反馈。反馈信号与输入信号在输入端以电流的形式比较,即 i_i 与 i_f 在相同节点(u_-所在的节点)相关联,故为并联反馈。因此,图中是引入并联电压负反馈的电路,图5-11(b)是其框图。

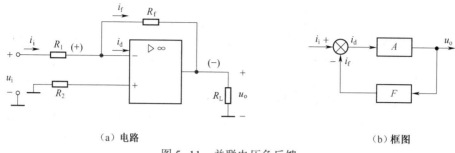

(a) 电路　　　　　　　　　　　　　　(b) 框图

图5-11　并联电压负反馈

2. 串联电压负反馈

在图5-12(a)中,设某一瞬时输入电压 u_i 为正,则同相输入端电位瞬时极性为正,输出端电位瞬时极性也为正。各电压实际方向如图5-12(a)所示,净输入电压 $u_d = u_i - u_f$,即 u_f 削弱了净输入电压,故为**负反馈**。反馈电压 $u_f = R_1 u_o /(R_1 + R_F)$ 取自输出电压 u_o 并与之成正比,故为电压反馈。反馈信号与输入信号在输入端以电压形式比较,即反馈支路与输入支路不在相同节点相关联,故为串联反馈。因此,图中是引入了串联电压负反馈的电路,图5-12(b)是其框图。

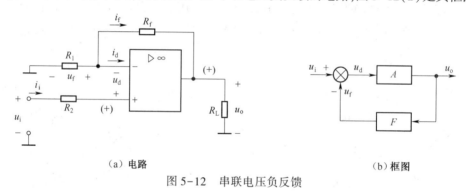

(a) 电路　　　　　　　　　　　　　　(b) 框图

图5-12　串联电压负反馈

3. 串联电流负反馈

在图5-13(a)中,设某一瞬时输入电压 u_i 为正,则同相输入端电位瞬时极性为正,输出端电位瞬时极性也为正。各电压实际方向如图5-13(a)所示,净输入电压 $u_d = u_i - u_f$,即 u_f 削弱了净输入电压,故为**负反馈**。反馈电压 $u_f = i_o R_f$ 取自输出电流 i_o 并与之成正比,故为电流反馈。反馈信号与输入信号在输入端以电压形式比较,即反馈支路与输入支路不在相同节点相关联,故为串联反馈。因此,图中是引入了串联电流负反馈的电路,图5-13(b)是其框图。

4. 并联电流负反馈

在图5-14(a)中,设某一瞬时输入电压 u_i 为正,则反相输入端电位的瞬时极性为正,输出端电位的瞬时极性为负。各电流的实际方向如图5-14(a)所示,净输入电流(差值电流)$i_d = i_i - i_f$,即 i_f 削弱了净输入电流,故为**负反馈**。反馈电流 $i_f = -Ri_o /(R + R_F)$ 取自输出电流 i_o 并与之成正比,故为电流反馈。反馈信号与输入信号在输入端以电流的形式比较,即 i_i 与 i_f 在相同节点(u_-所在的节点)相关联,故为并联反馈。因此,图中是引入并联电流负反馈的电路,图中5-14(b)是电路框图。

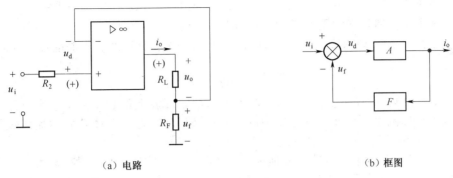

（a）电路　　　　　　　　　　　　（b）框图

图 5-13　串联电流负反馈

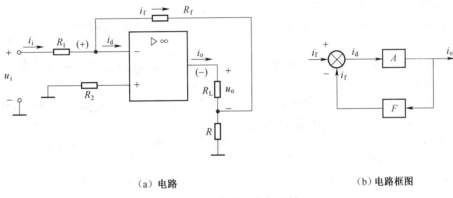

（a）电路　　　　　　　　　　　　（b）电路框图

图 5-14　并联电流负反馈

5.2.4　负反馈对放大电路性能的影响

放大电路中引入负反馈后,削弱了净输入信号,故输出信号比未引入负反馈时要小,也就是引入负反馈后放大倍数降低了。但是,放大电路的工作性能得到了改善。具体分析如下,这里设输入信号处于中频段,反馈网络为纯电阻,所以 A、F 都为实数。

1. 提高放大倍数的稳定性

根据图 5-9 所示反馈放大电路的框图可知,基本放大电路的放大倍数,即未引入反馈时的放大倍数(又称**开环放大倍数**)为

$$A = \frac{x_o}{x_d} \tag{5-14}$$

反馈信号与输出信号之比称为反馈系数,即

$$F = \frac{x_f}{x_o} \tag{5-15}$$

若引入负反馈,则净输入信号为

$$x_d = x_i - x_f \tag{5-16}$$

由式(5-14)~式(5-16),可得负反馈时的放大倍数(又称闭环放大倍数)

$$A_f = \frac{x_o}{x_i} = \frac{A}{1 + AF} \tag{5-17}$$

从式(5-17)中可以看出,负反馈放大电路的闭环放大倍数 A_f 与 A 和 $1+AF$ 有关。其中 $1+AF$ 是衡量反馈程度的重要指标,负反馈放大电路的性能改变程度都与 $1+AF$ 有关。$1+AF$ 的大小,称为反馈深度。当 $1+AF\gg1$ 时,称为深度负反馈。当深度负反馈时,有

$$A_f = \frac{A}{1+AF} \approx \frac{1}{F} \tag{5-18}$$

式(5-18)说明,引入深度负反馈后,放大电路的闭环放大倍数与基本放大电路几乎无关,只决定于反馈网络的反馈系数。反馈网络一般选用稳定性比晶体管好的无源线性元件(如 R、C)组成,因此,闭环放大倍数是比较稳定的。

深度负反馈使得净输入信号大大地减少,因此净输入信号近似为零,显然深度串联负反馈的净输入电压信号近似为零,必然有净输入电压端的电流信号也为零。同样地,深度并联负反馈的净输入电流信号近似为零,必然有净输入电流作用下的电压信号也为零,因此深度负反馈时有"虚断"和"虚短"即

(1)对深度负反馈电路输入级是单个晶体管 T_1 的放大电路,有虚断:$i_{b1}=0$,$i_{e1}=(1+\beta_1)=0$;虚短:$u_{be1}=0$ 或 $u_{b1}=u_{e1}$。

(2)对深度负反馈电路输入级是单个场效应管 T_1 的放大电路,有虚断:$i_{g1}=0$,$i_{s1}=0$;虚短:$u_{gs1}=0$ 或 $u_{g1}=u_{s1}$。

(3)对深度负反馈电路输入级(第一级)是两个晶体管 T_1、T_2 组成的差分放大电路,有虚断:$i_{b1}=0$、$i_{b2}=0$;虚短:$u_{b1b2}=0$ 或 $u_{b1}=u_{b2}$。

(4)对深度负反馈电路输入级(第一级)是两个场效应管 T_1、T_2 组成的差分放大电路,有虚断:$i_{g1}=0$、$i_{g2}=0$;虚短:$u_{g1g2}=0$ 或 $u_{g1}=u_{g2}$。

(5)对运算放大器中的负反馈一定是深度负反馈,因此一定有虚断:i_N(或 i_-)$=0$,i_P(或 i_+)$=0$;虚短:$u_N=u_P$ 或 $u_-=u_+$。

利用深度负反馈的"虚断"和"虚短"两个分析依据,可以很方便地分析计算深度负反馈放大电路的输入电阻和放大倍数。

要看闭环放大倍数的稳定性究竟如何,还得定量进行分析。要定量分析稳定性,就要以引入反馈前后放大倍数的相对变化量来比较。用 $\mathrm{d}A/A$ 和 $\mathrm{d}A_f/A_f$ 分别表示开环放大倍数和闭环放大倍数的相对变化量,将式(5-17)对 A 求导数,得

$$\frac{\mathrm{d}A_f}{\mathrm{d}A} = \frac{(1+AF)-AF}{(1+AF)^2} = \frac{1}{(1+AF)^2} \cdot \frac{A}{A} = \frac{A}{1+AF} \cdot \frac{1}{A} \cdot \frac{1}{1+AF} = \frac{A_f}{A} \cdot \frac{1}{1+AF}$$ 整理后,得

$$\frac{\mathrm{d}A_f}{A_f} = \frac{1}{1+AF}\frac{\mathrm{d}A}{A} \tag{5-19}$$

式(5-19)表明,引入负反馈后,放大倍数的相对变化量为开环放大倍数相对变化量的 $1/(1+AF)$,即闭环放大倍数的相对稳定度提高了。$1+AF$ 越大,即负反馈越深,则 $\mathrm{d}A_f/A_f$ 越小,闭环放大倍数的稳定性越好。

2. 改善波形失真

在放大电路中,引起非线性失真主要有两个原因:一是由于晶体管等特性的非线性,另一个是 Q 点设置的不合适或输入信号幅度较大。在放大电路动态过程中,放大器件可能工作到它的传输特性的非线性区域,使输入信号和输出信号不再保持线性关系,导致输出波形产生非线性失真。非线性失真有四种:饱和失真、截止失真、交越失真和不对称失真。前面已经详细介绍过饱和失真、截止失真和交越失真,这里主要分析不对称失真。

例如,由于晶体管输入特性的非线性,当 b-e 间加正弦波信号电压时,基极电流的变化

不是正弦波,产生了非线性失真,如图 5-15 所示。

当放大电路是开环时,经过放大后,就会变成正半周幅度大,负半周幅度小的输出失真的非正弦波,如图 5-16(a)所示。但引入负反馈之后,可将输出的失真信号反馈到输入端,使净输入信号发生某种程度的失真(变成下大上小的非正弦波),经过有非线性失真的基本放大电路放大后,就可使输出信号的失真得到一定程度的补偿。从本质上说,负反馈是利用反馈失真了的波形来改善波形的失真,如图 5-16(b)所示。因此,负反馈只能减少失真,不能完全消除失真。

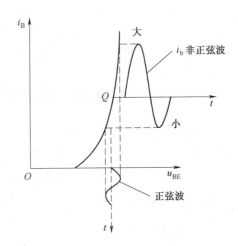

图 5-15　i_B 波形的非线性失真

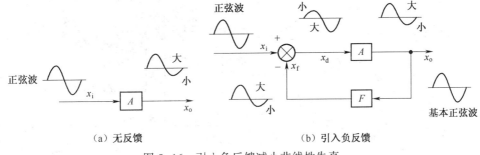

(a) 无反馈　　　　　　　(b) 引入负反馈

图 5-16　引入负反馈减小非线性失真

3. 改变输入电阻和输出电阻

负反馈对放大电路的输入电阻和输出电阻的影响与反馈的类型有关。

在串联负反馈放大电路(如图 5-12 和图 5-13)中,由于 u_i 被 u_f 抵消一部分,致使信号源供给的输入电流减少,此即意味着提高了输入电阻。

在并联负反馈放大电路(如图 5-11 和图 5-14)中,由于信号源除了供给 i_d 外,还要增加一个分量 i_f,致使输入电流增大,此即意味着降低了输入电阻。

电压负反馈具有稳定输出电压的作用,对图 5-12 电路而言,$u_o\downarrow\to u_f\downarrow\to u_d\uparrow\to u_o\uparrow$ 此即具有恒压输出特性,这种放大电路的输出电阻很低。

电流负反馈具有稳定输出电流的作用,对图 5-13 电路而言,$i_o\downarrow\to u_f\downarrow\to u_d\uparrow\to i_o\uparrow$ 此即具有恒流输出特性,这种放大电路的输出电阻较高。

练习与思考

5.2.1　什么是电路的开环状态和闭环状态?

5.2.2　什么是反馈?如何判断电路中有无反馈?

5.2.3　为什么要引入直流反馈和交流反馈?怎么判断?

5.2.4　什么是电压反馈和电流反馈?如何判断电压反馈和电流反馈?

5.2.5　什么是串联反馈和并联反馈？如何判断串联反馈和并联反馈？

5.2.6　为了使电流信号转换成与之成稳定关系的电压信号，应引入什么反馈？

5.2.7　为了使电压信号转换成与之成稳定关系的电流信号，应引入什么反馈？

5.3　运算放大器在信号运算方面的运用

运算放大器能对模拟信号进行比例、加法、减法、积分、微分、对数、反对数、乘法和除法等运算。由于运算放大器对直流信号也能够放大，因此由本节采用交流信号输入进行比例、加法、减法、积分、微分运算分析得到的运算关系，也适用直流信号或一般的信号。

5.3.1　比例运算电路

1. 反相比例运算电路

输入信号从反相输入端引入的运算便是反相运算。图 5-17 所示是反相比例运算电路。输入信号 u_i 经输入端电阻 R_1 送到反相输入端，而同相输入端通过电阻 R_2 接"地"。反馈电阻 R_f 跨接在输出端和反相输入端之间，引入电压并联负反馈，使集成运放工作在线性区。

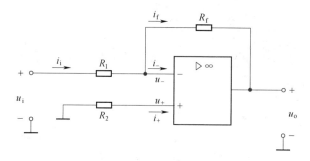

图 5-17　反相比例运算电路

因虚断，$i_+ = 0$，$i_- = 0$，所以 $u_+ = 0$，$i_i = i_f$。因虚短，所以 $u_- = u_+$，而 $u_+ = 0$，故 $u_- = 0$，称反相输入端"虚地"。"虚地"是反相输入的重要特点。由图 5-17 可列出：$i_i = (u_i - u_-)/R_1 = u_i/R_1$、$i_f = (u_- - u_o)/R_f = -u_o/R_f$，由此得出

$$u_o = -\frac{R_f}{R_1}u_i \qquad (5-20)$$

闭环电压放大倍数为

$$A_{uf} = \frac{u_o}{u_i} = -\frac{R_f}{R_1} \qquad (5-21)$$

图中的 R_2 是平衡电阻，平衡电阻的作用是消除静态基极电流对输出电压的影响。因要求静态时反相输入端、同相输入端对地电阻相同，所以 $R_2 = R_1 /\!/ R_f$。

在图 5-17 中，当 $R_1 = R_f$ 时，则由式（5-20）和式（5-21）可得

$$u_o = -u_i$$

$$A_{uf} = \frac{u_o}{u_i} = -1 \qquad (5-22)$$

这就是反相器。

例 5-2　电路如图 5-17 所示,已知 $R_1 = 10$ kΩ, $R_f = 50$ kΩ。试求:(1)A_{uf}、R_2;(2)若 R_1 不变,要求 A_{uf} 为 -10,则 R_f、R_2 应为多少?

解　(1)
$$A_{uf} = -R_f/R_1 = -50/10 = -5$$
$$R_2 = R_1 /\!/ R_f = 10 \times 50/(10+50) \text{ kΩ} = 5.3 \text{ kΩ}$$

(2)因 $A_{uf} = -R_f/R_1 = -R_f/10 = -10$,故得
$$R_f = -A_{uf} \times R_1 = -(-10) \times 10 \text{ kΩ} = 100 \text{ kΩ}$$
$$R_2 = 10 \times 100/(10+100) \text{ kΩ} = 8.1 \text{ kΩ}$$

2. 同相比例运算电路

输入信号从同相输入端引入的运算便是同相运算。图 5-18 所示是同相比例运算电路。

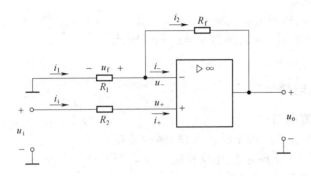

图 5-18　同相比例运算电路

输入信号 u_i 经输入端电阻 R_2 送到同相输入端,而反相输入端通过电阻 R_1 接 "地"。反馈电阻 R_f 跨接在输出端和反相输入端之间,引入电压串联负反馈,使集成运算放大器工作在线性区。因要求静态时反相输入端、同相输入端对地电阻相同,所以 $R_2 = R_1 /\!/ R_f$。

因虚短 $u_- = u_+$,所以 $i_1 = \dfrac{0 - u_-}{R_1} = \dfrac{0 - u_+}{R_1}$,

$$i_2 = \frac{u_- - u_o}{R_f} = \frac{u_+ - u_o}{R_f},$$

又虚断 $i_- = 0$,所以 $i_1 = i_2$,可求得

$$u_o = \left(1 + \frac{R_f}{R_1}\right) u_+ \tag{5-23}$$

因虚断 $i_+ = 0$,所以 $u_+ = u_i$,把 $u_+ = u_i$ 代入式(5-23),有

$$u_o = \left(1 + \frac{R_f}{R_1}\right) u_i \tag{5-24}$$

闭环电压放大倍数为

$$A_{uf} = \frac{u_o}{u_i} = 1 + \frac{R_f}{R_1} \tag{5-25}$$

当 $R_1 = \infty$ 或 $R_f = 0$ 时,$u_o = u_i$,$A_{uf} = 1$,这就是电压跟随器。

由集成运放构成的电压跟随器输入电阻高、输出电阻低,其跟随性能比射极输出器更好。

例 5-3 图 5-19 是一电压跟随器,电源经两个电阻分压后加在电压跟随器的输入端,求电压 u_0。

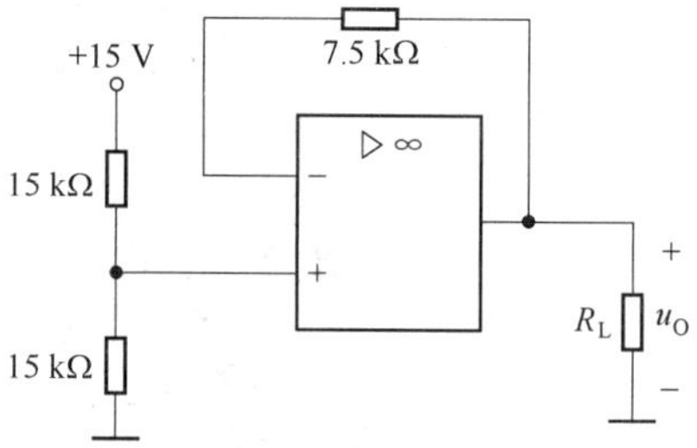

解 因虚断,$i_- = 0$,所以 $u_0 = u_-$,因虚短 $u_- = u_+$,所以 $u_0 = u_- = u_+$。

又因虚断,$i_+ = 0$,所以 $u_+ = 15\text{ V} \times 15\text{ k}\Omega/(15\text{ k}\Omega + 15\text{ k}\Omega) = 7.5\text{ V}$,因此 $u_0 = u_+ = 7.5\text{ V}$。

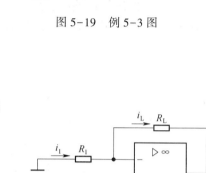

图 5-19　例 5-3 图

例 5-4 负载浮地的电压-电流转换电路如图 5-20 所示,求电流 i_L。

解 因虚断 $i_- = 0$,所以 $i_L = i_1$,而 $i_1 = -u_-/R_1$。

因虚短 $u_- = u_+$ 和虚断 $i_+ = 0$,所以 $u_- = u_+ = u_1$,因此 $i_L = i_1 = -u_-/R_1 = -u_1/R_1$。

5.3.2　加法运算电路

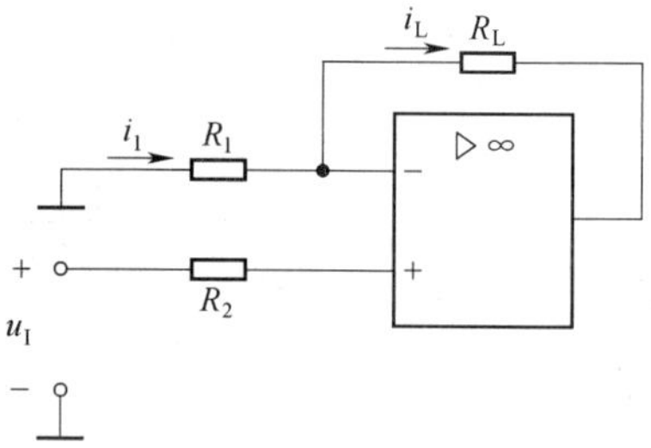

1. 反相加法运算电路

如果在反相输入端增加若干输入电路,则构成反相加法运算电路,图 5-21 所示是在反相输入端有两个输入电路的反相加法运算电路。

平衡电阻:$R_2 = R_{i1} \mathbin{/\mkern-5mu/} R_{i2} \mathbin{/\mkern-5mu/} R_f$。

反相加法运算关系可以用节点电位法求得:

因虚断 $i_- = 0$,所以 $i_{i1} + i_{i2} = i_f$,即 $\dfrac{u_{i1} - u_-}{R_{i1}} + \dfrac{u_{i2} - u_-}{R_{i2}} = \dfrac{u_- - u_o}{R_f}$

因虚短 $u_- = u_+ = 0$,代入上式,则有 $\dfrac{u_{i1}}{R_{i1}} + \dfrac{u_{i2}}{R_{i2}} = -\dfrac{u_o}{R_f}$,从而解得

图 5-20　例 5-4 图

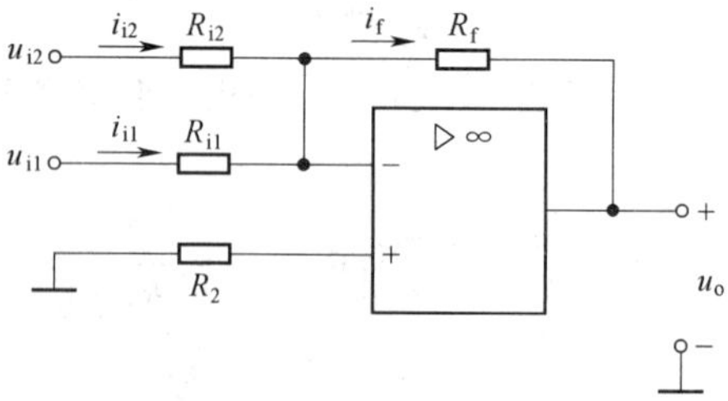

图 5-21　反相加法运算电路

$$u_o = -\left(\frac{R_f}{R_{i1}}u_{i1} + \frac{R_f}{R_{i2}}u_{i2}\right) \quad (5\text{-}26)$$

也可以利用叠加定理,把反相加法运算电路看作是 u_{i1}、u_{i2} 两个激励单独作用,输出电压响应的叠加,即

u_{i1} 激励单独作用的输出电压响应为

$$u'_o = -\frac{R_f}{R_{i1}}u_{i1}$$

u_{i2} 激励单独作用的输出电压响应为

$$u_o'' = -\frac{R_f}{R_{i2}}u_{i1}$$

u_{i1}、u_{i2} 两个激励共同作用的输出电压响应为

$$u_o = u_o' + u_o'' = -\left(\frac{R_F}{R_{i1}}u_{i1} + \frac{R_F}{R_{i2}}u_{i2}\right)$$

与用节点电位法求得的结果是一致的。

2. 同相加法运算电路

同相加法运算电路如图 5-22 所示。因虚断 $i_+ = 0$，

所以 $u_+ = \dfrac{R_{i2}}{R_{i1}+R_{i2}}u_{i1} + \dfrac{R_{i1}}{R_{i1}+R_{i2}}u_{i2}$，而 $u_o = \left(1 + \dfrac{R_f}{R_1}\right)u_+$

所以

$$u_o = \left(1 + \frac{R_f}{R_1}\right)\left(\frac{R_{i2}}{R_{i1}+R_{i2}}u_{i1} + \frac{R_{i1}}{R_{i1}+R_{i2}}u_{i2}\right)$$

$$(5-27)$$

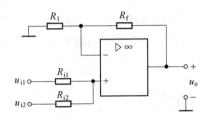

图 5-22　同相加法运算电路

5.3.3　减法运算电路

图 5-23 所示是减法运算电路。利用叠加定理，减法运算电路可看作是反相比例运算电路与同相比例运算电路的叠加。

u_{i1} 激励单独作用的输出电压响应为

$$u_o' = -\frac{R_f}{R_1}u_{i1}$$

u_{i2} 激励单独作用的输出电压响应为

$$u_o'' = \left(1 + \frac{R_f}{R_1}\right)u_+ = \left(1 + \frac{R_f}{R_1}\right)\left(\frac{R_3}{R_2+R_3}\right)u_{i2}$$

u_{i1}、u_{i2} 两个激励共同作用的输出电压响应为

$$u_o = u_o' + u_o'' = -\frac{R_f}{R_1}u_{i1} + \left(1 + \frac{R_f}{R_1}\right)\left(\frac{R_3}{R_2+R_3}\right)u_{i2}$$

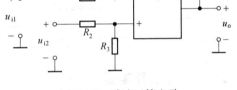

图 5-23　减法运算电路

当 $R_1 = R_2$，$R_3 = R_f$ 时，则有

$$u_o = \frac{R_f}{R_1}(u_{i2} - u_{i1})$$

$$(5-28)$$

当 $R_1 = R_2 = R_3 = R_f$ 时，则有

$$u_o = u_{i2} - u_{i1}$$

$$(5-29)$$

由式(5-29)可见，输出电压 u_o 为两个输入电压的差值，所以可以进行减法运算。

5.3.4　积分运算电路

与反相比例运算电路比较，用电容 C_f 代替 R_f 作为反馈元件，就成为积分运算电路，如图 5-24 所示。

由虚短及虚断性质可得

$$i_i = (u_i - u_-)/R_1 = (u_i - u_+)/R_1 = (u_i - 0)/R = u_i/R , i_i = i_f ,$$

$$u_o = u_C + u_- = u_C + u_+ = u_C + 0 = u_C$$

而 $i_f = -C_f \dfrac{\mathrm{d}u_C}{\mathrm{d}t}$,所以 $\dfrac{u_i}{R_1} = -C_f \dfrac{\mathrm{d}u_C}{\mathrm{d}t} = -C_f \dfrac{\mathrm{d}u_o}{\mathrm{d}t}$,由此可解得

$$u_o = -\frac{1}{R_1 C_f}\int u_i \mathrm{d}t \tag{5-30}$$

式(5-30)表明,输出电压 u_o 与输入电压 u_i 的积分成比例。$R_1 C_f$ 称为积分时间常数。当电容 C_f 的初始电压为 $u_C(t_0)$ 时,则有 $u_o(t_0) = -u_C(t_0)$

$$u_o = -u_C(t_0) - \frac{1}{R_1 C_f}\int_0^t u_i \mathrm{d}t = u_o(t_0) - \frac{1}{R_1 C_f}\int_0^t u_i \mathrm{d}t$$

若输入信号电压 u_i 改为阶跃信号电压 u_1 ,即 $t<0$ 时, $u_1=0$; $t \geq 0$ 时, $u_1=U_1$,则

$$u_o = -\frac{1}{R_1 C_f}\int U_1 \mathrm{d}t = -\frac{U_1}{R_1 C_f}t \qquad 0 \leq t \leq \left|\frac{\pm U_{om}}{U_1}\right| R_1 C_f$$

其对应阶跃信号电压 u_1 的波形如图 5-25 所示,最后达到负饱和值 $-U_{om}$。

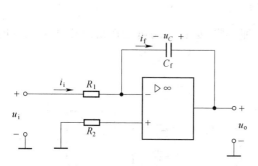

图 5-24　积分运算电路

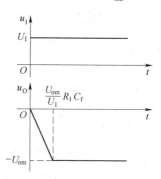

图 5-25　积分运算的阶跃响应

5.3.5　微分运算电路

微分运算是积分运算的逆运算,只需将反相输入端的电阻和反馈电容调换位置,就成为微分运算电路,如图 5-26 所示。

由"虚短"及"虚断"性质可得

$$i_i = i_f$$

而 $i_i = C_f \dfrac{\mathrm{d}u_C}{\mathrm{d}t} = C_f \dfrac{\mathrm{d}u_i}{\mathrm{d}t}$, $i_f = (u_- - u_o)/R_f = -u_o/R_f$,所以

$$u_o = -R_f C_f \frac{\mathrm{d}u_i}{\mathrm{d}t} \tag{5-31}$$

式(5-31)表明,输出电压正比于输入电压对时间的微分。

当输入信号为阶跃信号时,考虑到信号源有一个内阻,在 $t=0$ 时,输出电压仍为有限值,随着电容的充电,输出电压将逐渐衰减,最后趋于 0,如图 5-27 所示。由于此电路工作时稳定性不高,故很少使用。

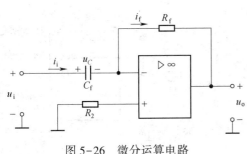

图 5-26　微分运算电路

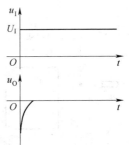

图 5-27　微分运算的阶跃响应

5.3.6　对数和指数运算电路

1. 对数运算电路

根据与积分和微分运算电路同样的工作原理,可以利用集成运放组成其他运算电路,如对数和指数运算电路。关键在于要找到一种元件,其电压与电流之间成对数(或指数)关系。根据半导体的基础知识可知,二极管的电流 i_D 与二极管两端的电压 u_D 存在着近似的指数关系,即

$$i_D = I_S(e^{u_D/U_T} - 1)$$

式中,U_T,为温度的电压当量,I_S 为二极管的反向饱和电流。当 $u_D \gg U_T$ 时,可将括号中的 1 忽略,则成为

$$i_D \approx I_S e^{u_D/U_T} \tag{5-32}$$

式(5-32)表明,二极管的电流 i_D 与二极管两端的电压 u_D 之间存在着近似的指数关系,或 u_D 与 i_D 之间存在着近似的对数关系。因此,可用二极管的这一特性,组成对数和指数运算电路。

1)基本对数运算电路

在反相比例运算电路中,用一个半导体二极管取代其反馈电路中的电阻,即可得到基本对数运算电路,如图 5-28 所示。

根据理想运放工作在线性区时"虚短"和"虚断"性质,可得到其输入和输出的关系,即

$$u_O = -u_D \approx -U_T \ln \frac{i_D}{I_S} = -U_T \ln \frac{i_R}{I_S} = -U_T \ln \frac{u_I}{I_S R} \tag{5-33}$$

可见电路的输出电压 u_O 正比于输入电压 u_I 的对数,从而实现了对数运算。

在基本对数运算电路中,当二极管电压 u_D 太小时,不能满足 $I_S e^{u_D/U_T} \gg 1$ 的条件,则运算误差比较大;为了使二极管工作在正向导通状态,输入电压必须为正,即输入信号只能是单方向的;输出电压的幅值 $|u_D|$ 等于二极管晶体的正向电压,因此该电路的工作范围很小。

2)双极型晶体管组成的对数运算电路

为了克服基本对数运算电路的上述缺点,可将双极型晶体管成二极管的形式作为反馈支路,以获得较大的工作范围,如图 5-29 所示。此电路的输出电压表达式与式(5-33)相同,因此和二极管构成的对数运算电路一样,其运算关系仍与受温度影响的 I_S 有关,因此运算精度也仍与温度有关。而且在输入电压较小和较大的情况下,运算精度变差。

在设计实用的对数运算电路时,常采用集成对数运算电路,用来减小 I_S 对运算关系的影响。

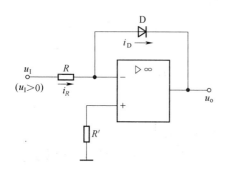

图 5-28　基本对数运算电路

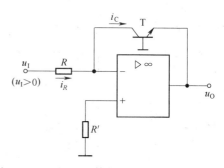

图 5-29　双极型晶体管组成的对数运算电路

3）集成对数运算电路

在集成对数运算电路中，根据差分电路的基本原理，利用特性相同的两只晶体管进行补偿，消去 I_S 对运算关系的影响。型号为 IC L8048 的对数运算电路如图 5-30 所示，点画线框内为集成电路，框外为外接电阻。

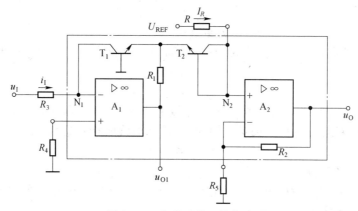

图 5-30　集成对数运算电路

其输出电压表达式为

$$u_0 \approx -\left(1 + \frac{R_2}{R_5}\right) U_T \ln \frac{u_I}{I_R R_3} \qquad (5-34)$$

若外接电阻 R_5 为热敏电阻，则可补偿 U_T 的温度特性。R_5 应具有正温度系数，当环境温度升高时，R_5 阻值增大，使得放大倍数（$1 + R_2/R_5$）减小，以补偿 U_T 的增大，使 u_0 在 u_I 不变时基本不变。

2. 指数运算电路

1）基本指数运算电路

将对数运算电路中电阻和晶体管的位置互换，即可得到基本指数运算电路，如图 5-31 所示。输入回路中使用了接成二极管形式的晶体管。

根据"虚短"和"虚断"的性质，可得

$$i_I \approx I_S e^{\frac{u_{BE}}{U_T}} = I_S e^{\frac{u_I}{U_T}} \qquad (5-35)$$

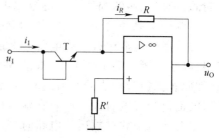

图 5-31　基本指数运算电路

则其输入和输出关系式为

$$u_0 = -i_R R = -i_1 R = -I_s R \mathrm{e}^{\frac{u_1}{U_T}} \tag{5-36}$$

即输出电压正比输出电压的指数。此外,为使晶体管导通,u_1 大于零,且只能在发射结导通电压范围内,故其变化范围很小。同时,从式(5-36)可以看出,由于运算结果与受温度影响较大的 I_s 有关,因此指数运算的精度也与温度有关。

　　2)集成指数运算电路

　　在集成指数运算电路中,采用了类似集成对数运算电路的方法,利用两只双极型晶体管特性的对称性,消除 I_s 对运算关系的影响。此外,集成指数运算电路采用热敏电阻补偿 U_T 的变化,电路如图 5-32 所示。

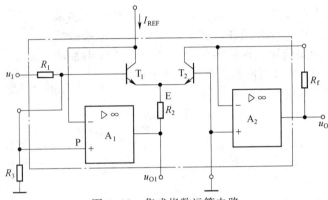

图 5-32　集成指数运算电路

其输出电压的表达式为

$$u_0 = R_f I_{\mathrm{REF}} \mathrm{e}^{-\left(\frac{R_3}{R_1+R_3}\right)\frac{u_1}{U_T}} \tag{5-37}$$

若外接电阻 R_1 为热敏电阻,则可补偿 U_T 的温度特性。

5.3.7　乘法和除法运算电路

　　通常可以使用两种不同的方法来实现乘法或除法运算。一种是利用对数运算电路、指数运算电路再加上加法运算电路或减法运算电路组成乘法或除法运算电路;另一种是采用模拟乘法器。

1. 由对数和指数运算电路组成的乘除运算电路

由于乘法运算电路的输出电压与两个模拟输入电压的乘积成正比,即

$$u_0 = u_{I1} u_{I2} \tag{5-38}$$

先求对数,再求指数,可得

$$u_0 = \mathrm{e}^{\ln u_{I1} + \ln u_{I2}} \tag{5-39}$$

　　由式(5-39)可知,将两个对数运算电路、一个加法运算电路和一个指数运算电路组合起来,可得乘法运算电路。

　　同理,由于除法运算电路的输出电压正比于其两个输入电压相除所得的商,即

$$u_0 = \frac{u_{I1}}{u_{I2}} \tag{5-40}$$

同样地,对式(5-40)先求对数,再求指数,可得

$$u_O = e^{\ln u_{I1} - \ln u_{I2}} \tag{5-41}$$

由式(5-41)可知,将两个对数运算电路、一个减法运算电路和一个指数运算电路组合起来,可得除法运算电路。

2. 模拟乘法器

模拟乘法器是实现两个模拟量相乘的非线性电子器件,利用它可以方便地实现乘、除、乘方和开方运算。

模拟乘法器有两个输入端和一个输出端,其输出电压正比于两个输入电压的乘积,即

$$U_O = K u_{I1} u_{I2} \tag{5-42}$$

式中,K 为乘积系数(或标尺因子),K 为正值时称为同相乘法器,K 为负值时称为反相乘法器。其图形符号如图5-33所示。

实现模拟量相乘可以有多种方案,但就集成电路而言,多采用变跨导型电路。这里主要介绍在许多实际的集成模拟乘法器产品中被广泛采用的变跨导式模拟乘法器。变跨导式模拟乘法器的原理基于图5-34所示的恒流源式差分放大电路。

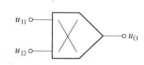

图5-33 模拟乘法器图形符号

恒流源式差分放大电路的输出电压为

$$u_O = -\frac{\beta R_C}{r_{be}} u_{I1} \tag{5-43}$$

式中,$r_{be} = r_{bb'} + (1 + \beta)\dfrac{U_T}{I_{EQ}}$。当电路参数对称时,$I_{EQ} = \dfrac{1}{2}I$;于是在 I_{EQ} 较小时有 $r_{be} \approx 2(1 + \beta)\dfrac{U_T}{I}$,代入电路的输出电压表达式,即式(5-43),可得

$$u_O \approx -\frac{\beta R_C}{2(1 + \beta) U_T} u_{I1} I \approx -\frac{R_C}{2 U_T} u_{I1} I \tag{5-44}$$

可见,恒流源式差分放大电路的输出电压 u_O 基本上正比于输入电压 u_{I1} 与恒流源电流 I 的乘积,所以,只需恒流源电流 I 受另一个输入电压 u_{I2} 的控制,即可使输出电压与两个模拟输入电压的乘积成正比。根据上述设想,可将另一个输入电压 u_{I2} 加在恒流晶体管的基极回路,使之控制恒流源电流 I,如图5-35所示。

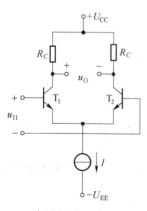

图5-34 恒流源式差分放大电路

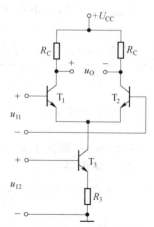

图5-35 压控恒流源式差分放大电路

当输入电压 $u_{I2} \gg u_{BE3}$ 时，恒流电流可表示为

$$I = \frac{u_{I2} - u_{BE3}}{R_E} \approx \frac{u_{I2}}{R_E} \qquad (5-45)$$

代入电路的输出电压表达式，即(5-43)，可得

$$u_O \approx -\frac{R_C}{2R_E U_T} u_{I1} u_{I2} = K u_{I1} u_{I2} \qquad (5-46)$$

式中，$K = -\dfrac{R_C}{2R_E U_T}$，即输出电压与两个输入电压的乘积成正比，这就是变跨导式模拟乘法器的基本原理。

模拟乘法器的应用非常广泛。例如，模拟信号运算方面，可实现乘法、除法、平方和开方等运算；在电子测量和无线通信方面，可用于振幅调制、混频、倍频、功率测量及自动增益控制等。此外，由于它还能广泛地应用于广播电视、通信、仪表和自动控制系统之中，进行模拟信号的处理，所以发展很快，已经成为模拟集成电路的重要分支之一。

练习与思考

5.3.1　同相比例运算电路和反相比例运算电路的主要特征分别是什么？两种电路有何异同？

5.3.2　比较同相比例运算电路和反相比例运算电路的分析方法和主要性能指标。

5.3.3　电压跟随器电路有什么特点？一般用于什么场合？

5.3.4　基本对数运算电路的缺点是什么？应如何改进？

5.3.5　基本指数运算电路的运算结果是否受温度的影响？其改进方法是什么？

5.3.6　如何利用对数运算电路、指数运算电路以及其他基本运算电路组成乘法或除法运算电路？

5.3.7　变跨导式模拟乘法器的工作原理是什么？模拟乘法器主要应用在哪些方面？

5.4　集成运放使用中的几个具体问题

用集成运放组成各种应用电路时，为使电路能正常、安全地工作，尚需解决几个问题，如集成运放参数的测试，使用中出现的异常现象的分析和排除，以及集成运放的保护等。

5.4.1　集成运放参数的测试

当选定集成运放的产品型号后，通常只要查阅有关器件手册即可得到各项参数值，而不必逐个测试。但手册中给出的往往只是典型值，由于材料和制造工艺的分散性，每个集成运放的实际参数与手册上给定的典型值之间可能存在差异，因此有时仍需对参数进行测试。

参数的测试可以采用一些简易的电路和手工方法进行。在成批生产或其他需要大量使用集成运放的场合，也可以考虑利用专门的参数测试仪器进行自动测试。

5.4.2　使用中可能出现的异常现象

将集成运放与外电路接好并加上电源后，有时可能出现一些异常现象。此时应对异常现象进行分析，找出原因，采取适当措施，使电路正常工作。常见的异常现象有以下几种：

1. 不能调零

有时当输入电压为零时,集成运放的输出电压调不到零,输出电压可能处于两个极限状态,等于正的或负的最大输出电压值。出现这种异常现象的原因可能是:调零电位器不起作用;应用电路接线有误或有虚焊点;反馈极性接错或开环;集成运放内部已损坏等。如果关断电源后重新接通即可调零,则可能是由于集成运放输入端信号幅度过大而造成的"堵塞"现象。为了预防"堵塞",可在集成运放输入端加上保护措施。

2. 漂移现象严重

如果集成运放的温漂过于严重,大大超过了手册规定的数值,则属于不正常现象。造成漂移现象严重的原因可能是:存在虚焊点;集成运放产生自激振荡或受到强电磁场的干扰;集成运放靠近发热元件;输入回路的保护二极管受到光的照射;调零电位器滑动端接触不良;集成运放本身已损坏或质量不合格等。

3. 产生自激振荡

自激振荡是经常出现的异常现象,表现为当输入信号等于零时,利用示波器可观察到集成运放的输出端存在一个频率较高,近似为正弦波的输出信号。但是这个信号不稳定,当人体或金属物体靠近时,输出波形将产生显著的变化。

常用的消除自激振荡的措施主要有:按规定部位和参数接入校正网络;防止反馈极性接错,避免反馈过强;合理安排接线,防止杂散电容过大等。

5.4.3 集成运放的保护

使用集成运放时,为了防止损坏器件,保证安全,除了应选用具有保护环节、质量合格的器件以外,还常在电路中采取一定的保护措施。常用的有以下几种:

1. 输入保护

若集成运放输入端的共模电压或差模电压过高,可能使输入级某一个晶体管的发射结被反向击穿而损坏,即使没有造成永久性损坏,也可能使差分对管不平衡,从而使集成运放的技术指标恶化。输入信号幅度过大还可能使集成运放发生"堵塞"现象,使放大电路不能正常工作。常用的保护措施如图 5-36 所示,图 5-36(a)是反相输入保护,限制集成运放两个输入端之间的差模输入电压不超过 D_1、D_2 的正向导通电压。图 5-36(b)是同相输入保护,限制集成运放的共模输入电压不超过 $+U$ 至 $-U$ 的范围。

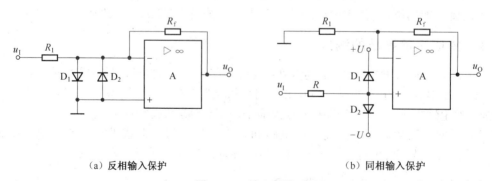

(a) 反相输入保护   (b) 同相输入保护

图 5-36　输入保护

2. 电源极性错接保护

为了防止正负两路电源的极性接反而引入的保护措施如图 5-37 所示。若电源极性错接,则二极管 D_1、D_2 不能导通,使电源被断开。

3. 输出端错接保护

若将集成运放的输出端错接到外部电压,可能引起过电流或造成损坏。为此,可采取如图 5-38 所示的保护措施。若放大电路输出端的电压过高时,稳压管 D_{Z1} 和 D_{Z2} 将被反向击穿。使集成运放的输出电压被限制在 D_{Z1} 和 D_{Z2} 的稳压值,从而避免了损坏。

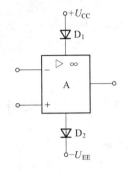

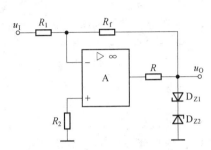

图 5-37　电源错接保护　　　　图 5-38　利用稳压管保护集成运放

练习与思考

5.4.1　在图 5-38 所示的保护措施中电阻"R"是起什么作用?

5.4.2　在图 5-38 所示电路中,如果把反向串联的稳压管 D_{Z1} 和 D_{Z2} 改接在 R_F 两端,能够实现输出保护吗?

小　结

模拟信号运算是集成运放最早的、典型的应用领域。本章主要介绍了由集成运放组成的各种模拟信号运算电路。

(1)理想运放是分析集成运放应用电路的常见工具,也是一个重要的概念。所谓理想运放就是将集成运放的各项技术指标理想化。理想运放工作在线性区或非线性区时,各有若干重要的特点。

由于运算电路的输入、输出信号均为模拟量,因此要求运算电路中的集成运放工作在线性区。从电路结构看,运算电路通常都引入了深度的负反馈。在分析运算电路的输入、输出关系时,总是从理想运放工作在线性区时的两个特点,即"虚短"和"虚断"出发。

(2)比例运算电路是最基本的信号运算电路,在此基础上可以扩展、演变成其他运算电路。比例运算电路有三种输入方式:反相输入、同相输入和差分输入。

(3)在加法运算电路中,着重介绍应用比较广泛的反相输入加法运算电路,这种电路实际上是利用"虚地"和"虚断"的特点,通过将各输入回路的电流求和的方法实现各路输入电压求和。

原则上,求和电路也可采用同相输入和差分输入方式,但是由于这两种电路参数的调整比较烦琐,因此实际上应用较少。

(4)积分和微分互为逆运算,这两种电路是在比例运算电路的基础上分别将反馈回路或输入回路中的电阻换为电容而构成的。其原理主要是利用电容两端的电压与流过电容的电流之间存在着积分关系。

　　积分运算电路应用比较广泛,例如,用于模拟计算机、控制和测量系统、延时和定时以及各种波形的产生和变换等。微分运算电路由于其对高频噪声十分敏感等缺点,应用没有积分运算电路广泛。

　　(5)对数和指数运算电路是利用半导体二极管的电流和电压之间存在指数关系,在比例运算电路的基础上,将反馈回路或输入电路中的电阻换为二极管而组成。

　　(6)乘法和除法运算电路可以由对数和指数运算电路组成,也有单片的集成模拟乘法器。本章主要介绍了变跨导式模拟乘法器。模拟乘法器除了用于模拟信号的运算以外,还广泛用于电子测量仪器、无线电通信等方面。

　　学完本章以后,希望读者能够达到以下要求:

　　(1)掌握比例、求和以及积分三种基本运算电路的工作原理、分析方法和输入、输出关系。

　　(2)正确理解理想运放的概念,以及"虚短"和"虚断"的含义。

　　(3)正确理解模拟乘法器在信号运算方面的应用。

　　(4)了解微分、对数和指数运算电路的工作原理和用途。

习　题

A　选择题

5-1　集成运放的输入级采用差分放大电路是因为它可以(　　　)。

　　A. 减少零点漂移　　　　　　B. 增大放大倍数　　　　　　C. 提高输入电阻

5-2　某测量放大电路要求高输入电阻,输出电流稳定,应该引入(　　　)。

　　A. 并联电流负反馈　　　　　B. 串联电流负反馈　　　　　C. 并联电压负反馈

5-3　同相比例运算电路的反馈类型为(　　　)。

　　A. 并联电压负反馈　　　　　B. 并联电流负反馈　　　　　C. 串联电压负反馈

5-4　反相比例运算电路的反馈类型为(　　　)。

　　A. 并联电流负反馈　　　　　B. 并联电压负反馈　　　　　C. 串联电流负反馈

5-5　为了增大电压放大倍数,集成运放的中间级多采用(　　　)。

　　A. 共发射极放大电路　　　　B. 共集电极-射极放大电路

　　C. 共基极-射极放大电路

5-6　集成运放的制造工艺使得同类半导体晶体管的(　　　)。

　　A. 指标参数准确　　　　　　B. 参数一致性好　　　　　　C. 参数与温度无关

5-7　集成运放电路采用直接耦合方式是因为(　　　)。

　　A. 可获得很大的电压放大倍数　B. 可减少温漂　　C. 集成工艺难以制造大容量电容

B　基本题

5-8　某集成运放的一个偏置电路如图 5-39 所示,设 T_1、T_2 管的参数完全相同。试问:I_{C2} 与 I_{REF} 有什么关系? 写出 I_{C2} 的表达式。

5-9　在图 5-40 所示的差分放大电路中,已知晶体管的 $\beta = 80$, $r_{be} = 2 \text{ k}\Omega$。(1)求输入电阻 r_{id} 和输出电阻 r_o;(2)求差模电压放大倍数 A_{ud}。

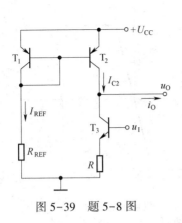

图 5-39　题 5-8 图

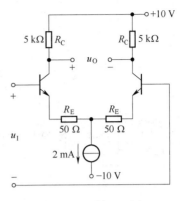

图 5-40　题 5-9 图

5-10　差分放大电路图 5-41 所示,设备晶体管的 $\beta = 100$, $U_{BEQ} = 0.7$ V,且 $r_{be1} = r_{be2} = 3$ kΩ,电流源 $I_Q = 2$ mA, $R = 1$ MΩ,差分放大电路从 c_2 端输出。(1)计算静态工作点(I_{C1Q}, U_{C2Q} 和 U_{EQ});(2)计算差模电压放大倍数 A_{d2}、差模输入电阻 r_{id} 和输出电阻 r_o;(3)计算共模电压放大倍数 A_{c2} 和共模抑制比 K_{CMR};(4)若 $u_{I1} = 20\sin \omega t$ mV, $u_{I2} = 0$,试画出 u_{C2} 和 u_E 的波形,并在图上标明静态分量和动态分量的幅值大小,指出其动态分量与输入电压之间的相位关系。

5-11　判断下列说法是否正确:

(1)由于集成运放是直接耦合放大电路,因此只能放大直流信号,不能放大交流信号。

(2)理想运放只能放大差模信号,不能放大共模信号。

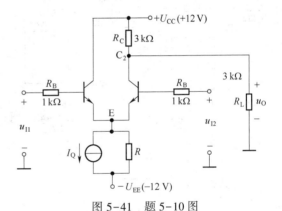

图 5-41　题 5-10 图

(3)不论工作在线性放大状态还是非线性状态,理想运放的反相输入端与同相输入端之间的电位差都为零。

(4)不论工作在线性放大状态还是非线性状态,理想运放的反相输入端与同相输入端均不从信号源索取电流。

(5)实际运放在开环时,输出很难调整至零电位,只有在闭环时才能调整至零电位。

5-12　已知某集成运放开环电压放大倍数 $A_{od} = 5\,000$,最大电压幅度 $U_{om} = \pm 10$ V,接成闭环后其电路框图及电压传输特性曲线如图 5-42(a)、(b)所示。在图 5-42(a)中,设同相输入端上的输入电压 $u_I = (0.5 + 0.01\sin \omega t)$ V,反相输入端接参考电压 $U_{REF} = 0.5$ V,试画出差模输入电压 u_{Id} 和输出电压 u_O 随时间变化的波形。

5-13　设图 5-43 所示的集成运放为理想器件,试求出图 5-43(a)、(b)、(c)、(d)电路中的输出电压。

5-14　电路如图 5-44 所示,设集成运放是理想的, $U_I = 6$ V,求电路的输出电压 U_O 和电路中各支路的电流。

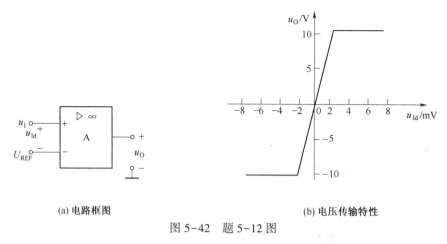

(a) 电路框图   (b) 电压传输特性

图 5-42 题 5-12 图

5-15 图 5-45 所示电路中的集成运放是理想的,求电路的输出电压 u_o 和电路中各支路的电流。

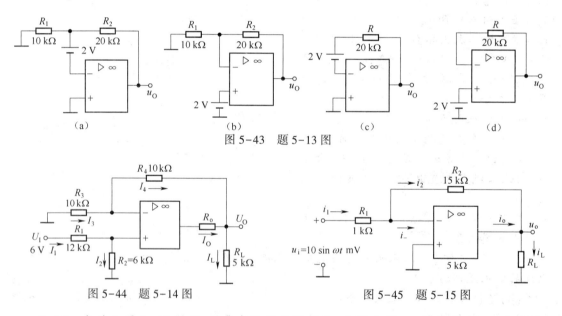

图 5-43 题 5-13 图

图 5-44 题 5-14 图   图 5-45 题 5-15 图

5-16 电路如图 5-46 所示,设集成运放是理想的,电路中 $U_{I1} = 0.6$ V, $U_{I2} = 0.8$ V,求电路的输出电压 U_O。

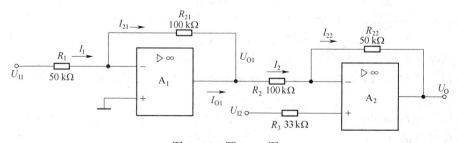

图 5-46 题 5-16 图

5-17　电流-电压转换器如图 5-47 所示,设光探测仪的输出电流作为集成运放的输入电流 i_s;信号内阻 $R_s \gg r_i$,试证明输出电压 $u_o = -i_s R$。

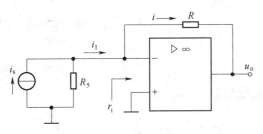

图 5-47　题 5-17 图

5-18　电路如图 5-48 所示,设集成运放是理想的,晶体管 T 的 $U_{BE} = U_B - U_E = 0.7$ V。(1)求出晶体管 c、b、e 各极的电位值;(2)若电压表的读数为 200 mV,试求晶体管电流放大系数。

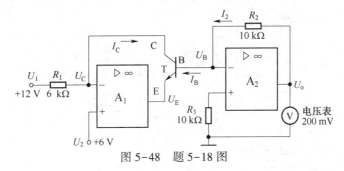

图 5-48　题 5-18 图

5-19　一桥式放大电路如图 5-49 所示,试写出 $u_o = f(\delta)$ 的表达式($\delta = \Delta R / R$)。

5-20　图 5-50 所示为一增益线性调节运放电路,试求出该电路的电压增益 $A_u = u_o / (u_{i1} - u_{i2})$ 的表达式。

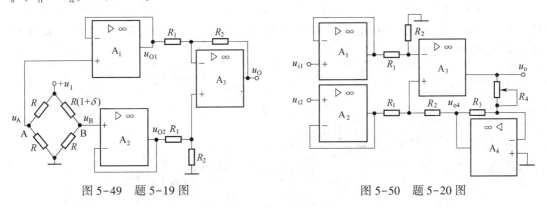

图 5-49　题 5-19 图　　　　　　　　图 5-50　题 5-20 图

5-21　设计一反相加法器,使其输出电压 $u_o = -7u_{i1} - 14u_{i2} - 3.5u_{i3} - 10u_{i4}$,允许使用的最大电阻值为 280 kΩ,试求各支路的电阻。

5-22　同相输入加法运算电路如图 5-51 所示。试求:(1)输出电压 u_o 表达式;(2)当 $R_1 = R_2 = R_3 = R_4$ 时 u_o 值。

5-23　加减运算电路如图 5-52 所示,求输出电压 u_o 的表达式。

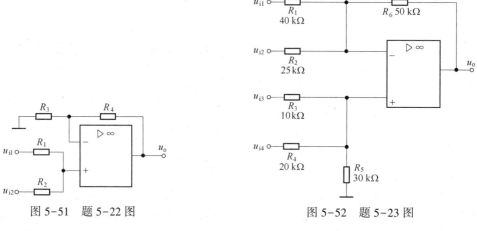

　　图 5-51　题 5-22 图　　　　　　　　　　图 5-52　题 5-23 图

5-24　电路如图 5-53 所示,设集成运放是理想的。试求 u_{O1}、u_{O2} 及 u_O 的值。

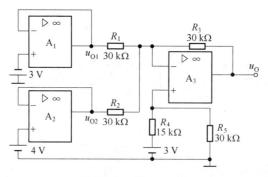

图 5-53　题 5-24 图

　　5-25　积分电路如图 5-54 所示,设集成运放是理想的,已知初始状态时 $u_C(0) = 0$ V。(1)当 $R = 100$ kΩ,$C = 2$ μF 时,若突然加入 $u_1(t) = 1$ V 的阶跃电压,求 1 s 后输出电压 u_O 的值;(2)当 $R = 100$ kΩ,$C = 0.47$ μF,输入电压波形如图 5-54(b)所示,试画出 u_O 的波形,并标出 u_O 的幅值和回零时间。

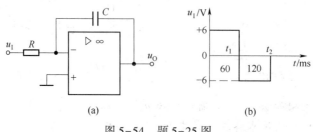

　　　　　(a)　　　　　　　　　　　　　　(b)

图 5-54　题 5-25 图

　　5-26　电路如图 5-55 所示,A_1、A_2 为理想运放,电容的初始电压 $u_C(0) = 0$ V。(1)写

出 u_0 与 u_{I1}、u_{I2} 及 u_{I3} 之间的关系式;(2)写出当电路中的电阻 $R_1=R_2=R_3=R_4=R_5=R_6=R$ 时,输出电压 u_0 的表达式。

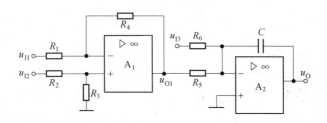

图 5-55　题 5-26 图

5-27　微分电路如图 5-56(a)所示,输入电压 u_1 波形如图 5-56(b)所示,设电路 $R=10\ \text{k}\Omega$,$C=100\ \mu\text{F}$,集成运放是理想的,试画出输出电压 u_0 的波形,并标出 u_0 幅值。

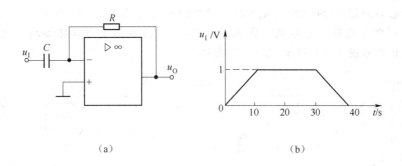

(a)　　　　　　　　　　　(b)

图 5-56　题 5-27 图

C 拓 宽 题

5-28　差分式积分运算电路如图 5-57 所示。设集成运放是理想的,电容 C 上的初始电压 $u_C(0)=0$,且 $C_1=C_2=C$,$R_1=R_2=R$。若 u_{I1}、u_{I2} 已知,求(1)当 $u_{I1}=0$ 时,推导 u_0 与 u_{I2} 的关系;(2)当 $u_{I2}=0$ 时,推导 u_0 与 u_{I1} 的关系;(3)当 u_{I1}、u_{I2} 同时加入时,写出 u_0 与 u_{I1}、u_{I2} 的关系式,并说明电路的功能。

5-29　一实用微分电路如图 5-58 所示,它具有衰减高频噪声的作用。若 $R_1=R_2=R$,$C_1=C_2=C$,试问应当怎样限制输入信号 u_1 的频率,才能使电路不失去微分的功能?

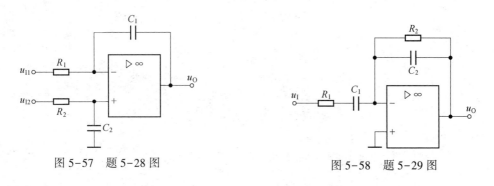

图 5-57　题 5-28 图　　　　　　　　图 5-58　题 5-29 图

5-30 电路如图 5-59(a)所示，A 为理想运放，当 $t=0$ 时，电容 C 的初始电压 $u_C(0)=0$，若输入电压 u_1 为一方波，如图 5-59(b)所示，试画出 u_0 稳态时的波形。

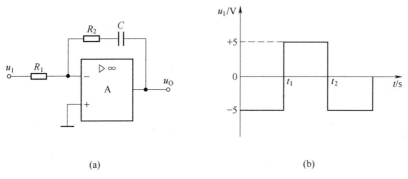

(a)   (b)

图 5-59 题 5-30 图

5-31 电路如图 5-60 所示，$K_1=K_2$。求(1)u_{01}、u_{02} 和 u_0;(2)当 $u_{11}=U_{Im}\sin\omega t$，$u_{12}=U_{Im}\cos\omega t$ 时，说明此电路具有检测正交振荡幅值的功能(称为平方律振幅检测电路)。

5-32 电路如图 5-61 所示，求 u_0 的表达式。

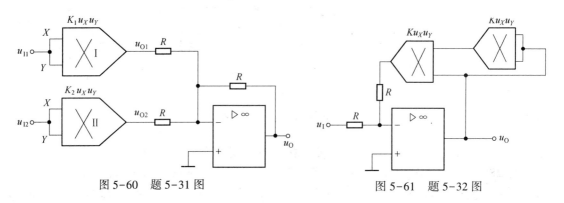

图 5-60 题 5-31 图   图 5-61 题 5-32 图

第6章 | 直流稳压电源

【内容提要】

在电子电路中,通常需要稳压的直流电源供电。半导体直流稳压电源主要由电源变压器、整流电路、滤波电路和稳压电路四部分构成。本章首先讨论小功率整流电路、滤波电路和稳压电路,然后介绍三端集成稳压器和恒压源电路,最后讨论开关稳压电源。

6.1 整 流 电 路

整流电路的任务是将交流电变换成直流电。完成这一任务主要是靠二极管的单向导电作用,因此二极管是构成整流电路的关键元件。在小功率(1 kW 以下)整流电路中,常见的几种整流电路有单相半波、全波、桥式等整流电路。本书讨论单相半波、桥式整流电路。分析整流电路时,为简明起见,二极管用理想模型来处理,即正向导通电阻为零,反向电阻为无穷大。

6.1.1 单相半波整流电路

1. 电路结构

单相半波整流电路如图 6-1(a)所示。图中 Tr 为电源变压器,它将交流电网电压 u_1 变换成整流电路要求的交流电压 u_2,D 是二极管,R_L 要求直流供电的负载电阻。

2. 工作原理

二极管 D 的偏置电压为 u_2,因此,在 u_2 正半周,二极管 D 正偏而处于导通状态,忽略导通压降,负载电阻 R_L 两端电压 $u_O=u_2$;在 u_2 负半周,二极管 D 反偏而处于截止状态,负载电阻 R_L 上无电压、无电流。u_2、i_O、u_O 和 u_D 的波形如图 6-1(b)所示。

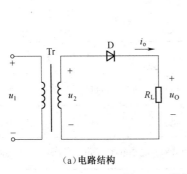

(a)电路结构

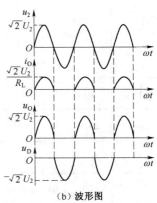

(b)波形图

图 6-1 单相半波整流电路结构及波形图

3. 参数计算

（1）整流电压平均值 U_0：

根据 $U_0 = \dfrac{1}{2\pi} \displaystyle\int_0^\pi \sqrt{2}\,U_2 \sin\omega t\,\mathrm{d}(\omega t)$，可以求得

$$U_0 = 0.45U_2 \tag{6-1}$$

（2）整流电流平均值 I_0：

$$I_0 = U_0/R_{\mathrm{L}} \tag{6-2}$$

（3）流过每管电流平均值 I_{D}：

$$I_{\mathrm{D}} = I_0 \tag{6-3}$$

（4）每管承受的最高反向电压 U_{DRM}：

$$U_{\mathrm{DRM}} = \sqrt{2}\,U_2 \tag{6-4}$$

（5）变压器二次电流有效值 I_2：

根据 $I_2 = \sqrt{\dfrac{1}{2\pi} \displaystyle\int_0^\pi \left(\dfrac{\sqrt{2}\,U_2}{R_L}\sin\omega t\right)^2 \mathrm{d}(\omega t)}$ 及 $I_0 = \dfrac{0.45U_2}{R_{\mathrm{L}}}$，可以求得

$$I_2 = 1.57I_0 \tag{6-5}$$

4. 整流二极管的选择

按 $I_{\mathrm{oM}} > I_{\mathrm{D}}$ 及 $U_{\mathrm{RWM}} > U_{\mathrm{DRM}}$ 条件，通过查如表 6-1 所示的硅整流二极管的型号、参数表进行选择。

表 6-1　常用硅整流二极管的型号、参数表

型　　号	最大整流电流 $I_{\mathrm{OM}}/\mathrm{A}$	最高反向工作电压 $U_{\mathrm{RWM}}/\mathrm{V}$	正向电压降 $U_{\mathrm{F}}/\mathrm{V}$	反向电流 $I_{\mathrm{R}}/\mu\mathrm{A}$	额定结温 $T/{}^\circ\!\mathrm{C}$
CZ50A~X	0.03		≤1.2	5	150
CZ51A~X	0.05		≤1.2	5	150
CZ52A~X	0.1		≤1.0	5	150
CZ53A~X	0.3		≤1.0	5	150
CZ54A~X	0.5		≤1.0	10	150
CA55A~X	1	25~3 000	≤1.0	10	150
CZ56A~X	3	（按规格号	≤0.8	20	140
CZ57A~X	5	分档）	≤0.8	20	140
CZ58A~X	10		≤0.8	30	140
CZ59A~X	20		≤0.8	40	140
CZ60A~X	50		≤0.8	50	140
CZ80A~X	0.03		≤1.2	5	130
CZ84A~X	0.5		≤1.0	10	130

最高反向工作电压按规格号分档	规格号	A	B	C	D	E	F	G	H	J	K	L
	$U_{\mathrm{RWM}}/\mathrm{V}$	25	50	100	200	300	400	500	600	700	800	900
	规格号	M	N	P	Q	R	S	T	U	V	W	X
	$U_{\mathrm{RWM}}/\mathrm{V}$	1 000	1 200	1 400	1 600	1 800	2 000	2 200	2 400	2 600	2 800	3 000

6.1.2　单相桥式整流电路

1. 电路结构

单相桥式整流电路如图 6-2(a)所示。其结构特征是：二极管 D_1、D_2 共阴极接法的阴极接负载电阻 R_L 两端电压 u_0 的"+"端；二极管 D_3、D_4 共阳极接法的阳极接负载电阻 R_L 两端电压 u_0 的"−"端；而从共阴极接法二极管的阳极与共阳接法二极管的阴极的相连处引出的两根导线方便连接变压器的二次电压 u_2 的 +、− 端。图 6-2(b)是它的简化画法。

2. 工作原理

在 u_2 的正半周，二极管 D_1、D_3 导通，D_2、D_4 截止，电流为 i_1，如图中实线所示。在 u_2 的负半周，二极管 D_2、D_4 导通，D_1、D_3 截止，电流为 i_2，如图中虚线所示，通过负载电阻的 i_1 和 i_2 方向相同。u_2、i_0、u_0 和 u_D 的波形如图 6-2(c)所示。

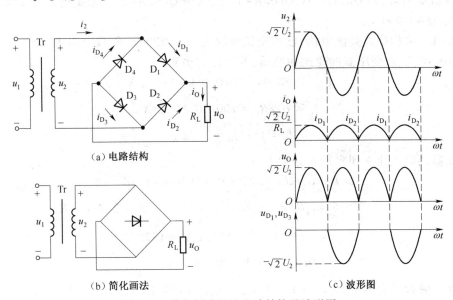

　(a)电路结构　　　　　　　　　　　　　　(c)波形图

　(b)简化画法

图 6-2　单相桥式整流电路结构及波形图

3. 参数计算

(1)整流电压平均值 U_0：

根据 $U_0 = \dfrac{1}{\pi} \displaystyle\int_0^{\pi} \sqrt{2} U_2 \sin \omega t \, \mathrm{d}(\omega t) = 0.9 U_2$，可以求得

$$U_0 = 0.9 U_2 \tag{6-6}$$

(2)整流电流平均值 I_0：

$$I_0 = U_0 / R_L \tag{6-7}$$

(3)流过每管电流平均值 I_D：

$$I_D = 0.5 I_0 \tag{6-8}$$

(4)每管承受的最高反向电压 U_{DRM}：

$$U_{DRM} = \sqrt{2} U_2 \tag{6-9}$$

(5)变压器二次电流有效值 I_2：

根据 $I_2 = \sqrt{\dfrac{1}{2\pi} \displaystyle\int_0^{2\pi} \left(\dfrac{\sqrt{2}\,U_2}{R_L}\sin \omega t\right)^2 \mathrm{d}(\omega t)}$ 及 $I_0 = \dfrac{0.9 U_2}{R_L}$，可以求得

$$I_2 = 1.11 I_0 \tag{6-10}$$

4. 整流二极管的选择

按 $I_{OM} > I_D$ 及 $U_{RWM} > U_{DRM}$ 条件，通过查如表 6-1 所示的硅整流二极管的型号、参数表进行选择。

5. 单相桥式整流电路的优点

单相桥式整流电路的优点是输出电压高，纹波电压较小，二极管所承受的最大反向电压较低，同时因电源变压器在正、负半周内都有电流供给负载，电源变压器得到了充分的利用，效率较高。因此，这种电路在半导体整流电路中得到了颇为广泛的应用。目前市场上已有整流桥堆出售，如 QL51A～G、QL62A～L 等，其中 QL62A～L 的额定电流为 2 A，最大反向电压为 25～1 000 V。

例 6-1 单相桥式整流电路，已知交流电网电压为 220 V，负载电阻 $R_L = 50\ \Omega$，负载电压 $U_0 = 100$ V，试求变压器的变比和容量，并选择二极管。

解
$$U_2 = U_0/0.9 = 100/0.9\ \text{V} = 111.1\ \text{V}$$

$$I_0 = U_0/R_L = 100/50\ \text{A} = 2\ \text{A}$$

$$I_2 = 1.11 I_0 = 2.22\ \text{A}$$

变压器的电压比 k 和容量 S 分别为

$$k = U_1/U_2 = 220/(100/0.9) = 1.98$$

$$S = I_2 U_2 = (2.22 \times 1000/9)\ \text{V} \cdot \text{A} = 247\ \text{V} \cdot \text{A}$$

$$U_{DRM} = \sqrt{2}\,U_2 = \sqrt{2} \times 111.1\ \text{V} = 157.12\ \text{V}$$

$$I_D = 0.5 I_0 = 0.5 \times 2\ \text{A} = 1\ \text{A}$$

选择二极管时应满足 $I_{OM} > I_D = 1$ A 及 $U_{RWM} > U_{DRM} = 157.12$ V，查表 6-1，可选用 $I_{OM} = 3$ A、$U_{RWM} = 200$ V 的 2CZ56D 二极管四只。

练习与思考

6.1.1 若单相桥式整流电路中有一只二极管接反或击穿短路了，将产生什么现象？

6.1.2 若单相桥式整流电路中有一只二极管断开，将产生什么现象？

6.1.3 整流二极管的反向电阻不够大，而正向电阻较大时，对整流效果会产生什么影响？

6.2　滤　波　电　路

滤波电路用于滤去整流输出电压中的纹波，一般由电抗元件组成。如在负载电阻两端并联电容 C，或在整流输出端与负载间串联电感 L，以及由电容、电感组合而成的各种复式滤波电路。本节重点分析小功率整流电源中应用较多的电容滤波电路，然后再简要介绍其他形式的滤波电路。

6.2.1　电容滤波电路

1. 单相半波整流电容滤波电路

1）电路结构

电路如图 6-3（a）所示，该电路由单相半波整流电路的负载电阻 R_L 两端并联电容 C 构成。

2）工作原理

如果负载 R_L 断开，在 $u_2 > u_C$ 时，二极管导通，电源在给负载 R_L 供电的同时也给电容充电，u_C 增加至 u_2 峰值，然后因为电容无放电回路导致 $u_2 \leqslant u_C = \sqrt{2}\,U_2$，二极管反偏截止。

当接上负载 R_L 后，在 $u_2 > u_C$ 时，二极管导通，电源在给负载 R_L 供电的同时也给电容充电，u_C 增加，$u_O = u_C$；在 $u_2 < u_C$ 时，二极管截止，电容通过负载 R_L 放电，u_C 按指数规律下降，$u_O = u_C$。u_2、u_O 的波形如图 6-3（b）所示。由 $u_D = u_2 - u_C$，考虑负载 R_L 断开时 $u_C = \sqrt{2}\,U_2$，在 $u_2 = -\sqrt{2}\,U_2$ 时，有 $u_D = -2\sqrt{2}\,U_2$，因此，二极管承受的最高反向电压为 $U_{DRM} = 2\sqrt{2}\,U_2$。

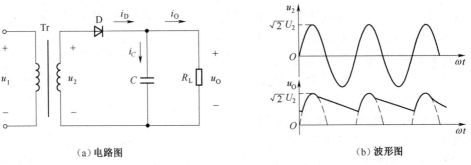

（a）电路图　　　　　　　　　　　　　（b）波形图

图 6-3　单相半波整流电容滤波电路

3）参数计算

（1）二极管承受的最高反向电压 U_{DRM}：

$$U_{DRM} = 2\sqrt{2}\,U_2 \tag{6-11}$$

（2）输出电压平均值 U_O。输出电压的平均值 U_O 与放电时间常数 $R_L C$ 有关。一般取 $R_L C \geqslant (3 \sim 5)T/2$（$T$ 是电源电压的周期），输出电压平均值 U_O 近似估算为

$$U_O = U_2 \tag{6-12}$$

（3）输出电流平均值 I_O：

$$I_O = \frac{U_O}{R_L} \tag{6-13}$$

（4）二极管电流平均值 I_D：

$$I_D = 0.5 I_O \tag{6-14}$$

（5）变压器二次电流有效值 I_2。$R_L C$ 越大→U_O 越大，I_O 越大→整流二极管导通时间越短→i_D 的峰值电流越大。在 i_D 的平均电流相同的情况下，整流二极管导通时间越短，电流有效值越大。一般二极管的电流有效值近似估算取整流电路（无电容滤波）二极管电流有效值（$1.57 I_D$）的（$1.5 \sim 2$）倍，而 $I_D = I_O$。因此，变压器二次电流有效值 I_2 近似估算为

$$I_2 = (1.5 \sim 2) \times 1.57 I_O \tag{6-15}$$

4）整流二极管的选择

按 $I_{OM}>(1.5\sim2)I_D$ 及 $U_{RWM}>U_{DRM}$ 条件，通过查如表 6-1 所示的硅整流二极管的型号、参数表进行选择。

5）滤波电容的选择

滤波电容的选择主要是确定电容的容量 C 及电容的耐压值：

（1）电容的容量 C 满足 $C\geqslant[(3-5)T/2]/R_L$。

（2）电容的耐压值要大于它实际承受的最高瞬时电压值 $\sqrt{2}U_2$。

2. 单相桥式整流电容滤波电路

1）电路结构

单相桥式整流电路的负载电阻 R_L 两端并联电容 C 就是单相桥式整流电容滤波电路，如图 6-4（a）所示。

2）工作原理

负载 R_L 未接入（开关 S 断开）时的情况：设电容两端初始电压为零，接入交流电源后，当 u_2 为正半周时，u_2 通过 D_1、D_3 向电容 C 充电；当 u_2 为负半周时，u_2 通过 D_2、D_4 向电容 C 充电，充电时间常数为 $\tau_C=R_{int}C$，其中 R_{int} 包括变压器二次绕组的直流电阻和二极管 D 的正向电阻。由于 R_{int} 一般很小，电容很快就充电到交流电压 u_2 的最大值 $\sqrt{2}U_2$，由于电容无放电回路，故输出电压（即电容 C 两端的电压 u_2）保持在 $\sqrt{2}U_2$。

接入负载 R_L（开关 S 合上）的情况：设变压器二次电压 u_2 从 0 开始上升（即正半周开始）时接入负载 R_L，由于电容在负载未接入前充了电，故刚接入负载时 $u_2<u_C$，二极管受反向电压作用而截止，电容 C 经 R_L 放电，放电时间常数为 $\tau_d=R_LC$。因 τ_d 一般较大，故电容两端的电压 u_C 按指数规律慢慢下降。其输出电压 $u_0=u_C$，如图 6-4（b）的 ab 段所示。与此同时，交流电压 u_2 按正弦规律上升。当 $u_2>u_C$ 时，二极管 D_1、D_3 受正向电压作用而导通，此时 u_2 经二极管 D_1、D_3 一方面向负载 R_L 提供电流，另一方面向电容 C 充电[接入负载时的充电时间常数 $\tau_C=(R_L/\!/R_{int})C\approx R_{int}C$ 很小]，u_C 升高，如图 6-4（b）中的 bc 段所示。图 6-4（b）中 bc 段上的阴影部分为电路中的电流在整流电路内阻 R_{int} 上产生的压降。u_C 随着交流电压 u_2 升高而升高到最大值 $\sqrt{2}U_2$ 的附近，然后 u_2 又按正弦规律下降。当 $u_2<u_C$ 时，二极管受反向电压作用而截止，电容器 C 又经 R_L 放电，u_C 下降，如图 6-4（b）中的 cd 段所示。电容 C 如此周而复始地进行充放电，负载上便得到一个近似锯齿波的电压 $u_0=u_C$，使负载电压的波动大为减小。电路的电压 u_2、u_0、u_C，电流 i_0 和纹波电压 u_r 波形如图 6-4（b）所示。

3）参数计算

（1）二极管承受的最高反向电压 U_{DRM}：

$$U_{DRM}=\sqrt{2}U_2 \tag{6-16}$$

（2）输出电压平均值 U_0。输出电压平均值 U_0 与放电时间常数 R_LC 有关。一般取 $R_LC\geqslant(3\sim5)T/2$（T 是电源电压的周期），输出电压平均值 U_0 近似估算为

$$U_0=1.2U_2 \tag{6-17}$$

（3）输出电流平均值 I_0：

$$I_0=\frac{U_0}{R_L} \tag{6-18}$$

（4）二极管电流平均值 I_D：

$$I_D = 0.5I_O \tag{6-19}$$

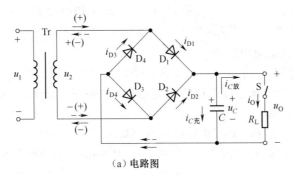

（a）电路图

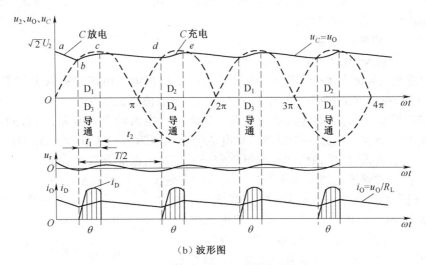

（b）波形图

图 6-4　单相桥式整流电容滤波电路

（5）变压器二次电流有效值 I_2。$R_L C$ 越大→U_O 越大，I_O 越大→整流二极管导通时间越短→i_D 的峰值电流越大。在 i_D 的平均电流相同的情况下，整流二极管导通时间越短，电流有效值越大。一般二极管的电流有效值近似估算取整流电路（无电容滤波）二极管电流有效值（$1.57I_D$）的（$1.5 \sim 2$）倍。因 $i_2 = i_{D1} - i_{D4}$，$I_D = 0.5I_O$，变压器二次电流有效值 I_2 为二极管电流有效值的 $\sqrt{2}$ 倍，故有

$$I_2 = (1.5 \sim 2) \times 1.57\sqrt{2}I_D \approx (3 \sim 4)I_D = (1.5 \sim 2)I_O \tag{6-20}$$

4）整流二极管的选择

按 $I_{OM} > (1.5 \sim 2)I_D$ 及 $U_{RWM} > U_{DRM}$，通过查如表 6-1 所示的硅整流二极管的型号、参数表进行选择。

5）滤波电容的选择

滤波电容的选择主要是确定电容的容量 C 及电容的耐压值：

（1）电容的容量 C 满足 $C \geqslant [(3 \sim 5)T/2]/R_L$。

（2）电容的耐压值要大于它实际承受的最高瞬时电压值 $\sqrt{2}U_2$。

例 6-2　单相桥式整流电容滤波电路如图 6-4 所示。已知交流电源电压为 220 V，交流电源频率 $f = 50$ Hz，要求直流电压 $U_O = 30$ V，负载电流 $I_O = 50$ mA。（1）试求电源变压器

二次电压 u_2 的有效值;(2)选择整流二极管;(3)选择滤波电容器。

解 (1)由式(6-17) $U_0 = 1.2U_2$,则 $U_2 = U_0/1.2 = (30/1.2)V = 25V$。

(2)流经二极管的平均电流 $I_D = 0.5I_0 = 0.5 \times 50$ mA $= 25$ mA

二极管承受的最大反向电压 $U_{DRM} = \sqrt{2} U_2 = \sqrt{2} \times 25$ V ≈ 35 V

根据 $I_{OM} > (1.5 \sim 2)I_D = (1.5 \sim 2) \times 25$ mA $= 37.5 \sim 50$ mA 及 $U_{RWM} > U_{DRM} = 35$ V 条件,查表 6-1,可选用四只 2CZ51B 整流二极管(其允许最大整流电流 $I_{OM} = 50$ mA,最高反向工作电压 $U_{RWM} = 50$ V)。

(3)负载电阻 $R_L = U_0/I_0 = 30/50$ k$\Omega = 0.6$ kΩ,由 $R_L C \geqslant (3 \sim 5)T/2$,取 $R_L C \geqslant 2T = 2 \times (1/50)$ s $= 0.04$ s。由此得滤波电容 $C = 0.04$ s$/R_L = 0.04$ s$/600$ $\Omega = 66.7$ μF。电容承受的最高电压为 $U_{CM} = \sqrt{2} U_2 = 1.4 \times 25$ V $= 35$ V,所以电容的耐压值 $\geqslant 35$ V。因此,可选用标称值为 100 μF/50 V 的电解电容。

3. 电容滤波电路的特点

由以上分析可知,电容滤波电路有如下特点:

(1)二极管的导通角 $\theta < \pi$,流过二极管的瞬时电流很大。电流的有效值和平均值的关系与波形有关,在平均值相同的情况下,波形越尖,有效值越大。

①在纯电阻负载时,单相半波整流电路变压器二次电流的有效值为 $I_2 = 1.57I_0$,而有电容滤波的单相半波整流电路的变压器二次电流的有效值为 $I_2 = (1.5 \sim 2) \times 1.57I_0$。

②在纯电阻负载时,单相桥式整流电路变压器二次电流的有效值为 $I_2 = 1.11I_0$,而有电容滤波的单相桥式整流电路的变压器二次电流的有效值为 $I_2 = (1.5 \sim 2)I_0$。

(2)负载平均电压 U_0 升高,纹波(交流成分)减小,且 R_L 越大,电容放电速率越慢,则负载电压中的纹波成分越小,负载平均电压越高。为了得到平滑的负载电压,一般取放电时间常数 $R_L C \geqslant (3 \sim 5)T/2$,式中 T 为电源交流电压的周期。在 $R_L C \geqslant (3 \sim 5)T/2$ 条件下,单相半波整流电容滤波电路负载电压 $U_0 = U_2$;而单相桥式整流电容滤波电路的负载电压 $U_0 = 1.2U_2$。

(3)负载直流电压随负载电流增加而减小。U_0 随 I_0 变化的关系称为**输出特性**或**外特性**。

①半波整流电容滤波电路的外特性如图 6-5(a)所示。当 $R_L = \infty$,C 值一定时,$\tau_d = \infty$,有 $U_0 = \sqrt{2} U_2 \approx 1.4U_2$;当 $R_L = \infty$,即空载,$C = 0$ 无电容时,$U_0 = 0.45U_2$。

②桥式整流电容滤波电路的外特性如图 6-5(b)所示。当 $R_L = \infty$,C 值一定时,$\tau_d = \infty$,有 $U_0 = \sqrt{2} U_2 \approx 1.4U_2$;当 $R_L = \infty$,即空载,$C = 0$ 无电容时,$U_0 = 0.9U_2$。

总之,电容滤波电路简单,负载**直流电压 U_2 较高**,纹波较小,它的缺点是输出特性较差,故**适用于负载电压较高,负载变动不大**的场合。

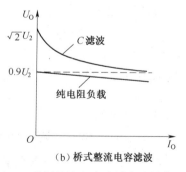

图 6-5　单相整流电容滤波电路的外特性

(a)半波整流电容滤波

(b)桥式整流电容滤波

6.2.2　电感滤波电路

在单相桥式整流电路和负载电阻 R_L 之间串入一个电感 L，如图 6-6 所示。当通过线圈的电流增加时，电感线圈产生自感电势（左"+"右"−"）阻止电流增加，同时将一部分电能转化为磁场能存储于电感中；当电流减小时，自感电势（左"−"右"+"）阻止电流减小，同时将电感中的磁场能释放出来，以补偿电流的减小。此时，整流二极管 D 依然导通，导通角 θ 增大，使 $\theta =$

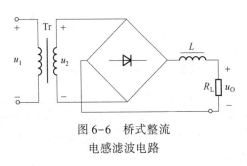

图 6-6　桥式整流
电感滤波电路

π，利用电感的储能作用可以减小输出电压和电流的纹波，从而得到比较平滑的直流。当忽略电感 L 的电阻时，负载上输出的平均电压和纯电阻（不加电感）负载相同，如忽略 L 的直流电阻上的压降，则 $U_0 = 0.9U_2$。

电感滤波的特点：整流管的导通角较大（电感 L 的反电势使整流管导通角增大），无峰值电流，输出特性比较平坦。缺点是由于铁芯的存在，笨重，体积大，易引起电磁干扰。故电感滤波一般只适用于低电压、大电流场合。

此外，为了进一步减小负载电压中的纹波，电感后面可再接一个电容或前后各接一个电容而构成如图 6-7 所示的 LC-型或 LC-Ⅱ 型滤波电路。有时也采用如图 6-8 所示的 RC-Ⅱ 型滤波电路。图 6-7、图 6-8 所示电路的性能和应用场合分别与电感滤波（又称电感输入式）电路、电容滤波（又称电容输入式）电路相似。

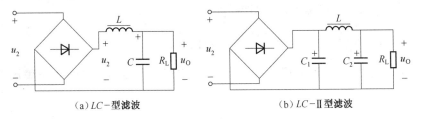

（a）LC-型滤波　　　　　　　　　　（b）LC-Ⅱ 型滤波

图 6-7　倒 L 形滤波电路

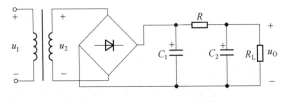

图 6-8　RC-Ⅱ 型滤波电路

练习与思考

6.2.1　在整流滤波电路中，采用滤波电路的主要目的是什么？

6.2.2　如图 6-4(a)所示电路中，u_2 的有效值 $U_2 = 20$ V。(1)电路中 R_L 和 C 增大时，输出电压是增大还是减小？为什么？(2)在 $R_L C \geqslant (3\sim5)T/2$ 时，输出电压 U_0 和 U_2 的近似关系如何？(3)若将二极管 D_1 和负载电阻分别断开，各对 U_0 有何影响？(4)若将 C 断开，

U_2 的值是多少?

6.3　稳　压　电　路

6.3.1　稳压电源的质量指标

稳压电源技术指标分为两种:一种是**特性指标**,包括允许的输入电压、输出电压、输出电流及输出电压调节范围等;另一种是**质量指标**,用来衡量输出直流电压的稳定程度,包括稳压系数、电压调整率、电流调整率、输出电阻、温度系数及纹波电压等。下面讨论质量指标。

由于输出直流电压 U_o 随输入直流电压 U_1(即整流滤波电路的输出电压,其数值可近似认为与交流电源电压成正比)、输出电流 I_o 和环境温度 $T(℃)$ 的变动而变动,即输出直流电压 $U_o = f(U_1, I_o, T)$,因而输出电压变化量的一般式可表示为

$$\Delta U_o = \frac{\partial U_o}{\partial U_1}\Delta U_1 + \frac{\partial U_o}{\partial I_o}\Delta I_o + \frac{\partial U_o}{\partial T}\Delta T \quad 或 \quad \Delta U_o = K_U \Delta U_1 + R_o \Delta I_o + S_T \Delta T$$

式中的三个系数分别定义如下:

1. 输入调整因数 K_U

$$K_U = \frac{\Delta U_o}{\Delta U_1}\bigg|_{\substack{\Delta I_o = 0 \\ \Delta T = 0}} \tag{6-21}$$

K_U 反映了输入电压波动对输出电压的影响,实用上常用输入电压变化 ΔU_1 时引起输出电压的相对变化来表示,称为**电压调整率**,即

$$S_U = \frac{\Delta U_o / U_o}{\Delta U_1}\times 100\%\bigg|_{\substack{\Delta I_o = 0 \\ \Delta T = 0}} \tag{6-22}$$

有时用输出电压和输入电压的相对变化之比来表征稳压性能,称为**稳压系数**,定义式为

$$\gamma = \frac{\Delta U_o / U_o}{\Delta U_1 / U_1}\bigg|_{\substack{\Delta I_o = 0 \\ \Delta T = 0}} \tag{6-23}$$

2. 输出电阻 R_o

$$R_o = \frac{\Delta U_o}{\Delta I_o}\bigg|_{\substack{\Delta U_1 = 0 \\ \Delta T = 0}} \tag{6-24}$$

R_o 反映负载电流 I_o 变化对 U_o 的影响。

有时用**电流调整率 S_I** 表示。反映当输入电压和环境温度不变而输出电流变化时,输出电压保持稳定的能力,即稳压电路的带负载能力,即

$$S_I = \frac{\Delta U_o}{U_o}\times 100\%\bigg|_{\substack{\Delta U_1 = 0 \\ \Delta T = 0}} \tag{6-25}$$

3. 温度系数 S_T

$$S_T = \frac{\Delta U_o}{\Delta T}\bigg|_{\substack{\Delta U_1 = 0 \\ \Delta I_o = 0}} \tag{6-26}$$

上述的系数越小,输出电压越稳定。它们的具体数值与电路形式和电路参数有关。

纹波电压是指稳压电路输出端交流分量的有效值,一般为毫伏数量级,它表示输出电压的微小波动。应当指出的是,稳压系数 γ 较小的稳压电路,它的输出纹波电压一般也较小。

6.3.2 串联反馈式稳压电路

1. 电路组成和稳压原理

图 6-9 是串联反馈式稳压电路的一般结构图,图中 U_I 是整流滤波电路的输入电压,T 为调整管,集成运放为比较放大电路,U_{REF} 为基准电压,它由稳压管 D_Z 与限流电阻 R 串联所构成的简单稳压电路获得,R_1、R_P 与 R_2 组成反馈网络,是用来反映输出电压变化的采样环节。

这种稳压电路的主回路是起调整作用的调整管 T 与负载串联,故称为**串联式稳压电路**。输出电压的变化量由反馈网络采样,经比较放大电路放大后去控制调整管 T 的集–射极间电压,从而达到稳定输出电压 U_O 的目的。稳压原理如下:当输入电压 U_I 增加(或负载电流 I_O 减小)时,导致输出电压 U_O 增加,随之反馈电压 $U_F = R_2'U_O/(R_1'+R_2') = FU_O$ 也增加 $[F = R_2'/(R_1'+R_2')$ 为反馈系数$]$。与基准电压 U_{REF} 相比较,其差值电压经比较放大电路放大后使 U_B 和 I_C 减小,调整管 T 的集–射极间电压 U_{CE} 增大,使 U_O 下降,从而维持 U_O 基本恒定。其稳定过程可简单表示如下:

$$U_I \uparrow \rightarrow U_O \uparrow \rightarrow U_F(U_-)\uparrow \rightarrow U_B \downarrow \rightarrow U_{CE}\uparrow$$
$$U_O \downarrow \longleftarrow$$

同理,当输入电压 U_I 减小(或负载电流 I_O 增加)时,亦将使输出电压基本保持不变。

电路引入电压串联负反馈电路。调整管 T 接成电压跟随器,调整管 T 的调整作用是依靠 U_F 和 U_{REF} 之间的偏差来实现的,必须有偏差才能调整。如果 U_O 绝对不变,调整管的 U_{CE} 也绝对不变,那么电路也就不能起调整作用了。所以,U_O 不可能达到绝对稳定,只能是基本稳定。因此,图 6-9 所示系统是一个闭环有差自动调整系统。由以上分析可知,负反馈越深,调整作用越强,输出电压 U_O 就越稳定,电路的稳压系数 γ 和输出电阻 R_o 越小。

2. 输出电压及调节范围

按 $U_{REF} \approx U_F = R_2'U_O/(R_1'+R_2') = FU_O$,输出电压为

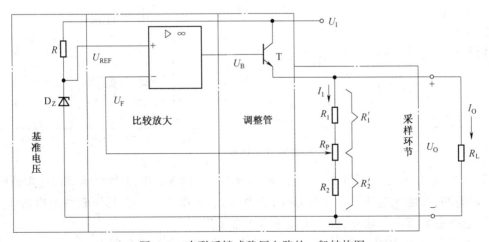

图 6-9 串联反馈式稳压电路的一般结构图

$$U_O \approx U_{REF}\left(1 + \frac{R'_1}{R'_2}\right) = \frac{U_{REF}}{F} \tag{6-27}$$

式(6-27)表明,输出电压 U_O 与基准电压 U_{REF} 近似成正比,与反馈系数 F 成反比。当 U_{REF} 及 F 一定时, U_O 也就确定了,因此它是设计稳压电路的基本关系式。

R_P 滑动端在最上端时,输出电压最小,即

$$U_{Omin} = \frac{R_1 + R_P + R_2}{R_2 + R_P}U_{REF} \tag{6-28}$$

R_P 滑动端在最下端时,输出电压最大,即

$$U_{Omax} = \frac{R_1 + R_P + R_2}{R_2}U_{REF} \tag{6-29}$$

输出电压的调节范围为 $U_{Omin} \sim U_{Omax}$。

3. 调整管 T 极限参数的确定

调整管是串联稳压电路中的核心元件,它一般为大功率管,选择原则与功率放大电路中的功放管相同,主要考虑极限参数 I_{CM}、$U_{(BR)CEO}$ 和 P_{CM}。调整管极限参数的确定,必须考虑输入电压 U_I 的变化、输出电压 U_O 的调节和负载电流变化的影响。从图6-9所示电路可知,调整管的最大电流应为 $I_{CM} > I_{Omax}$(负载最大电流),调整管承受的最大电压 $U_{CEmax} = U_{Imax} - U_{Omin}$,故要求 $U_{(BR)CEO} > U_{Imax} - U_{Omin}$。当调整管 T 通过的电流和承受的电压分别是最大值 I_{Cmax}、U_{CEmax} 时,调整管损耗最大, $P_{TCmax} = I_{Cmax}U_{CEmax}$,即要求 $P_{CM} \geq I_{Omax}(U_{Imax} - U_{Omin})$,实际选用时,一般考虑一定的余量,同时还应按手册上的规定采取散热措施。

例6-3 稳压电源电路如图6-10所示。(1)设变压器二次电压的有效值 $U_2 = 20$ V,求 U_I 并说明电路中 T_1、R_1、D_{Z2} 的作用;(2)当 $U_{Z1} = 6$ V、$U_{BE} = 0.7$ V,电位器 R_P 滑动端在中间位置,不接负载电阻 R_L 时,试计算 A、B、C、D、E 点的电位和 U_{CE3} 的值;(3)计算输出电压的调节范围;(4)当 $U_O = 12$ V、$R_L = 150$ Ω, $R_2 = 510$ Ω 时,计算调整管 T_3 的功耗 P_{C3}。

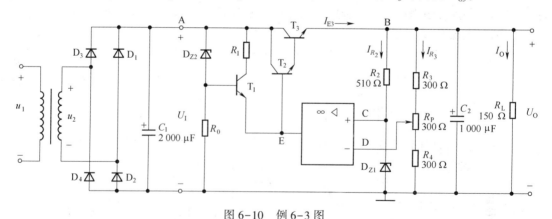

图6-10 例6-3图

解 (1)由式(6-17)可得 $U_I = 1.2U_2 = 1.2 \times 20$ V = 24 V。电路中 T_1、R_1 和 D_{Z2} 为稳压电源的启动电路,当输入电压为一定值,且高于 D_{Z2} 的稳定电压 U_{Z2} 时,稳压管两端电压 U_{Z2} 使 T_1 导通,电路中 E 点电位建立,整个电路进入正常工作状态。

(2) R_P 滑动端在中间位置,A、B、C、D、E 点的电位和 U_{CE3} 的值分别为

$$U_A = U_I = 1.2U_2 = 1.2 \times 20 \text{ V} = 24 \text{ V}$$

$$U_B = U_O = \left(\frac{R_3 + R_P + R_4}{R_4 + 0.5R_P} \right) \times U_{Z1} = \frac{300 + 300 + 300}{300 + 150} \times 6 \text{ V} = 12 \text{ V}$$

$$U_C = U_D = U_{Z1} = 6 \text{ V}$$

$$U_E = U_O + 2U_{BE} = (12 + 2 \times 0.7) \text{ V} = 13.4 \text{ V}$$

$$U_{CE3} = U_A - U_O = (24 - 12) \text{ V} = 2 \text{ V}$$

（3）输出电压的最小值和最大值分别由式（6-28）和式（6-29）得到：

$$U_{Omin} = \frac{R_3 + R_P + R_4}{R_4 + R_P} \times U_{Z1} = \frac{900}{600} \times 6 \text{ V} = 9 \text{ V}$$

$$U_{Omax} = \frac{R_3 + R_P + R_4}{R_4} \times U_{Z1} = \frac{900}{300} \times 6 \text{ V} = 18 \text{ V}$$

因此，输出电压调节范围为 9~18 V。

（4）

$$I_O = \frac{U_O}{R_L} = \frac{12}{150} \times 10^3 \text{ mA} = 80 \text{ mA}$$

$$I_{R_3} = \frac{U_O}{R_3 + R_P + R_4} = \frac{12}{900} \times 10^3 \text{ mA} = 13.3 \text{ mA}$$

$$I_{R_2} = \frac{U_O - U_{Z1}}{R_2} = \frac{12 - 6}{510} \times 10^3 \text{ mA} = 11.7 \text{ mA}$$

$$I_{C3} = I_L + I_{R_3} + I_{R_2} = (80 + 13.3 + 11.7) \text{ mA} = 105 \text{ mA}$$

当 U_I 有 10% 变化时，$U_{CE3max} = U_{Imax} - U_O = (24 \times 1.1 - 12) \text{ V} = 14.4 \text{ V}$

$$P_{C3} = U_{CE3max} \times I_{C3} = 14.4 \times 105 \times 10^{-3} \text{ W} = 1.5 \text{ W}$$

6.3.3　三端集成稳压器

单片集成稳压电源，具有体积小、可靠性高、使用灵活、价格低廉等优点。最简单的集成稳压电源只有输入、输出和公共引出端，故称为三端集成稳压器。三端集成稳压器已经标准化、系列化，按照它们的性能和不同用途，可以分成两大类：一类是固定输出正电压（或负电压）三端集成稳压器 W7800（W7900）系列；另一类是可调输出正电压（或负电压）三端集成稳压器 W317（W337）系列。前者的输出电压是固定不变的，后者可在外电路上对输出电压进行连续调节。本节主要讨论的是 W7800（W7900）系列稳压器的使用。图 6-11 所示为 W7800 系列稳压器的外形与引脚。需要说明的是，三个引脚的排列和它们的功能，对不同型号的产品或不同厂家的产品可能不相同，使用时一定要看说明书。

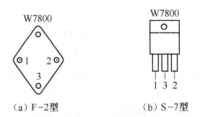

（a）F-2 型　　　　（b）S-7 型

图 6-11　W7800 系列稳压器的外形与引脚

1—输入端；2—输出端；3—公共端

1. 三端固定集成稳压器的分类

三端固定集成稳压器分为正电压输出的 78×× 系列，负电压输出的 79×× 系列。其中 ×× 表示固定电压输出的数值。如 7805、7806、7809、7812、7815、7818、7824 等，其输出电压分别是 +5 V、+6 V、+9 V、+12 V、+15 V、+18 V、+24 V。79×× 系列的 ×× 也表示固定电压输出的数值。只不过是负电压输出。

2. 内部结构和符号

三端固定集成稳压器内部由启动电路、基准电路、采样电路、误差(比较)放大电路、调整电路及保护电路组成。启动电路的作用是给电路中的恒流源提供基极电流。保护电路分为过电流保护电路和过热保护电路,前者的作用主要是使调整管能在安全工作区以内工作,后者的作用是当过载或环境温度上升使芯片温度上升到某一极限时,电路能够自动使输出电流下降,从而达到过热保护的目的。内部结构和图形符号如图 6-12 所示。图 6-12(a)中 R_A 与 R_B 串联,对 U_O 分压取得反馈电压完成了采样电路的作用,调整管完成调整电路的调整作用。

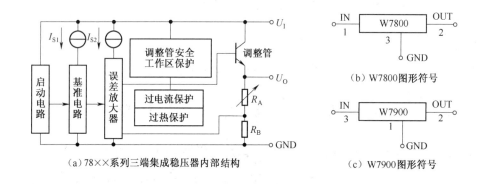

图 6-12 三端固定集成稳压器内部结构和图形符号

3. 性能特点(7800、7900 系列)

(1)输出电流超过 1.5 A(加散热器);

(2)不需要外接元件;

(3)内部有过热保护、过电流保护;

(4)调整管设有安全工作区保护;

(5)输出电压容差为 4%。

4. 主要参数

(1)电压调整率 S_U。S_U 为 0.005% ~ 0.02%。

(2)电流调整率 S_I。S_I 为 0.1% ~ 1.0%。

(3)输出电压 U_O。7800、7900 系列输出电压(绝对值)有 5 V、6 V、9 V、12 V、15 V、18 V 和 24 V 七种。

(4)最大输出电流 I_{OM}。W7800、W317 系列的最大输出电流为 1.5 A。

(5)最小输入、输出电压差 $(U_I-U_O)_{min}$。为了保证稳压器能够正常工作,要求输入电压 U_I 与输出电压 U_O 的差值应大于 3 V。压差太小,会使稳压器性能变差,甚至不起稳压作用;压差太大,又会增大稳压器自身消耗的功率,并使最大输出电流减小。一般取 U_I-U_O 为 3 ~ 7 V。

(6)最大输入电压 U_{IM}。厂家对每种型号的稳压器都规定了最大输入电压值,例如 W7815 的最大输入电压为 35 V。

(7)最大功耗 $P_M = (U_{IM}-U_O) \times I_{OM}$。7800、7900 系列稳压器,塑料封装(TO-220)最大

功耗为 10 W（加散热器）；金属壳封装（TO-3）最大功耗为 20W（加散热器）。

5. 三端固定集成稳压器的应用

1）输出为固定电压的电路

输出为固定电压的电路如图 6-13 所示。图中 C_i 用来抵消输入端接线较长时的电感效应，防止产生自激振荡，一般 $C_i = 0.1 \sim 1 \ \mu F$，如 0.33 μF；C_o 为了瞬时增减负载电流时，不致引起输出电压有较大的波动。即用来改善负载的瞬态响应，一般 $C_o = 1 \ \mu F$。

2）同时输出正、负电压的电路

同时输出正、负电压的电路如图 6-14 所示。图中 $U_{23} = +15 \ V$，$U_{21} = -15 \ V$。

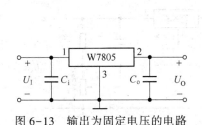

图 6-13 输出为固定电压的电路

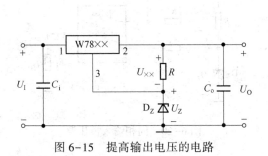

图 6-14 同时输出正、负电压的电路

3）提高输出电压的电路

提高输出电压的电路如图 6-15 所示。图中 $U_O = U_{23} + U_Z = U_{\times\times} + U_Z$，其中 $U_{\times\times}$ 为 W78×× 固定输出电压。

4）输出电压可调的电路

输出电压可调的电路如图 6-16 所示。因为 $U_- = U_+$，所以

$$\frac{R_3 U_{\times\times}}{R_3 + R_4} = \frac{R_1 U_O}{R_1 + R_2}$$

于是

$$U_O = \frac{R_3}{R_3 + R_4} \cdot \frac{R_1 + R_2}{R_1} U_{\times\times} = \frac{R_3}{R_3 + R_4} \cdot \left(1 + \frac{R_2}{R_1}\right) U_{\times\times} \tag{6-30}$$

可见，用可调电阻来调整 R_1 与 R_2 的比值，便可调节输出电压 U_2 的大小。

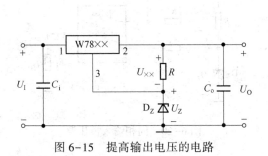

图 6-15 提高输出电压的电路

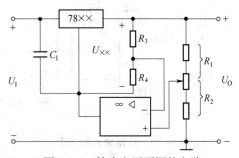

图 6-16 输出电压可调的电路

5）扩大输出电流的电路

扩大输出电流的电路如图 6-17 所示。二极管 D 用以抵消调整管 T 的 U_{BE} 压降而设

置。忽略 I_R，则扩大的输出电流为 I_L 近似是原输出电流 I_0 的 β 倍。

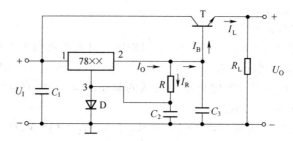

图 6-17　扩大输出电流的电路

6）连接成恒流源的电路

连接成恒流源的电路如图 6-18 所示。一般 I_3 很小，可忽略不计，则

$$I_L = \frac{U_{\times\times}}{R} \qquad (6-31)$$

可见，它是与负载电阻 R_L 无关的恒定电流。

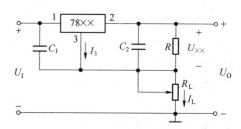

图 6-18　连接成恒流源的电路

6.3.4　恒压源

由稳压管稳压电路和运算放大器可组成恒压源。

1. 反相输入恒压源

反相输入恒压源如图 6-19 所示，输出电压为

$$U_o = -\frac{R_f}{R_1} U_Z \qquad (6-32)$$

2. 同相输入恒压源

同相输入恒压源如图 6-20 所示，输出电压为

$$U_o = \left(1 + \frac{R_F}{R_1}\right) U_Z \qquad (6-33)$$

显然，不论是反相输入恒压源还是同相输入恒压源，改变 R_f 即可调节输出电压。

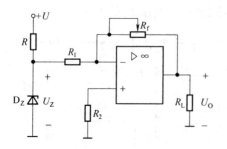

图 6-19　反相输入恒压源

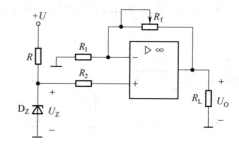

图 6-20　同相输入恒压源

练习与思考

6.3.1　图 6-10 所示的串联型稳压电路中，如果集成运放的同相输入端和反相输入端

接反会出现什么现象？若稳压管接反会出现什么现象？

6.3.2　图 6-10 所示的串联型稳压电路中，已知输入电压的波动范围是 18～22 V，调整管的饱和管压降为 2 V。作为稳压电源性能指标的最大输出电压是 16 V，还是 20 V？为什么？

小　结

本章是模拟电子技术最后一部分，介绍了直流稳压电源的组成，各部分电路的工作原理和各种不同类型电路的结构和工作特点、性能指标。主要内容如下：

(1) 直流稳压电源的组成。直流稳压电源由整流电路、滤波电路和稳压电路组成。整流电路将交流电压变为脉动的直流电压，滤波电路可以减小脉动使直流电压平滑，稳压电路的作用是在电网电压波动或者负载电流变化时保持输出电压基本不变。

(2) 整流电路有半波和全波两种，最常用的是单相桥式整流电路。分析整流电路时，应该分别判断在变压器二次电压正、负半周两种情况下二极管的工作状态（导通或截止），从而得到负载两端电压、二极管端电压及其电流波形，并由此得到输出电压和电流的平均值，以及二极管的最大整流平均电流和所承受的最高反向电压。

(3) 滤波电路通常有电容滤波、电感滤波和复式滤波，本章重点介绍了电容滤波电路。在 $R_\mathrm{L}C = (3～5)T/2$ 时，单相桥式整流电容滤波电路的输出电压约为 $1.2U_2$；负载电流较大时，应采用电感滤波；对滤波要求较高时，应采用复式滤波。

(4) 稳压管稳压电路结构简单，但输出电压不可调，只适用于负载电流较小且其变化范围也较小的情况。电路依靠稳压管的电流调节作用和限流电阻的补偿作用，使得输出电压稳定。限流电阻是必不可少的组成部分，须合理选择阻值，才能保证稳压管既能工作在稳压状态，又不至于因功耗过大而损坏。

(5) 在串联型线性稳压电源中，调整管、基准电压电路、输出电压采样电路和比较放大电路是基本组成部分。电路引入深度电压负反馈，使得输出电压稳定。基准电压的稳定性和反馈深度是影响输出电压稳定性的重要因素。

学完本章后，希望读者能够达到以下要求：

(1) 理解直流稳压电源的组成及各部分的作用。

(2) 掌握分析整流电路的工作原理、估算输出电压及电流平均值的方法。

(3) 了解滤波电路的工作原理，能够估算电容滤波电路输出电压平均值。

(4) 掌握稳压管稳压电路的工作原理，能够合理选择限流电阻。

(5) 理解串联式稳压电路的工作原理，能够计算输出电压的调节范围。

习　题

A　选　择　题

6-1　欲测单相桥式整流电路的输入电压 U_1 及输出电压 U_0，应采用的方法是（　　）。

A. 用直流电压表分别测 U_1 及 U_0

B. 用交流电压表分别测 U_1 及 U_0

C. 用直流电压表测 U_1,用交流电压表测 U_0

D. 用交流电压表测 U_1,用直流电压表测 U_0

6-2　为得到单向脉动较小的电压,在负载电流较小,且变动不大的情况下,可选用(　　)。

A. LC 滤波　　　　　　B. LC-Π 型滤波　　　　　C. RC-Π 型滤波

6-3　单相桥式整流电路由四只二极管组成,若变压器的二次电压为 U_2,则每只二极管承受最高反向电压为(　　)。

A. $\sqrt{2}\,U_2$　　　　　　B. U_2　　　　　　C. $2U_2$

6-4　单相半波整流电路中,负载电阻为 400 Ω,变压器的二次电压为 12 V,则负载上电压平均值和二极管所承受的最高反向电压为(　　)。

A. 5.4 V、12 V　　B. 5.4 V、17 V　　C. 9 V、12 V　　　　D. 9 V、17 V

6-5　稳压管的稳压区是工作在(　　)。

A. 反向截止区　　　B. 反向击穿区　　　C. 正向导通区

6-6　在桥式整流电路中,每只整流管中的电流为 I_D,则负载流过的电流 I_0 为(　　)。

A. $3I_D$　　　　　　B. I_D　　　　　　C. $I_D/2$　　　　　　D. $2I_D$

6-7　整流的目是(　　)。

A. 将正弦波变为方波

B. 将高频变为低频

C. 将交流变为直流

6-8　直流稳压电源中滤波电路的作用是(　　)。

A. 将交直流混合量中的交流成分滤掉　　B. 将高频变为低频

C. 将交流变为直流

6-9　在单相桥式整流电路中,若有一只二极管开路,则输出(　　)。

A. 变为半波整流波形　　　　　　　　B. 变为全波整流波形

C. 无波形且变压器损坏　　　　　　　D. 波形不变

6-10　在单相桥式整流电路中,输出电压的平均值 U_0 与变压器二次电压有效值 U_2 应满足(　　)。

A. $U_0 = 1.0U_2$　　B. $U_0 = 1.4U_2$　　C. $U_0 = 0.9U_2$　　D. $U_0 = 1.2U_2$

6-11　在单相半波整流电路中,输出电压的平均值 U_0 与变压器二次电压有效值 U_2 应满足(　　)。

A. $U_0 = 0.9U_2$　　B. $U_0 = 0.45U_2$　　C. $U_0 = 1.0U_2$　　D. $U_0 = 1.2U_2$

6-12　在单相桥式整流电容滤波电路中,输出电压 U_0 与变压器二次电压有效值 U_2 应满足(　　)。

A. $U_0 = 0.9U_2$　　B. $U_0 = 1.4U_2$　　C. $U_0 = 1.2U_2$　　D. $U_0 = 0.45U_2$

6-13　在单相半波整流电容滤波电路中,输出电压 U_0 与变压器二次电压有效值 U_2 应满足(　　)。

A. $U_0 = 1.2U_2$　　B. $U_0 = 1.4U_2$　　C. $U_0 = 0.9U_2$　　D. $U_0 = 1.0U_2$

6-14　在单相桥式整流电路中,如果电源变压器二次电压为 100 V,则负载电压为(　　)。

A. 100 V　　　　　　B. 90 V　　　　　　C. 45 V

B 基 本 题

6-15　电路如图 6-27 所示,变压器二次电压有效值为 $2U_2$。(1) 求出输出电压平均值 U_O 和输出电流平均值 I_O 的表达式;(2) 求二极管的平均电流 I_D 和所承受的最大反向电压 U_{DRM} 的表达式。

6-16　电路如图 6-28 所示,变压器二次电压的有效值 $U_1 = 50$ V,$U_2 = 20$ V。试问:(1) 输出电压平均值 U_{O1} 和 U_{O2} 各为多少? (2) 各二极管承受的最大反向电压为多少?

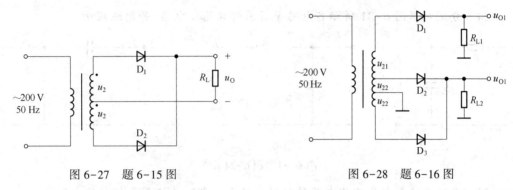

图 6-27　题 6-15 图　　　　　　　　　　图 6-28　题 6-16 图

6-17　有一直流电源,其输出电压为 110 V,负载电阻为 55 Ω 的直流负载,采用单相半波整流电路供电。试求变压器二次电压和输出电流的平均值,并计算二极管的电流 I_D 和最高反向电压 U_{DRM}。

6-18　有一直流电源,其输出电压为 110 V,负载电阻为 110 Ω 的直流负载,采用单相桥式整流电路供电。试求变压器二次电压和输出电流的平均值,并计算二极管的电流 I_D 和最高反向电压 U_{DRM}。

6-19　在单相桥式整流电容滤波电路中,若发生下列情况之一时,对电路正常工作有什么影响? (1) 负载开路;(2) 滤波电容短路;(3) 滤波电容断路;(4) 整流桥中一只二极管断路;(5) 整流桥中一只二极管极性接反。

6-20　设一单相半波整流电路和一单相桥式整流电路的输出电压平均值和所带负载大小完全相同,均不加滤波,试问两个整流电路中整流二极管的电流平均值和最高反向电压是否相同?

6-21　欲得到输出直流电压 $U_O = 50$ V,直流电流 $I_O = 160$ mA 的电源,应采用哪种整流电路? 画出电路图,计算电源变压器二次电压 U_2,并计算二极管的电流 I_D 和最高反向电压 U_{DRM}。

6-22　在如图 6-29 所示电路中,已知 $R_L = 8$ kΩ,直流电压表 Ⓥ₂ 的读数为 110 V,二极管的正向压降忽略不计。试求:(1) 直流电流表 Ⓐ 的读数;(2) 整流电流的最大值;(3) 交流电压表 Ⓥ₁ 的读数。

6-23　在如图 6-30 所示的单相桥式整流电容滤波电路中,$U_2 = 20$ V,$R_L = 40$ Ω,$C = 1\,000$ μF。试问:(1) 正常时 U_O 为多大? (2) 如果测得 U_O 为:① $U_O = 18$ V;② $U_O = 28$ V;③ $U_O = 9$ V;④ $U_O = 24$ V,电路分别处于何种状态? (3) 如果电路中有一个二极管出现下列情况:① 开路;② 短路;③ 接反,电路分别处于何种状态? 会给电路带来什么危害?

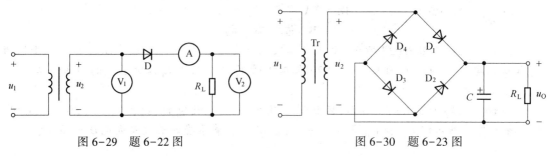

图 6-29　题 6-22 图　　　　　　　　　图 6-30　题 6-23 图

6-24　分别判断图 6-31 所示各电路是否能作为滤波电路，并简述理由。

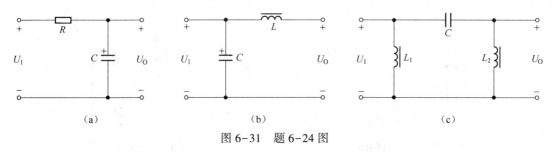

（a）　　　　　　　　　（b）　　　　　　　　　（c）

图 6-31　题 6-24 图

6-25　电容滤波和电感滤波电路的特性有什么区别？各适用于什么场合？

6-26　单相桥式整流电容滤波电路，已知交流电源频率 $f=50$ Hz，要求输出直流电压 $U_0=30$ V，输出直流电流 $I_0=150$ mA，试选择二极管及滤波电容。

6-27　在图 6-32 所示稳压电路中，已知稳压管的稳压电压 U_Z 为 6 V，最小稳压电流 I_{Zmin} 为 5 mA，最大稳定电流 I_{Zmax} 为 40 mA；输入电压 U_I 为 15 V，波动范围为 ±10%；限流电阻 R 为 200 Ω。求负载电流的容许变化范围。

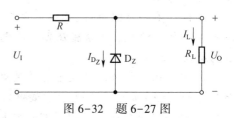

图 6-32　题 6-27 图

6-28　根据稳压管稳压电路和串联型稳压电路的特点，试分析这两种电路各适用什么场合？

6-29　电路如图 6-33 所示，已知 $U_Z=4$ V，$R_1=R_2=3$ kΩ，电位器 $R_P=10$ kΩ。试问：（1）输出电压 U_0 的最大值、最小值各为多少？（2）要求输出电压可在 6 V 到 12 V 之间调节，问 R_1、R_2、R_P 之间应满足什么条件？

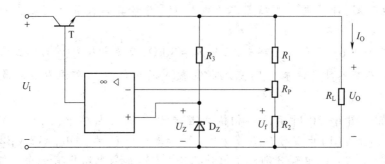

图 6-33　题 6-29 图

6-30　试设计一台直流稳压电源,其输入为 220 V、50 Hz 交流电源,输出直流电压为 +12 V,最大输出电流为 500 mA,试采用桥式整流电路和三端集成稳压器构成,并加有电容滤波电路(设三端稳压器的压差为 5 V),要求:(1)画出电路图。(2)确定电源变压器的电压比,整流二极管、滤波电容器的参数,三端集成稳压器的型号。

6-31　电路如图 6-34 所示。已知稳压管的稳定电压 $U_Z = 6$ V,晶体管的 $U_{BE} = 0.7$ V, $U_1 = 24$ V, $R_1 = R_2 = R_3 = 300$ Ω。判断出现下列现象时,分别因为电路产生什么故障(即哪个元件开路或短路)。(1) $U_0 \approx 24$ V;(2) $U_0 \approx 23.3$ V;(3) $U_0 \approx 12$ V 且不可调;(4) $U_0 \approx 6$ V 且不可调;(5) U_0 可调范围变为 $6 \sim 12$ V。

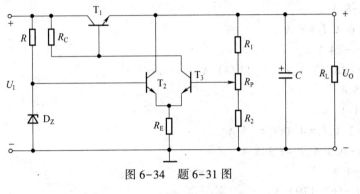

图 6-34　题 6-31 图

C　拓　宽　题

6-32　为什么稳压集成块要装散热器?

6-33　三端集成稳压器在使用中怎样才能保证不会超过它的最大功耗 P_M?

部分习题参考答案

第 1 章

1-24 图 1-100(a) $R_{ab}=10\ \Omega$；图 1-100(b) $R_{ab}=6\ \Omega$

1-25 图 1-101(a) $U=20\ \text{V}, I=5\ \text{A}$；图 1-101(b) $I=5\ \text{A}, U=45\ \text{A}$

1-26 $U=-2\ \text{V}, I_2=3\ \text{A}, I=-4\ \text{A}$

1-27 $U_1=20\ \text{V}, U_2=-40\ \text{V}, P_{R_1}=20\ \text{W}, P_{R_2}=40\ \text{W}$

1-28 $I=-8\ \text{A}$

1-29 $I_2=6\ \text{A}, I_1=8\ \text{A}$

1-30 $E_2=-24\ \text{V}$

1-31 $I_1=(28/3)\ \text{A}, I_2=(-11/3)\ \text{A}, U=(44/3)\ \text{V}$

1-32 $I=5\ \text{A}$

1-33 $I=1\ \text{A}$

1-34 $I_1=2\ \text{A}, I_2=4\ \text{A}, I_3=-6\ \text{A}$

1-35 $I_1=-0.5\ \text{A}, I_2=-3.5\ \text{A}$

1-36 $I=-1\ \text{A}$

1-37 $I=(-167/179)\ \text{A}$

1-38 $I=(22/69)\ \text{A}$

1-39 $U_a=16\ \text{V}$

1-40 $i_C(0_+)=0\ \text{A}, u_L(0_+)=4\ \text{V}$

1-41 $u(t)=-15+10\mathrm{e}^{-\frac{t}{3}}\ (t>0\ \text{s})$

1-42 $i=i(\infty)+[i(0_+)-i(\infty)]\mathrm{e}^{-\frac{t}{\tau}}=-3+(-2+3)\mathrm{e}^{-\frac{40t}{9}}=-3+\mathrm{e}^{-\frac{40t}{9}}\ (t>0\ \text{s})$，

$u_L=u_L(\infty)+[u_L(0+)-u_L(\infty)]\mathrm{e}^{-\frac{t}{\tau}}=0+(4-0)\mathrm{e}^{-\frac{40t}{9}}=4\mathrm{e}^{-\frac{40t}{9}}, (t>0\ \text{s})$

1-43 $i=-\dfrac{5}{6}-\dfrac{5}{12}\mathrm{e}^{-\frac{t}{8}}\ (t>0\ \text{ms})$，

$u_C=\dfrac{40}{3}-\dfrac{10}{3}\mathrm{e}^{-\frac{t}{8}}\ (t\geqslant0\ \text{ms})$

1-44 $i=-5(1-\mathrm{e}^{-20t})\ (t>0\ \text{s}), u_L=20\mathrm{e}^{-20t}\ (t>0\ \text{s})$

1-45 $u_L=-10\mathrm{e}^{-\frac{4t}{3}}\ (t>0\ \text{ms})$

1-46 $I=-8\ \text{A}, U_1=-80\ \text{V}, U_2=50\ \text{V}, 800\ \text{W}=640\ \text{W}+60\ \text{W}+100\ \text{W}$，验证了功率平衡

1-47 $U=27\ \text{V}$

1-48 $U_a=\dfrac{88}{3}\ \text{V}, U_b=-\dfrac{18}{7}\ \text{V}, I_1=-\dfrac{14}{9}\ \text{A}, I_2=\dfrac{22}{7}\ \text{A}, I_3=\dfrac{22}{9}\ \text{A}, I_4=-\dfrac{6}{7}\ \text{A}$

1-49 $u_L=-12\mathrm{e}^{-100t}\ (t>0\ \text{s}), u_C=12-6\mathrm{e}^{-25\,000t}\ (t\geqslant0\ \text{s}), i_C=1.5\mathrm{e}^{-25\,000t}\ (t>0\ \text{s})$

第 2 章

2-18 (1) $i_C=1.1\sqrt{2}\sin(\omega t+150°)\ \text{A}$　(2) $\dot{U}_C=-\mathrm{j}X_C\dot{I}_C=200\angle-90°\ \text{V}\times0.1\angle90°=22\angle0°\ \text{V}$，
相量图(略)

2-19　(1)$u_L=220\sqrt{2}\sin\omega t$ V　(2)$\dot{I}_L=0.2\angle 0°$A,相量图(略)

2-20　$Z=(5\sqrt{2}+j5\sqrt{2})$ Ω,$Z_2=[5\sqrt{2}+j5(\sqrt{2}-1)]$ Ω

2-21　$i=20\sin 2\,000\,t$ A,$\cos\varphi=0.707$

2-22　(1)相量图(略),$I=20$ A　(2)$\cos\varphi=0.6$

2-23　$L=38.22$ mH

2-24　$I=22$ A,$P=2\,904$ W,$Q=3\,872$ var,$S=4\,840$ V·A

2-25　(1)$Z=(44+j8)$ Ω　(2)$\dot{I}=\dfrac{11}{\sqrt{5}}\angle-\arctan\dfrac{2}{11}$ A,$P=1\,064.8$ W,$Q=193.6$ var,$S=1$

082 V·A

2-26　$R=22$ Ω,$L=121.019$ mH,$u_R=110\sqrt{2}\sin(314t-15°)$ V,$u_L=190\sqrt{2}\sin(314t+75°)$ V

2-27　$\dot{I}_1=4.4\angle-53.1°$ A,$\dot{I}_2=5.5\sqrt{2}\angle 45°$ A,

　　　$\dot{I}=8.38\angle\arctan 0.234\,232$ A,$P=1\,790.8$ W

2-28　$C=0.558\,641$ μF

2-29　$i_1=13\sin 314t$ A,　$i_2=2\sqrt{65}\sin(314t+90°-\arctan 8)$ A,$u_C=10\sqrt{65}\sin(314t-\arctan 8)$ V

2-30　$I=6$ A,$I_1=3\sqrt{2}$ A

2-31　$X_L=523.96$ Ω,$L=1.669$ H,$\cos\varphi=0.5$,$C=2.585$ μF

第 3 章

3-14　(1)$U_Y=0$ V;(2)$U_Y=4.5$ V;(3)$U_Y=90/19$ V

3-15　$u_I<4$ V 时,$u_0=4$V;$u_I>4$ V 时,$u_0=u_I$。与u_I对应的u_0波形(略)

3-16　硅稳压管与普通二极管在结构上是一样的,都有一个 PN 结,引出两个电极,但由于做 PN 结的工艺不同,二者在运用中就不相同,硅稳压管可以工作在反向击穿区而普通二极管不能工作在反向击穿区,如果外加反向电压小于稳压值时,稳压管可作二极管使用

3-17　图 3-35(a)$U_0=5.3$ V,图 3-35(b)$U_0=11.3$ V;图 3-35(c)$U_0=0.7$ V;图 3-35(d)$U_0=-0.7$ V

3-18　图 3-36(a)当$u_i<5$ V 时,$u_0=u_i$;当$u_i>5$ V 时$u_0=5$ V,输出电压u_0波形图(略)。图 3-36(b)当$u_i<5$ V 时$u_0=u_i$;当$u_i>5$ V 时$u_0=5$ V,输出电压,u_0波形图(略)。图 3-36(c)当$u_i<5$ V 时,$u_0=5$ V;当$u_i>5$ V 时,$u_0=u_i$,输出电压u_0波形图(略)。图 3-36(d)当$u_i<5$ V 时,$u_0=5$ V;当$u_i>5$ V 时,$u_0=u_i$,输出电压u_0波形图(略)

3-19　图 3-37(a)$U_0=8.9$ V、$I\approx 6.07$ mA;图 3-37(b)$U_0=16.4$ V、$I=3.2$ mA;图 3-37(c)$U_0=0.7$ V,$I=8.65$ mA;图 3-37(d)$U_0=8.2$ V,$I=9.8$ mA

3-20　(略)

3-21　$I_{DZ}=4.02$ mA$<I_{Zmax}=8$ mA,没有超过最大稳定电流

3-22　晶体管 1:NPN 型,锗管,1 为发射极,2 为基极,3 为集电极;晶体管 2:NPN 型,硅管,1 为集电极,2 为基极,3 为发射极。

3-23　引脚①、②分别为基极、发射极;引脚③为集电极,该晶体管为 PNP 型

3-24　图 3-40(a)晶体管的β值大

3-25　(1)能正常工作;(2)不能正常工作,集电极电流超过了$I_{CM}=20$ mA;(3)不能正常工作,集电结耗散功率超过了P_{CM}

3-26　图 3-41(a)晶体管工作于放大状态,图 3-41(b)晶体管工作于饱和状态,图 3-41(c)晶体管工作于截止状态

3-27　晶体管工作在放大工作状态时,发射结正偏,集电结反偏;晶体管工作在饱和工作状态时,发射结和集电结均正偏;晶体管工作在截止工作状态时,发射结和集电结均反偏

3-28　在正常情况下 B 端的电位为 0 V,晶体管截止,发光二极管不发光,蜂鸣器不发声。当前接装置发生故障时,B 端的电位上升到+5 V,晶体管饱和导通,蜂鸣器发声,发光二极管发光,起到声光报警的作用。R_1 用来限制流过晶体管基极的电流;R_2 用来降压,使得发光二极管导通电压为 2 V 左右并保证发光二极管能发光所需的工作电流

3-29　$I_{DZ} = 5$ mA$<I_{Zmax} = 18$ mA,电阻值合适

3-30　$U_O = -2$ V

3-31　(1)工作原理(略);(2)刚将按钮按下时,晶体管工作于饱和状态。$R_{KA} = U^2/P = 6^2/0.36$ Ω $= 100$ Ω $= 0.1$ kΩ,此时 $I_C = I_{CS} = (6V - U_{CES})/R_{KA} = 60$ mA,$I_B = (6 - 0.7)/5$mA $= 1.06$ mA,β 不为 200;(3)刚饱和时,$I_{BS} = I_{CS}/\beta = 60/200$ mA $= 0.3$ mA,此时电容上电压衰减到 $U_{BE} + RI_{BS} = (0.7 + 5 \times 0.3)$ V $= 2.2$ V;(4)当 I_C 衰减时,线圈 KA 会产生上负下正的感生电动势,当此感生电动势很高时,如果线圈 KA 不并联二极管 D,则该感生电动势与 6 V 电源一起作用在晶体管 C、E 之间,会使晶体管发生击穿而损坏。现在与线圈 KA 并联的二极管 D,则该感生电动势使得二极管 D 正向偏置而导通从而使晶体管 C、E 之间的电压被限制在 $6 + U_D = 6.7$ V 以内,起到保护晶体管的作用

3-32　$i_D = 0.140\ 217$ mA

第 4 章

4-24　图 4-66(a)能,因为符合组成原则;图 4-66(b)不能,因为 R_B 等于零;图 4-66(c)不能,因为 R_{CBB} 等于零;图 4-66(d)能,因为符合组成原则

4-25　$I_B = 0.04$ mA、$I_C = 1.5$ mA、$U_{CE} = 6$ V 在 u_{CE}-i_C 坐标平面上过(12 V,0 mA)及(0 V,3 mA)两点连线就是直流负载线,具体直流负载线(略)

4-26　$I_{EQ} \approx [R_{B2}U_{CC}/(R_{B1} + R_{B2}) - U_{BEQ}]/R_E$,$I_{BQ} = I_{EQ}/(1 + \beta)$,$I_{CQ} = I_{EQ} - I_{BQ}$,$U_{CEQ} = U_{CC} - I_{CQ}R_C - I_{EQ}R_E$

4-27　图 4-69(a) $I_{BQ} = 0.075$ mA,$I_{CQ} = 3.742$ mA,$U_{CEQ} = 0.7$ V;图 4-69(b) $I_{BQ} = 0.016$ mA,$I_{CQ} = 0.796$ mA,$U_{CEQ} = 3.883$ V

4-28　(1)$I_{BQ} = 0.038\ 667$ mA,$I_{CQ} = 1.547$ mA,$U_{CEQ} = 5.812$ V;(2) $A_{uo} = -183.486$,($r_{be} = 0.872$ kΩ);(3) $A_u = -91.743$、$r_i = 0.87$ kΩ、$r_o = 4$ kΩ

4-29　图 4-71(a)为饱和失真,应该调大 R_B;图 4-71(b)为饱和与截止失真,应该减少输入幅度;图 4-71(c)为截止失真,应该调小 R_B

4-30　(1)(略);(2)$R_B = 400$ kΩ,$R_{C1} = 1$ kΩ,$R_{C2} = 3$ kΩ,$U_{CC} = 12$ V,$\beta = 50$;(3) $r_{be} = 1.066\ 7$ kΩ,$A_u = -93.75$;(4)$r_i = 1.064$ kΩ,$r_o = 3$ kΩ;(5)电容 C_3 开路,A_u 会提高,不失真的输出幅度会提高,但是输出电阻会增大;(6) $U_{om} = 2.343\ 75$ V$<\min(U_{CEQ} - U_{CES}, 9 - U_{CEQ}) = \min[(6 - 0.7)$ V,$(9 - 6)$ V]$= 3$ V,会产生失真

4-31　$U_o = 2$ V

4-32　电路的微变等效电路(略);$A_{u1} = -0.969$,$A_{u2} = 0.988$,$U_{o1} = 0.969$ V,$U_{o2} = 0.988$ V

4-33　(1)$I_{CQ} = 1.3$ mA,$I_{BQ} = 0.025\ 49$ mA,$U_{CEQ} = 4.2$ V;(2) $A_u = -102.459$;(3) $A_{uo} =$

-204.918;（4）$r_i = 0.943\ 7\ k\Omega$，$r_o = 5\ k\Omega$

4-34　（1）$I_{BQ} = 0.031\ mA$，$I_{CQ} = 1.88\ mA$，$U_{CEQ} = 4.36\ V$；（2）$r_{be} = 1.039$，$A_u = -86.622$，$r_i = 1.035\ 4\ k\Omega$，$r_o = 3\ k\Omega$；（3）$U_i = 3.411\ 1\ mV$，$U_o = 295.4763\ mV$

4-35　$I_{BQ} = 0.033\ 33\ mA$，$I_{CQ} = 0.999\ 9\ mA$，$U_{CEQ} = 3.933\ 54\ V$；（2）（略）；（3）（略）

4-36　（1）$I_{BQ} = 0.027\ mA$，$I_{CQ} = 1.323\ mA$，$U_{CEQ} = 3.3\ V$；（2）（略）；（3）（略）

4-37　（1）$I_{EQ} = 3.3\ mA$，$I_{BQ} = 0.065\ mA$，$I_{CQ} = 3.235\ mA$，$U_{CEQ} = 8.7\ V$；（2）$A_u = 0.985$，$r_i = 9.927\ \Omega$，$r_o = 29.164\ \Omega$

4-38　（1）（略）；（2）$A_{u1} = -21.182$，$A_{u2} = -78.793$，$A_u = 1\ 669$

4-39　（1）$I_{BQ1} = 0.0396\ mA$，$I_{CQ1} = 1.583\ mA$，$U_{CEQ1} = 2.916\ V$，$I_{BQ2} = 0.022\ 2\ mA$，$I_{CQ2} = 1.111\ 1\ mA$，$U_{CEQ2} = 6.967\ V$；（2）$A_u = -67$，$r_i = 23.512\ k\Omega$，$r_o = 3\ k\Omega$

4-40　（1）$I_{BQ2} = 0.09\ mA$，$I_{CQ2} = 4.5\ mA$，$U_{CEQ2} = -12.492\ V$，$I_{CQ1} = 1.124\ 7\ mA$，$I_{BQ1} = 0.018\ 7\ mA$，$U_{CEQ1} = 29.563\ 12\ V$；（2）$A_u = 46.291$，$r_i = 13.787\ k\Omega$，$r_o = 4\ k\Omega$

4-41　（1）若输出电压波形底部失真，可采取增大 R_s 或增大 R_{g1} 或减小 R_{g2} 来消除失真；若输出电压波形顶部失真，可采取增大 R_{g2} 或减小 R_s 或 R_{g1} 来消除失真。（2）若想增大电压放大倍数，则可采取以下措施：①增大 R_{g2} 或减小 R_s 或 R_{g1} 以提高静态工作点来提高跨导 g_d；②增大 R_d；③R_s 两端并联旁路电容

4-42　（1）（略）；（2）$A_u = 0.899$，$r_i = \infty$，$r_o = 0.302\ k\Omega$

4-43　（1）（略）；（2）$A_u = -10/3$；（3）$r_i = 2\ 075\ k\Omega$

4-44　（1）$P_{om} = 2.07\ W$；（2）$R_B = 1\ 570\ \Omega$；（3）$\eta = 24\%$，比工作于乙类的互补对称功率放大电路的理想效率低很多

4-45　（1）$P_{om} = 4.5\ W$；（2）$P_{CM} = 0.9\ W$；（3）$|U_{(BR)CEO}|$ 应大于 24 V

4-46　（1）U_{CC} 的最小值为 12 V；（2）I_{CM} 的最小值为 1.5 A，$|U_{(BR)CEO}|$ 的最小值为 24 V；（3）$P_U = 11.46\ W$；（4）P_{CM} 的最小值为 1.8 W；（5）$U_i = 8.49\ V$

4-47　（1）$P_o = 12.25\ W$，$P_{T1} = P_{T2} = 5.02\ W$，$P_U = 22.29\ W$，$\eta = 54.96\%$；（2）$P_o = 25\ W$，$P_{T1} = P_{T2} = 3.425\ W$，$P_U = 31.85\ W$，$\eta = 78.5\%$

4-48　$U_{CC} \geqslant 24\ V$

4-49　$P_{om} = 2.25\ W$

4-50　（1）$U_{C2} = 6\ V$，调整 R_1 或 R_3 可满足这一要求；（2）可增大 R_2；（3）烧坏功放管

4-51　（1）$P_o = 3.54\ W$；（2）$P_U \approx 5\ W$

4-52　（1）$I_{BQ} = 0.049\ mA$，$I_{CQ} = 3.206\ mA$，$U_{CEQ} = 8.54\ V$，换上一只 $\beta = 100$ 的晶体管，能工作在正常状态；（2）（略）；（3）$r_{be} = 0.73\ k\Omega$，$A_u = -180$，$r_i = 0.671\ k\Omega$，$r_o = 3.3\ k\Omega$；（4）$A_{uo} = -296.2$；（5）$A_{us} = -72.28$；（6）无变化，$A_u = -1.306$，$r_i = 7.134\ k\Omega$，$r_o = 3.3\ k\Omega$，发射极电阻 R_E 使得电压放大倍数大大下降

4-53　$P_o = 16\ W$，$P_U = 21.6\ W$，$P_T = 5.6\ W$，$\eta = 74.1\%$

4-54　（1）R_1、R_2 和 T_3 组成"U_{BE} 扩大电路"。T_3 集电极与发射极间的电压 U_{CE3} 为互补推挽输出级提供一个偏置电压，可克服输出波形中的交越失真。这里 U_{CE3} 可根据功放管的工作状态加以调节。因为 T_3 的 U_{BE3} 基本为一固定值（0.6~0.7 V），只要流过电阻 R_1、R_2 的电流远大于基极电流 I_{B3}，则改变 R_1、R_2 的阻值比，即可调节 U_{CE3}。（2）恒流源 I 为 T_1、T_2 管的有源负载，可提高本级的电压放大倍数。（3）（略）

第 5 章

5-8　$I_{C2} = I_{REF} = (U_{CC} - U_{BE})/R_{REF}$

5-9　(1) $r_{id} = 4.1$ kΩ, $r_o = 2R_C = 10$ kΩ; (2) $A_{ud} = -66$

5-10　(1) $I_{C1Q} = 1$ mA, $U_{C2Q} = 4.5$ V, $U_{EQ} = -0.71$ V; (2) $A_{d2} = 18.75$, $r_{id} = 8$ kΩ, $r_o = 3$ kΩ; (3) $A_{c2} = -7.5 \times 10^{-4}$、$K_{CMR} = 2\,500$ (即 88 dB); (4) $u_{C2} = (4.5 + 0.375\sin\omega t)$ V, $u_E = (-0.71 + 0.01\sin\omega t)$ V, u_{C2} 和 u_E 的波形(略)

5-11　(1) 错误。集成运放可以放大交流信号; (2) 正确; (3) 错误, 当工作在非线性状态下, 理想运放反相输入端与同相输入端之间的电位差可以不为零; (4) 正确; (5) 正确

5-12　$u_o = A_{od}u_{Id} = 5\,000 \times 0.01\sin\omega t = 50\sin\omega t$ V, 但由于运放的最大输出电压幅度为 $U_{om} = \pm 10$ V, 所以当 $|u_{Id}| \leq 2$ mV 时, 按上述正弦规律变化; 而当 $|u_{Id}| > 2$ mV 时, u_o 已饱和。输出电压波形(略)

5-13　图 5-43(a) $u_o = 6$ V, 图 5-43(b) $u_o = 6$ V, 图 5-43(c) $u_o = 2$ V, 图 5-43(d) $u_o = 2$ V

5-14　$U_O = 4$ V, $I_1 = I_2 = (1/3)$ mA, $I_3 = I_4 = -0.2$ mA, $I_L = 0.8$ mA, $I_O = 1$ mA

5-15　$u_o = -150\sin\omega t$ mV, $i_1 = i_2 = 10\sin\omega t$ μA, $i_L = -30\sin\omega t$ μA, $i_0 = -40\sin\omega t$ μA

5-16　$U_O = 1.8$ V

5-17　由于 $R_s \gg R_i$, 所以 $i_s = i_1 = i$, $u_o = -iR + u_- = -iR + u_+ = -iR + 0 = -i_sR$

5-18　(1) $U_C = U_2 = 6$ V, $U_B = 0$ V, $U_E = -0.7$ V; (2) $I_C/I_B = 50$

5-19　$u_o = -R_2\delta u_i/(4R_1 + 2\delta R_1)$

5-20　$A_u = u_o/(u_{i1} - u_{i2}) = -R_2R_4/(R_1R_3)$

5-21　设反相加法器各支路电阻为 R_1、R_2、R_3、R_4, 反馈支路电阻为 R_5。最大电阻为 $R_5 = 280$ kΩ, 所以, $R_1 = 40$ kΩ, $R_2 = 20$ kΩ, $R_3 = 80$ kΩ, $R_4 = 28$ kΩ

5-22　(1) $u_o = \left(1 + \dfrac{R_4}{R_5}\right)u_+ = \left(1 + \dfrac{R_4}{R_5}\right)\left(\dfrac{R_2}{R_1 + R_2}u_{i1} + \dfrac{R_1}{R_1 + R_2}u_{i2}\right)$; (2) $u_o = u_{i1} + u_{i2}$

5-23　$u_o = -5u_{i1}/4 - 2u_{i2} + 51u_{i3}/22 + 51u_{i4}/44$

5-24　$u_{o1} = -3$ V, $u_{o2} = 4$ V, $u_o = 5$ V

5-25　(1) $u_o = -5$ V;

(2) $u_O = \begin{cases} -\dfrac{6t}{RC} = -\dfrac{6t}{0.047} \text{ V}, & 0 \leq t < 0.06 \text{ s} \\ \left[-7.66 + \dfrac{6(t-0.06)}{0.047}\right] \text{ V}, & 0.06 \text{ s} \leq t < 0.12 \text{ s} \\ 0 \text{ V}, & t \geq 0.12 \text{ s} \end{cases}$

当 $t_1 = 120$ ms 时, 输出电压幅值为 0 V, 输出波形如下图所示

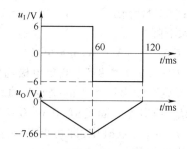

5-26　(1) $u_0 = -\dfrac{1}{C}\displaystyle\int_0^t \left\{ \dfrac{1}{R_5}\left[-\dfrac{R_4}{R_1}u_{I1} + \left(1+\dfrac{R_4}{R_1}\right)\dfrac{R_3}{R_2+R_3}u_{I2} \right] + \dfrac{u_{I3}}{R_6} \right\}\mathrm{d}t$;

(2) $u_0 = -\dfrac{1}{RC}\displaystyle\int_0^t (-u_{I1}+u_{I2}+u_{I3})\,\mathrm{d}t$

5-27　$u_0 = -RC\dfrac{\mathrm{d}u_I}{\mathrm{d}t} = \begin{cases} -0.1\ \mathrm{V}, 0\ \mathrm{s}\leqslant t<10\ \mathrm{s} \\ 0\ \mathrm{V}, 10\ \mathrm{s}\leqslant t<30\ \mathrm{s} \\ 0.1\ \mathrm{V}, 30\ \mathrm{s}\leqslant t<40\ \mathrm{s} \\ 0\ \mathrm{V}, t\geqslant 40\ \mathrm{s} \end{cases}$,输出电压波形(略)

5-28　(1) $u_{I1}=0$ 时, $u_0' = \dfrac{1}{RC}\displaystyle\int_0^t u_{I2}\,\mathrm{d}\tau$;(2) $u_{I2}=0$ 时 $u_0'' = -\dfrac{1}{RC}\displaystyle\int_0^t u_{I1}\,\mathrm{d}\tau$;(3) $u_0 = u_0' + u_0'' =$

$\dfrac{1}{RC}\displaystyle\int_0^t (u_{I2}-u_{I1})\,\mathrm{d}\tau$, $u_0 = u_0' + v_0'' = \dfrac{1}{RC}\displaystyle\int_0^t (u_{I2}-u_{i1})\,\mathrm{d}t$,该电路是差分式积分电路

5-29　$f\ll\dfrac{1}{2\pi RC}$ 时,该电路是微分电路。只有当输入电压角频率比电路中 RC 的固有角频率小很多时,电路才有微分功能

5-30　$u_0(t) = -\dfrac{R_2}{R_1}u_1(t) - \dfrac{1}{R_1 C}\displaystyle\int_0^t u_1(\xi)\,\mathrm{d}\xi$,当 $t=t_0=0$, $u_0(0)=0$, $u_c(0)=0$,此时入电压与输出电压成比例积分运算关系,令 $u_0(t)=u_0'(t)+u_0''(t)$,其中 $u_0'(t)=-R_2 u_1(t)/R_1$, $u_0''(t)=u_0''(t_0)-$ $\dfrac{1}{R_1 C}\displaystyle\int_0^t u_1(\tau)\,\mathrm{d}\tau$,由此可以画出 $u_1(t)$ 、$u_0'(t)$ 、$u_0''(t)$ 和 $u_0(t)$ 的波形(略)

5-31　$u_{O1}=Ku_{I1}^2$, $u_{O2}=Ku_{I2}^2$, $u_0=-K(u_{I1}^2+u_{I2}^2)$;(2) $u_0=-Ku_{Im}^2$

5-32　$u_0 = \sqrt[3]{-u_i/K^2}$

第 6 章

6-15　(1) $U_0=0.9\ U_2$, $I_0=0.9\ U_2/R_L$;(2) $I_D=0.5I_0$, $U_{DRM}=2\sqrt{2}\ U_2$

6-16　(1) $U_{O1}=31.5\ \mathrm{V}$, $U_{O2}=18\ \mathrm{V}$;(2) $U_{DRM1}=70\sqrt{2}\ \mathrm{V}$, $U_{DRM2}=U_{DRM3}=40\sqrt{2}\ \mathrm{V}$

6-17　$U_2=244\ \mathrm{V}$, $I_0=2\ \mathrm{A}$, $I_D=I_0=2\ \mathrm{A}$, $U_{DRM}=346\ \mathrm{V}$

6-18　$U_2=122\ \mathrm{V}$, $I_0=1\ \mathrm{A}$, $I_D=0.5\ \mathrm{A}$, $U_{DRM}=173\ \mathrm{V}$

6-19　(1)输出电压等于 $\sqrt{2}\ U_2$ 且保持不变;(2)滤波电容短路将使负载短路,也将使电源短路;(3)负载得到脉动全波整流电压;(4)电路相当于单相半波整流电路;(5)电源被短路

6-20　半波整流电路流过整流二极管的平均电流 $I_D=I_0$,桥式整流电路流过整流二极管的平均电流 $I_D=0.5I_0$,由于两个整流电路的输出电压平均值和所带负载大小完全相同,故它们输出电流平均值大小也相同,所以,两个整流电路中整流二极管的电流平均值不同,两个整流电路中整流二极管的最高反向电压均为整流变压器二次电压有效值的 $\sqrt{2}$ 倍,即 $U_{DRM}=\sqrt{2}$ U_2 ,但是当两个整流电路的输出电压平均值完全相同时,单相半波整流电路 $U_2=U_0/0.45$,是单相桥式整流电路 $U_2=U_0/0.9$ 的 2 倍,因此,单相半波整流电路中整流二极管的最高反向电压 $U_{DRM}=\sqrt{2}\ U_2$ 是单相桥式整流二极管的最高反向电压 $U_{DRM}=\sqrt{2}\ U_2$ 的 2 倍

6-21　应采用桥式整流电路,图(略); $U_2=55.6\ \mathrm{V}$, $I_D=80\ \mathrm{mA}$, $U_{DRM}=78.6\ \mathrm{V}$

6-22　(1)直流电流表Ⓐ的读数为 13.75 mA;(2)整流电流的最大值为 43.3 mA;(3)交流电压表Ⓥ₁的读数为 244.4 V

6-23　(1)正常时 U_o 的值为 24 V。(2)①$U_o = 18$ V 时,电路中的滤波电容开路;②$U_o = 28$ V 时,电路中的负载电阻 R_L 开路;③$U_o = 9$ V 时,电路中有 1~2 个二极管和滤波电容同时开路,成为半波整流电路;④$U_o = 24$ V 时,电路处于正常工作状态。(3)当有一个二极管开路时,电路成为半波整流电容滤波电路;当有一个二极管短路或有一个二极管接反时,则会出现短路现象,会烧坏整流变压器和某些二极管

6-24　这里的滤波电路功能是滤除高频交流成分,保留直流成分,实际滤波电路也保留低频成分,即这里的滤波电路应该是低通滤波器。图 6-31(a)、(b)是低通滤波器,因此可以作为这里的滤波电路,而图 6-31(c)是高通滤波器,因此不可以作为这里的滤波电路

6-25　电容滤波电路成本低,输出电压平均值较高,但输出电压在负载变化时波动较大,二极管导通时间短,电流峰值大,容易损坏二极管,适用于负载电流较小且负载变化不大的场合。电感滤波电路输出电压较低,电流峰值很小,输出特性较平坦,负载改变时,对输出电压的影响也较小,但制作复杂、体积大、笨重,制作成本高,存在电磁干扰,适用于负载电压较低、电流较大以及负载变化较大的场合

6-26　整流二极管承受的最高反向电压为 35.3 V;$C = 250$ μF,其耐压应大于变压器二次电压 u_2 的最大值 35.3 V

6-27　12.5~32.5 A

6-28　稳压管稳压电路结构简单,但受稳压管最大稳定电流的限制,负载电流不能太大,输出电压不可调且稳定性不够理想,适用于要求不高且输出功率较小的场合。串联型稳压电路采用电压负反馈来使输出电压得到稳定,输出电压稳定性高且连续可调,脉动较小,调整方便,适用于要求较高且输出功率较大的场合

6-29　(1)输出电压 U_o 的最大值和最小值分别为 21.3 V、4.9 V;(2)$R_1 = R_2 = R_P$

6-30　(1)由于采用桥式整流、电容滤波和三端集成稳压器来构成直流稳压电源,所以电路图如下图所示,图中电容 $C_3 = 0.33$ μF,$C_4 = 1$ μF;(2)由于输出直流电压为 +12 V,所以三端集成稳压器选用 W7812 型。桥式整流并经电容滤波的电压 $U_i = U_o + 5 = 17$ V;变压器二次电压有效值 $U_2 = 14.17$ V;变压器的电压比 $K = 15.5$;流过整流二极管的平均电流 $I_D = 250$ mA;二极管承受的最高反向电压 $U_{DRM} = \sqrt{2} U_2 = \sqrt{2} \times 14.17$ V $= 20$ V;R_L 为 24 Ω,取 $\tau = R_L C = 0.05$ s,则电容 $C = \dfrac{\tau}{R_L} = \dfrac{0.05}{24} = 2\,083 \times 10^{-6}$ F $\approx 2\,000$ μF,取 $C_1 = C_2 = 1\,000$ μF,连接如下图所示。其耐压应大于变压器二次电压 u_2 的最大值 $\sqrt{2} U_2 = \sqrt{2} \times 14.17$ V $= 20$ V

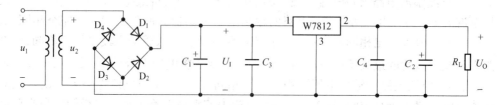

6-31　(1)T_1 饱和,相当于 T_1 的 c、e 间近似为短路;(2)R_C 短路;(3)电位器在中间位置卡住了;(4)R_1 短路并且电位器在最下端位置卡住了;(5)R_1 短路

6-32　三端集成稳压器属于功率半导体器件,它作为整机或局部电路的电源,需要输出一定的功率,特别是内部的调整管,供给的是全部负载电流,因此,在使用过程中稳压器要发

热,使芯片温度升高,限制了它的最大功率 P_{max}。例如,在不加散热片时,F-2 型封装最大功率 P_{max} 为 2.5 W, S-7 型封装最大功率为 2 W。加装规定的散热器后,前者 $P_{max} \geqslant 15$ W ,后者 $P_{max} \geqslant 7.5$ W。P_{max} 称为极限运用功率。散热器的散热面积一般不应小于 100 mm^2

　　6-33　三端集成稳压器内部的调整管两端的电压为 $U_{CE} = U_{I} - U_{O}$,流过调整管的电流为全部负载电流 I_{O},所以调整管的功率损耗 $P = (U_{I} - U_{O})I_{O}$, U_{I} 是固定不变的,为保证使用中 $P \leqslant P_{max}$,输出电压 U_{O} 越小,相应的负载电流 I_{O} 也应越小。实际上,三端集成稳压器内部都设有调整管安全工作区保护电路,一旦 $U_{I} - U_{O}$ 超出容许值,输出电流会自动下降,保证调整管的功耗在安全区之内

参 考 文 献

[1]秦曾煌.电工学简明教程［M］.2版.北京：高等教育出版社，2007.

[2]贾学堂.电路及模拟电子技术［M］.上海：上海交通大学出版社，2010.

[3]徐淑华，马艳，刘丹.电路与模拟电子技术［M］.北京：电子工业出版社，2010.

[4]胡世昌.电路与模拟电子技术原理［M］.北京：机械工业出版社，2015.

[5]殷瑞祥.电路与模拟电子技术［M］.3版.北京：高等教育出版社，2017.

[6]童诗白，华成英.模拟电子技术基础［M］.4版.北京：高等教育出版社，2006.

[7]康华光，陈大钦，张林.电子技术基础［M］.5版.北京：高等教育出版社，2006.

[8]康华光，陈大钦.电子技术基础［M］.4版.北京：高等教育出版社，1996.

[9]苑尚尊.电工与电子技术基础［M］.北京：中国水利水电出版社，2009.

[10]郑家龙，王小海，章安元，等.集成电子技术基础［M］.北京：高等教育出版社，2002.

[11]博加特，比斯利，里科.电子器件与电路［M］.蔡勉，王建明，孙兴芳，译.6版.北京：清华大学出版社，2006.

[12]DONALD A N. Electronic Circuits Analysis and Design［M］.2nd ed New York：McGraw-Hill Companies，Inc，2005.

[13]刘国林.电工学［M］.北京：人民邮电出版社，2005.

[14]刘国林.电工电子技术教程与实训［M］.北京：清华大学出版社，2006.

[15]朱正勇.半导体集成电路［M］.北京：清华大学出版社，2001.

[16]杨世兴.现代电气自动控制技术［M］.北京：人民邮电出版社，2006.

[17]李哲英.电子技术及其应用基础：模拟部分［M］.北京：高等教育出版社，2003.

[18]成谢锋.电工技术［M］.东营：石油大学出版社，2005.

[19]林平勇，高嵩.电工电子技术［M］.北京：高等教育出版社，2000.

[20]刘润华.电子技术［M］.东营：.石油大学出版社，2005.

[21]张南.电工学：少学时［M］.3版.北京：高等教育出版社，2007.

[22]谢沅清，解月珍.电子电路基础［M］.北京：人民邮电出版社，1999.

[23]冯运昌，模拟集成电路原理与应用［M］.广州：华南理工大学出版社，1995.

[24]童诗白，何金茂.电子技术基础试题汇编：模拟部分［M］.北京：高等教育出版社，1992.

[25]冯民昌，模拟集成电路系统［M］.2版.北京：中国铁道出版社，1998.

[26]蔡惟铮，王立欣.基础电子技术［M］.2版.北京：高等教育出版社，2004.

[27]周淑阁.模拟电子技术基础［M］.2版.北京：高等教育出版社，2004.

[28]胡宴如，耿苏燕.模拟电子技术基础［M］.北京：高等教育出版社，2004.

[29]杨拴科.模拟电子技术基础［M］.北京：高等教育出版社，2003.